古代ローマ人の都市管理

堀 賀貴［編］

九州大学出版会

口絵 **1**　ポンペイ，「円形闘技場」

口絵 **2**　ヘルクラネウムのカルド **V** と小デクマヌスとの交差部

口絵 **3**　ポンペイ，街路に向かって開く排水口，「**M.** ルクレティウスの家」

口絵 4　ポンペイ，スタビア通り沿いの轍

口絵 5　ポンペイ，アボンダンツァ通りにパクイオ･プロクロ小路が接続する部分

口絵 6　ポンペイ，ソプラスタンティ通りの縁石にある砲丸を使った保護石

口絵 7　ポンペイ，I.11.1 のカウポーナ

口絵 8　オスティア，デクマヌス・マキシムス沿いの泉

口絵 9　オスティア，街区 I.VII の飾板

口絵 10　ポンペイ，担ぎ手のレリーフ（アウグスターリ通りとフォロ通りの交差部，東北角）

口絵 11　ローマのサンタ・コスタンツァ霊廟に残るモザイク

口絵 12　オスティア，街路の分節構造：歩行者の密度分析

口絵 13　ポンペイ，スタビア門（上）とスタビア通り（下）

口絵 **14**　ポンペイ，テスモ小路の石柱

口絵 **15**　ポンペイ，アボンダンツァ通りの「中央広場」との接続点（上），
フォロ通りに面した「中央広場」への入口（下）

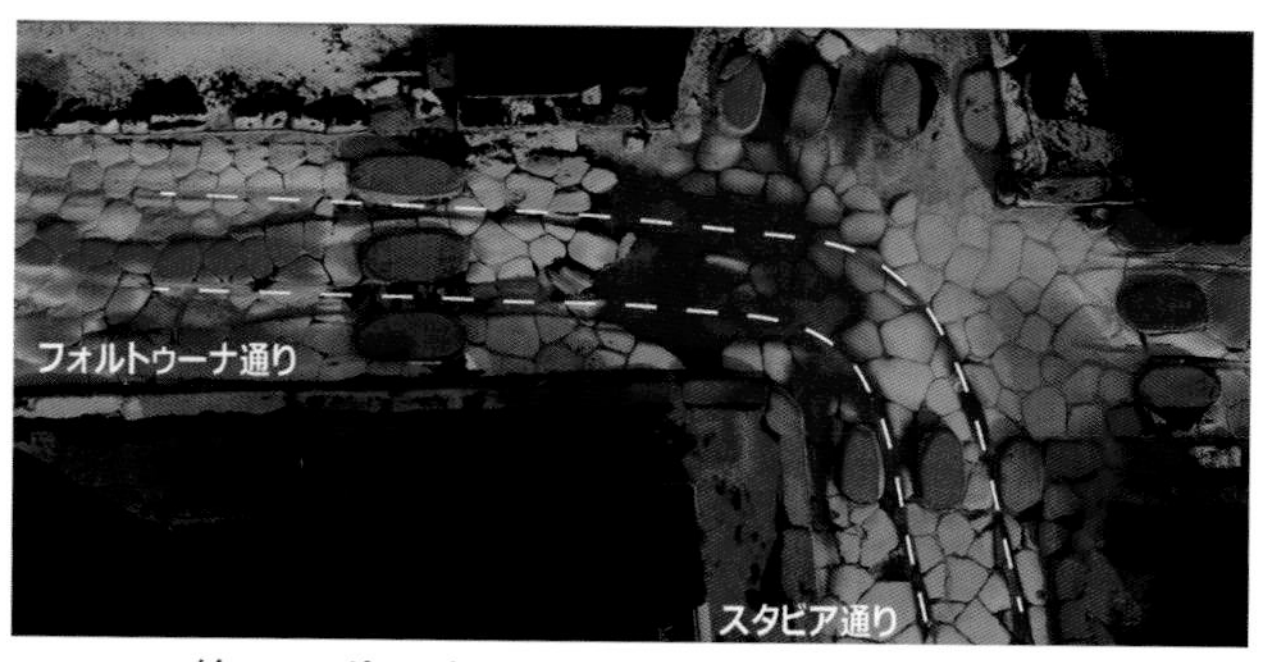

口絵 16　ポンペイ，オルフェウス交差点の実測図

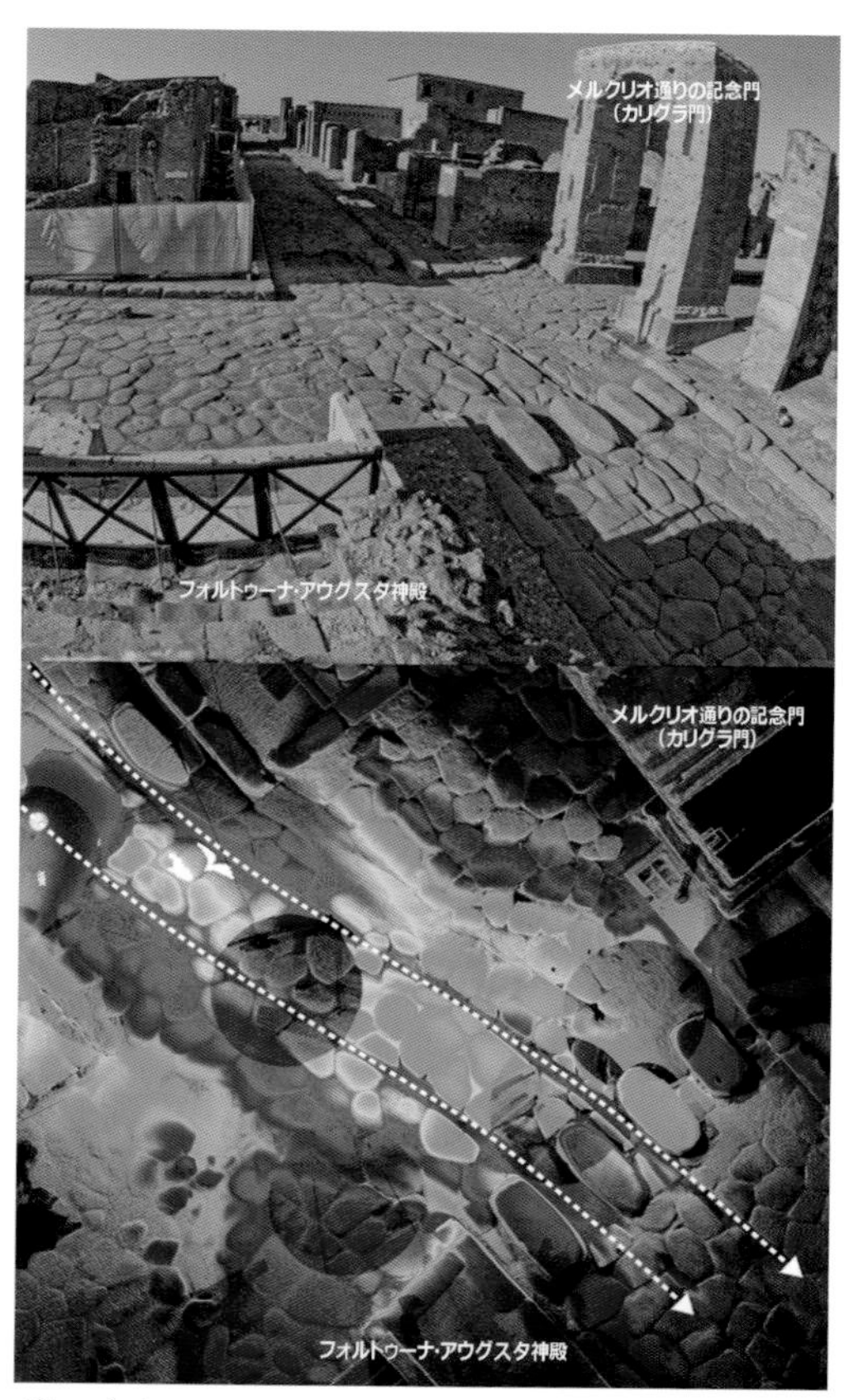

口絵 17　ポンペイ，フォルトゥーナ通りの西端，テルメ通りと名前を変える部分，フォロ通りとの交差部（上），実測図（下），街路の中央を走り抜ける荷車の痕跡がはっきりわかる

口絵 **18**　ポンペイ,「中央広場」の北西隅の公共トイレ

口絵 **19**　ポンペイ, ヴェッティ小路の南端, フォルトゥーナ通りとの交差部

口絵 **20**　ポンペイ, スタビア門内側の公共噴水

口絵 **21**　ヘルクラネウム，カルド **V** に面して建つ高層の建物群

口絵 **22**　ヘルクラネウム，「大きな玄関の家」（立派な玄関をもつ独立住宅（ドムス）であったが，地震後に宿屋に改修されている）

口絵 **23**　オスティア，「うらやましがり屋の浴場」の冷浴室

口絵 **24**　オスティア，「庭園住宅」

目次

略号一覧

文献史料

古典叢書

App. *B Civ.*	アッピアノス『内乱記』
App. *Mith.*	〃　『ミトリダテス戦争』
Asc.	アスコニウス『キケロ演説の注釈書』
Aur. Vict. *Caes.*	アウレリウス・ウィクトル『ローマ皇帝列伝』
Cass. Dio	ディオン・カッシオス『ローマ史』
Cic. *Att.*	キケロ『アッティクス宛書簡集』
Cic. *Cat.*	〃　『カティリナ弾劾』
Cic. *De imp. Cn. Pomp.*	〃　『クルエンティウス弁護』
Cic. *Div.*	〃　『予言について』
Cic. *Fam.*	〃　『縁者・友人宛書簡集』
Cic. *Flacc.*	〃　『フラックス弁護論』
Cic. *Off.*	〃　『義務について』
Cic. *QFr.*	〃　『弟クイントゥス宛書簡集』
Cic. *Vat.*	〃　『ウァティニウスに対する反論』
Cic. *Verr.*	〃　『ウェッレス弾劾演説』
Dio Chrys.	ディオン・クリソストムス『弁論集』
Dion. Hal. *Ant. Rom.*	ディオニュシオス『ローマ古代誌』
Frontin. *Aq.*	フロンティヌス『水道書』
Gell. *NA.*	ゲッリウス『アッティカの夜』
Hdn.	ヘロディアノス『ローマ人の歴史』
Isae.	イサエウス『弁論集』
Juv.	ユウェナリス『諷刺詩』
Liv.	リウィウス『ローマ建国史』
Livy, *Per.*	〃　『ローマ建国史要約』
Mart. *Epigr.*	マルティアリス『エピグラム集』
Mon. Anc.	―『アンキューラ記念碑』
Ov. *Fast.*	オウィディウス『祭暦』
Paus.	パウサニアス『ギリシア案内記』
Pers. *Sat.*	ペルシウス『ローマ諷刺詩集』
Petron. *Sat.*	ペトロニウス『サテュリコン』
Plin. *NH.*	プリニウス（大）『博物誌』
Plin. *Ep.*	プリニウス（小）『書簡集』
Plut. *Vit. Caes.*	プルタルコス『対比列伝』，カエサル

Plut. *Vit. Cam.*	プルタルコス『対比列伝』，カミッルス
Plut. *Vit. Lucull.*	〃　『対比列伝』，ルクルス
Plut. *Vit. Mar.*	〃　『対比列伝』，マリウス
Plut. *Vit. Rom.*	〃　『対比列伝』，ロムルス
Plut. *Vit. Sull.*	〃　『対比列伝』，スッラ
Quint. *Inst.*	クインティリアヌス『弁論家の教育』
RG	—『神君アウグストゥスの業績録』，*Mon. Anc.* を参照
Sall. *Cat.*	サルスティウス『カティリナの陰謀』
Sen. *Ep.*	セネカ（小）『道徳書簡集』
Sen. *QNat.*	〃　『自然研究』
Sen. *Clem.*	〃　『寛容について』
Strab.	ストラボン『地理誌』
Suet. *Aug.*	スエトニウス『ローマ皇帝伝』，アウグストゥス
Suet. *Cal.*	〃　『ローマ皇帝伝』，カリグラ
Suet. *Iul.*	〃　『ローマ皇帝伝』，ユリウス・カエサル
Suet. *Nero*	〃　『ローマ皇帝伝』，ネロ
Suet. *Tib.*	〃　『ローマ皇帝伝』，ティベリウス
Suet. *Tit.*	〃　『ローマ皇帝伝』，ティトゥス
Tac. *Ann.*	タキトゥス『年代記』
Tac. *Agri.*	〃　『アグリコラ』
Tert. *Apol.*	テルトゥリアヌス『護教論』
Val. Max.	ウァレリウス・マクシムス『著名言行録』
Val. Max. 8.1 *damn.*	〃　『著名言行録』第 8 巻第 1 章「被告が断罪された裁判」の節
Varro, *Rust.*	ウァロ『農業論』
Vell. Pat.	ウェレイユス・パテルクルス『ローマ世界の歴史』
Vitr. *De arch.*	ウィトルウィウス『建築書』

法律史料

Cod. Iust.	『ユスティニアヌス法典』
Cod. Theod.	『テオドシウス法典』
Dig.	『学説彙纂』
Javol. *ex Cas.*	ヤウォレーヌス『カッシウス抄録』
Iulian. *Dig.*	ユーリアーヌス『法学大全』
Ulp. *ad ed.*	ウルピアーヌス『告示註解』

碑文集成

AE	『碑文学年報』
CIL	『ラテン碑文集成』
CLE	『ラテン碑銘詞華集』
ILAlg.	『アルジェリアにおけるラテン語碑文』
ILS	『ラテン碑文選集』
IRT	『古代ローマ時代のトリポリタニアにおける碑文』
Suppl. It. RI	『イタリア碑文集補遺』

＊ラテン語史料の略号は，*Oxford Classical Dictionary* 第 4 版に倣い，前掲書にないものについては，適宜適切と思われる形にした。
＊一般書であるため，著者名や書名の原題は表記せず，わが国での翻訳（複数ある場合は一つを選択）を併記した。

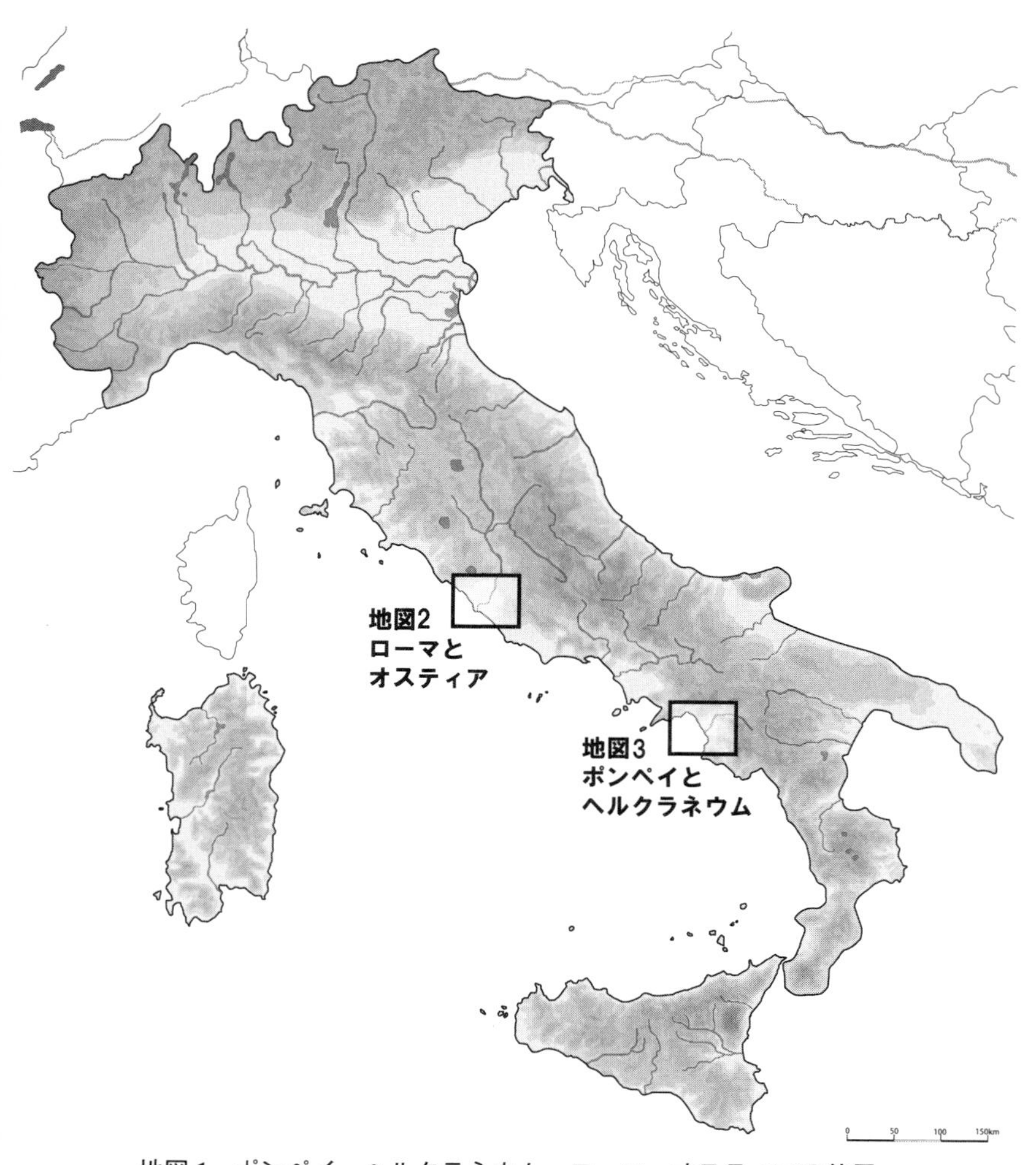

地図 1　ポンペイ，ヘルクラネウム，ローマ，オスティアの位置

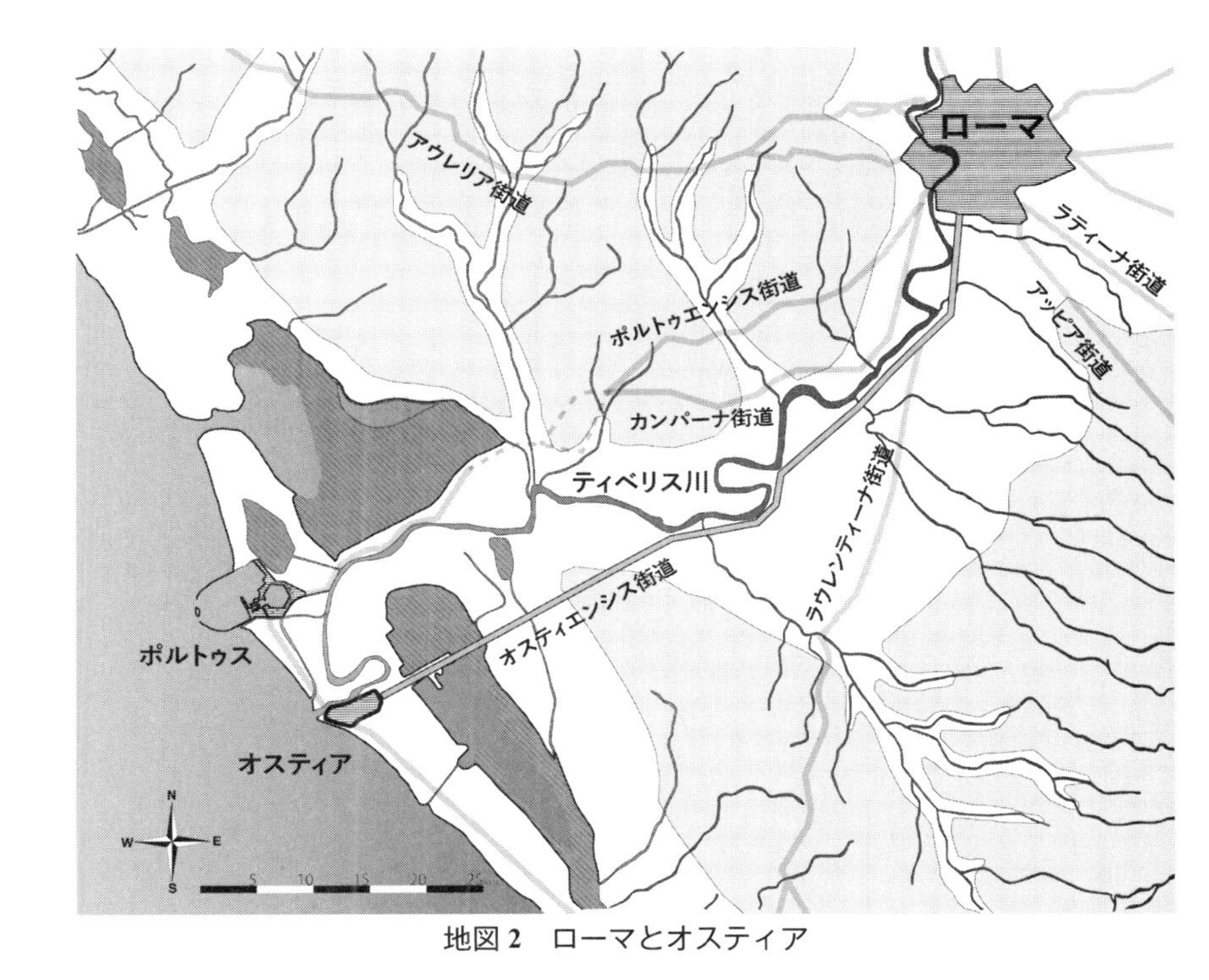

地図 2　ローマとオスティア

地図 3　ポンペイとヘルクラネウム

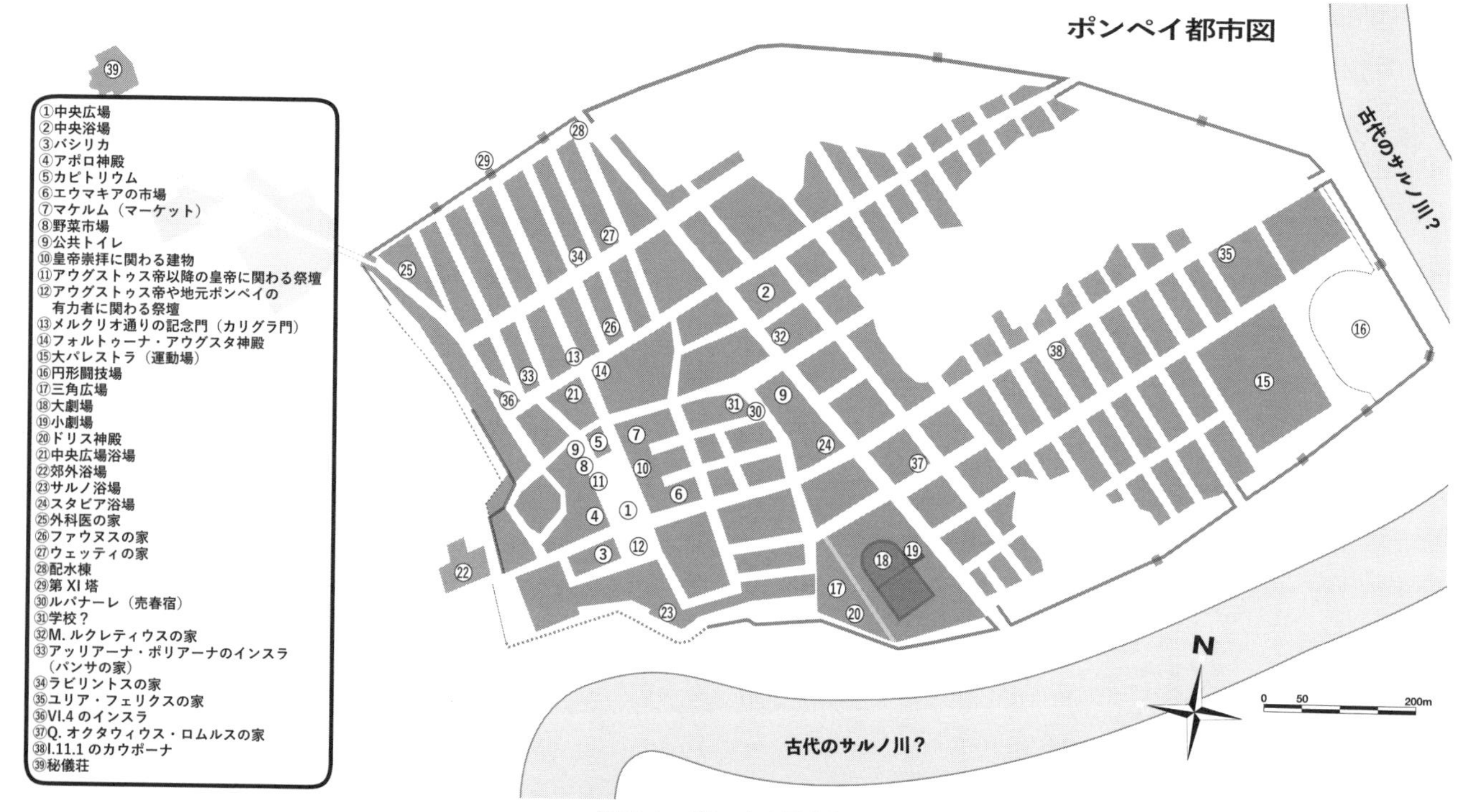
ポンペイ都市図
①中央広場
②中央浴場
③バシリカ
④アポロ神殿
⑤カピトリウム
⑥エウマキアの市場
⑦マケルム（マーケット）
⑧野菜市場
⑨公共トイレ
⑩皇帝崇拝に関わる建物
⑪アウグストゥス帝以降の皇帝に関わる祭壇
⑫アウグストゥス帝や地元ポンペイの
有力者に関わる祭壇
⑬メルクリオ通りの記念門（カリグラ門）
⑭フォルトゥーナ・アウグスタ神殿
⑮大パレストラ（運動場）
⑯円形闘技場
⑰三角広場
⑱大劇場
⑲小劇場
⑳ドリス神殿
㉑中央広場浴場
㉒郊外浴場
㉓サルノ浴場
㉔スタビア浴場
㉕外科医の家
㉖ファウヌスの家
㉗ウェッティの家
㉘配水棟
㉙第 XI 塔
㉚ルパナーレ（売春宿）
㉛学校？
㉜M. ルクレティウスの家
㉝アッリアーナ・ポリアーナのインスラ
（パンサの家）
㉞ラビリントスの家
㉟ユリア・フェリクスの家
㊱VI.4 のインスラ
㊲Q. オクタウィウス・ロムルスの家
㊳I.11.1 のカウポーナ
㊴秘儀荘
古代のサルノ川？
古代のサルノ川？
N
0
50
200m

地図 4　ポンペイ都市図

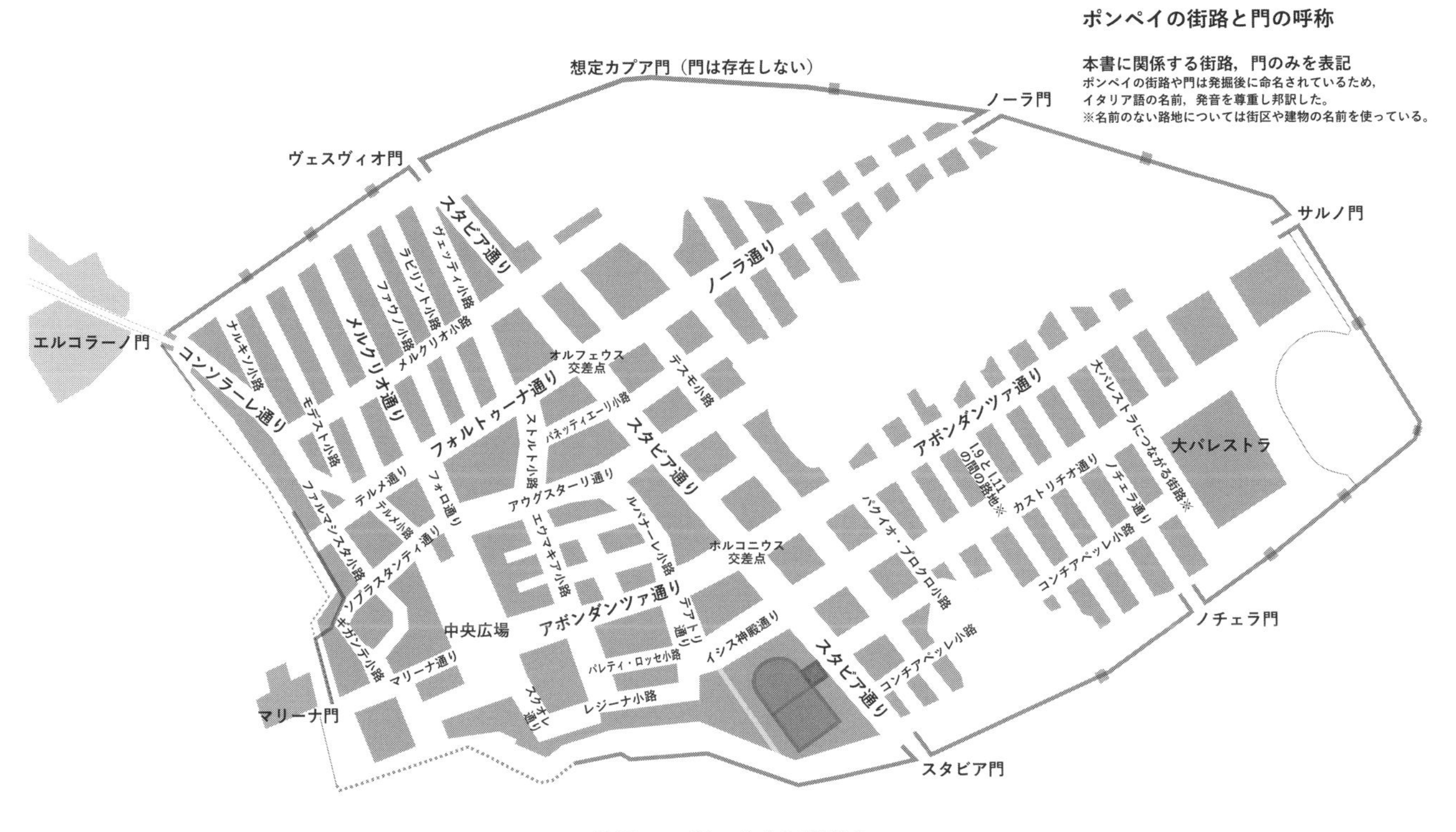

地図 5　ポンペイの街路名

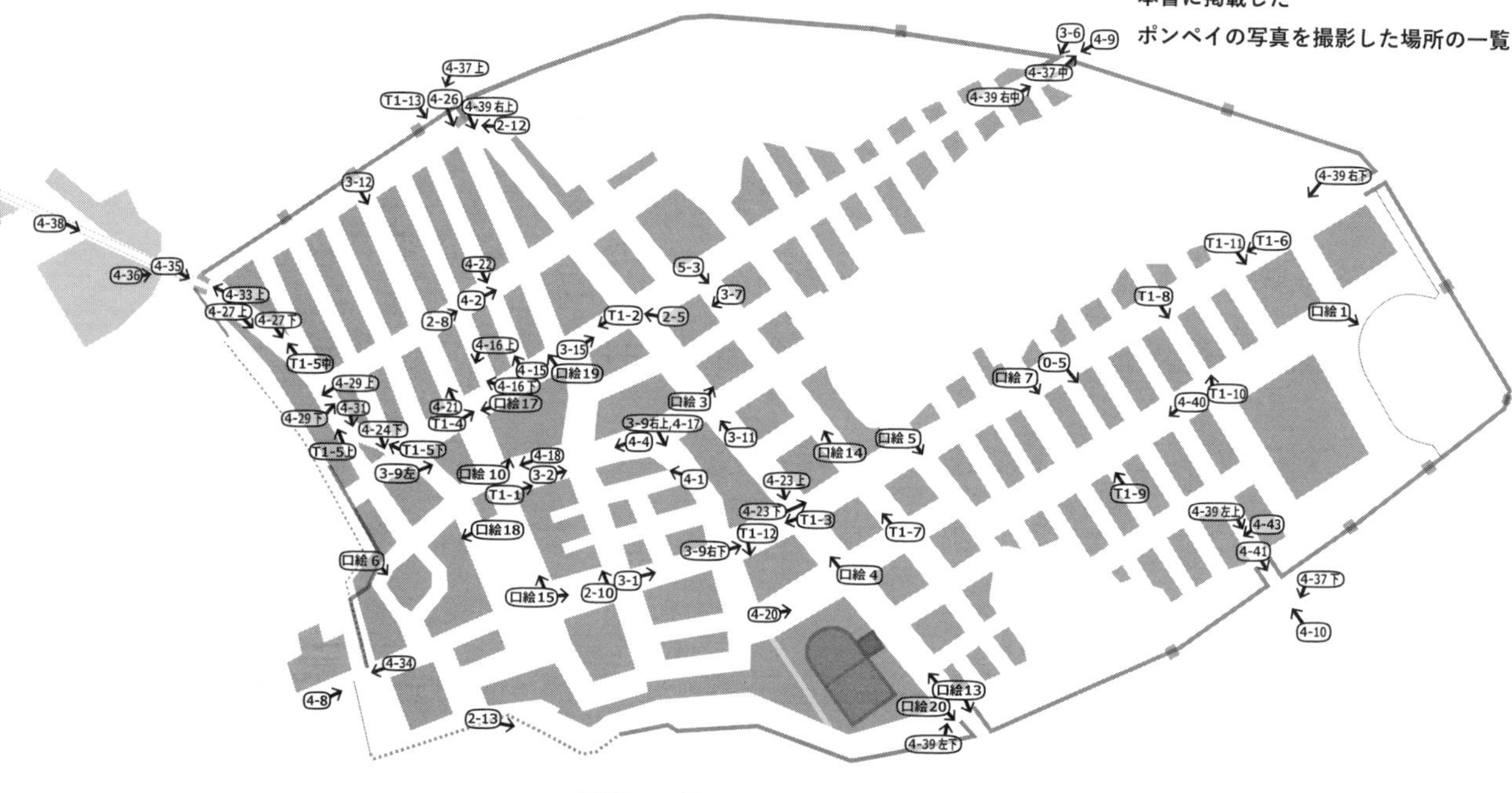

地図6　ポンペイの撮影場所

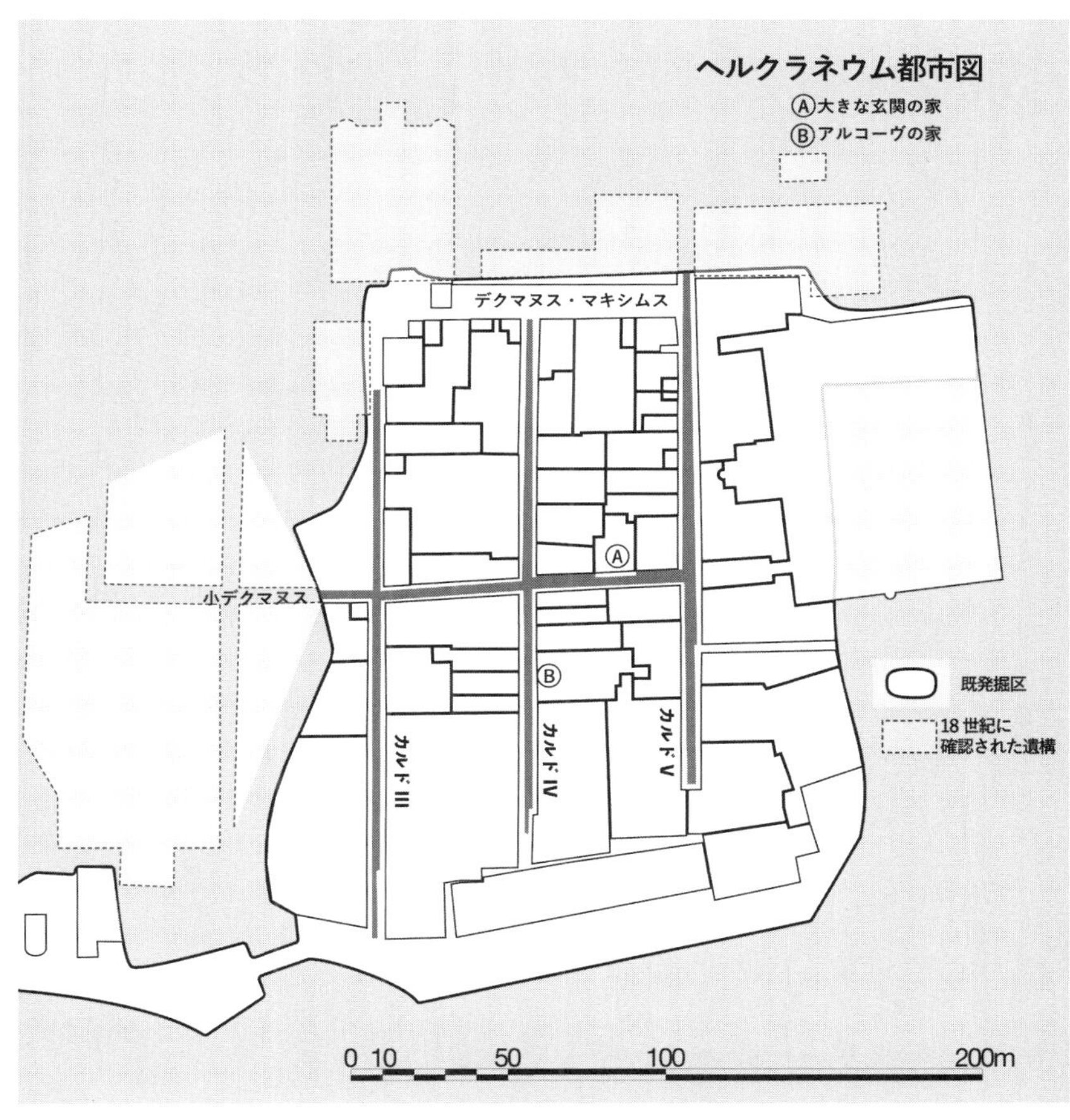

地図 7　ヘルクラネウム都市図

地図 8　オスティア都市図

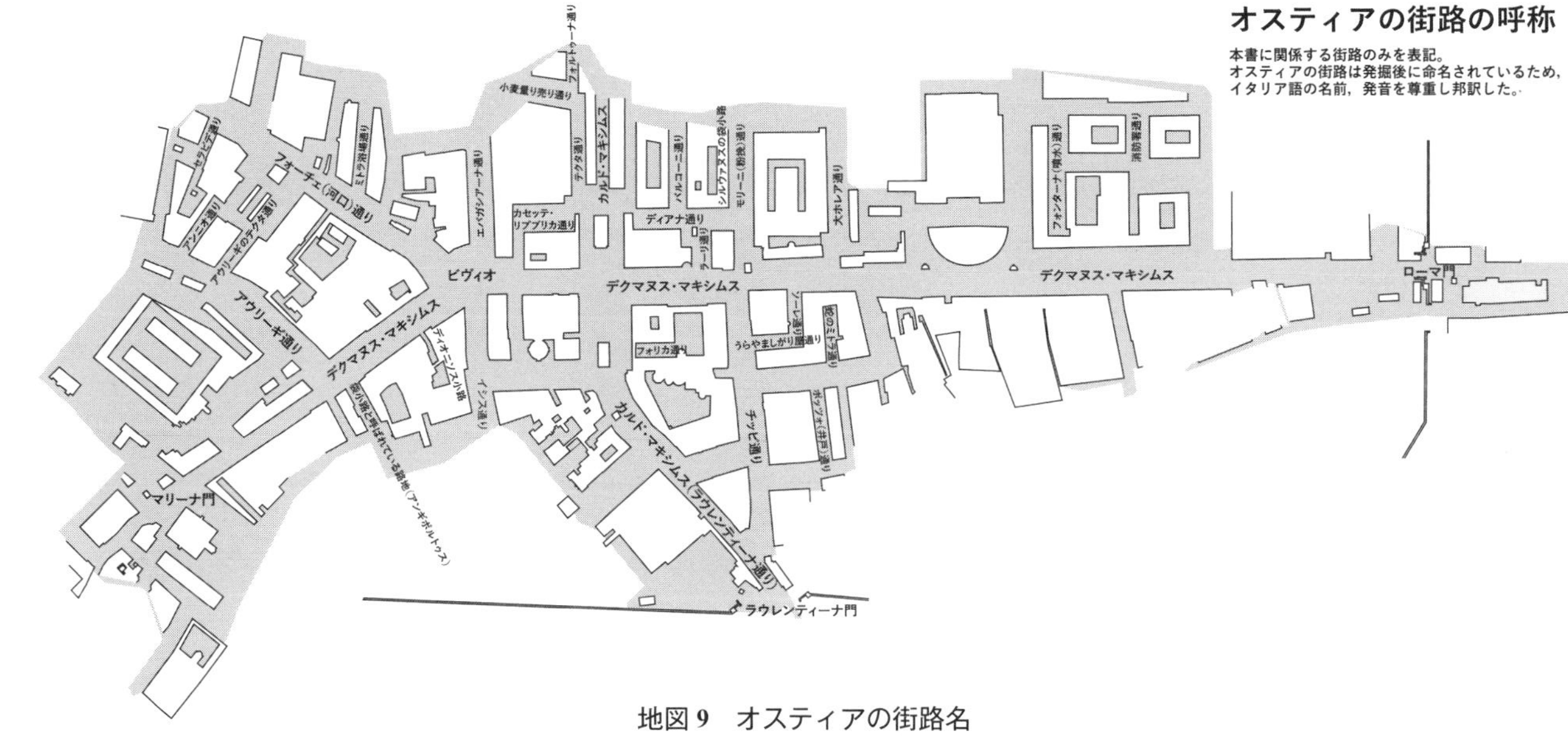

地図 9　オスティアの街路名

はじめに　古代ローマ都市のリアル

資産としての都市、資産管理としての都市管理

古代ローマの絶頂期を示す史料に、後一四三年のアエリウス・アリスティデス（またはアリステイデス）の演説『ローマ頌詩』がある。本書の姉妹書『古代ローマ人の危機管理』で扱った首都ローマにおけるパンデミックが後一六五年であるから、まさに直前、ローマの人口が最大に達した瞬間を讃えている（ギリシア語の原文を解しない編者にとっては幸いにも英訳があり、それを参照する）[1]。英訳を読む限り、ギリシア人であるアリスティデスはおそらく小アジア出身であり、古代ギリシア由来の都市国家という文化あるいは政体に深く影響されているとしても、本頌詩にくり返し登場する都市に関連する表現を読むと、国家＝都市と考えても大きな間違いではない。『ローマ帝国社会経済史』を記したM・ロストフツェフは、彼の演説を引用し、古代ローマが「一つの都市国家」となったと翻訳している[2]。塩野七生は『ローマ人の物語』のアントニヌス・ピウス帝の部分で、アリスティデスの頌詩をかなり意訳しながら一部引用しているが[3]、彼女がいう「一つの大きな家」の一員が東方においては「都市（ポリス）」であり、西方においては「ムニキピウム（自治都市）」あるいは「コロニア（植民市）」であった。アリスティデスは、ローマ皇帝は、これらの諸都市を城壁によって守るだけでなく、安全に往き来できるネットワークを築き上

げ、都市はそれぞれ競争するように内部を運動場や公共噴水、公共建築で満たしたと賞賛する。[4]

建築史だけでなく、歴史学や考古学においても「都市」は魅惑的な研究テーマである。古代政治、経済あるいは社会変容、あるいは芸術の舞台でもあった都市は、様々な側面から語ることが可能で、その見方、あるいは話題そのものは決して尽きない。本書では、古代ローマ人にとっては都市＝財産（私有、公有の両方）であったととらえてみたい。第一章のローレンス教授の「都市のリスク管理」は、まさに財産あるいは資産（不動産）としての都市管理の物語であり、例えばセネカの資産管理を見ても、都市が投資の対象であり、都市から得られる利益が政治あるいは国家を支えていた。逆にいえば、債務をかかえた都市が国家を危機に陥れることもあったのである。また、トピック2の「古代ローマの祈り　神が護る都市」については都市、あるいは財産の守護神としての神々が登場する。

さて、都市を資産として読み替えるという本書の試みにも通じるような古代都市を経済的に読み解くという観点は、もちろん古代ローマ史研究の世界にも存在する。その嚆矢は先にあげた『ローマ帝国社会経済史』のロストフツェフであろうが、最近では消費（者）都市、いわゆるコンシューマー・シティという見方であり、いうまでもなくM・ヴェーバーの『都市の類型学』[5]の都市モデルを古代にも適用しようとする考え方である。分類して比較し、発展的にとらえていく進化論の系統樹のような類型化という研究手法はとても強力であり、建築史や都市史の世界でもたいへん人気があった。一九九〇年代に先行する「都市」と「郊外（あるいは田舎）」という古代ローマ世界の二分法的なとらえ方に影響を与え、「都市」と「都市以外」（あるいは郊外、田舎）という社会構造がさかんに語られた。[6]本書では「都市」だけを扱うので、こうした議論からは外れるが、生産と消費という概念で見れば、「都市」は消費あるいは消費者の場所であったことは間違いない。しかし、「都市」が庶民が消費をする場所であるならば、資産階級（あえて古い表現を使う）にとっては逆に富を生み出す場所となる。これを消費者からの搾取と見なすかどうかは別としても、こうした二〇世紀はじめに生まれた都市論を古代にも適用することは、西洋史の世界では一般的に行われている。一九九三年の英国レスター大学で開催された「消費者都市を超えて」と題されたシンポジウムの成果として出版された『古代ローマの都市論』冒頭の論文で、[7]本書にも寄稿いただいたローレンス教授が記したように、一九二〇年代と一九九〇年代には、メガロポリス＝ローマという考え方が存在した。その中心にいたのはL・マンフォードであり、彼の『都市の文化』（一九三八年、邦訳は一九五五年と一九七四年[8]）は、中世から始まる都市論であるが、メガロポリスに対して地域（Region）という概念を導いて、都市により広い文化的あるいは経済的なバックグラウンドを与えた。初期の著作である本書で、マンフォードがなぜ話を中世からはじめたのかはわからないが、後の大著『歴史の都市　明日の都市』（一九六一年、原題は *The City in History: Its Origins, Its Transformations, and Its Prospects*）を占める約四割ほどの古代の部分、すなわち都市のはじまりを読めば、なんとなくわかる。[9]彼の都市論あるいは歴史観を形づくっているのは技術の進歩であり、コロッセウムやパンテオンに見られるように、技術史的に見れば古代、あるいは近代以前において頂点を極めたローマは一旦、滅びなければならない存在であった。

本書が、J・ジェイコブズの『アメリカ大都市の死と生』[10]をおさえて、一九六二年の全米図書賞（ノンフィクション部門）を受賞したのは有名であるが、『歴史の都市　明日の都市』の通俗的でヨーロッパ、あるいはヨーロッパ由来としてのアメリカ中心の大きな物語は、二一世紀にはSF的ですらある。むしろ、ジェイコブズの生き生きとした都市の表現の方が、古代ローマと親和性があるようにも感じる。マンフォードが栄華を極めた帝国の首都「メガロポリス」ローマが崩壊する過程にフォーカスし、そのよみがえりを中世、あるいは近代に求めているのに対し、ジェイコブズは自然発生的に生まれた聚落（あるいは集落）、とくにダウンタウンの魅力を古代ローマ的な都市化が奪っていった結果、都市そのものが死んでしまうという危機感に満ちている。あえて古代ローマ都市史の研究者としてコメントすれば、どちらの見方も魅力的で、マンフォードのような通史を語ることは歴史家の夢であるし、フィールド、つまり現場を大事にする歴史家・建築史家としては、ジェイコブズのアマチュア的なスタンスも決して忘れたくない。ただし、直接言及しているわけではないが、両者ともメガロポリスによい印象はなく、すなわち疑似メガロポリスであった首都ローマによいイメージをもっていたとは思えない。

ユートピアとしての都市　都市は美しくなければならない

マンフォードはポンペイについて「この人口二万五千ほどの地方都市は、きわめて秩序正しく整然として美的活力にあふれた生活をつくり出しており、廃墟となった現在の状態ですら、その十倍もの人口を持つ、たいていのアメリカの都市の中心部よりもむしろ荒廃の印象を与えることが少ないくらいである」と記した(11)。ポンペイと現代都市を比較することにまったく躊躇しないマンフォードは、ポンペイのパン屋を例に「本物」が手に入る古代の地方都市を理想的な先例として現代に警鐘を鳴らす。一九六〇～七〇年代に危機を迎えていた近代的都市を目の当たりにして、都市計画家だけでなく歴史家さえも、人口の過密化あるいは際限のない都市化に危機感をもっていた。じつは歴史家は客観的に歴史的事実を見いだすのではなく、自らが置かれた社会の状況に無意識、あるいは意図的に関わりながら歴史を編み出す。かつて、

「歴史とは過去と現在の対話である」という言葉であまりにも有名なE・H・カーが『歴史とは何か』の中で、「歴史を研究する前に歴史家を研究せよ」と記したが、[12]キリスト教を弾圧した古代ローマ＝悪という当時の歴史家がもつ色眼鏡を忘れてはならない。現在のメガロポリスを投影する首都ローマへの批判的な態度には、ポンペイだけでなく、あるいはポンペイを超えて、古代ローマ帝国崩壊後に発生する中世都市群が、彼らが理想とする地域、地方集落なのだという観念がどうしても見え隠れする。一九七〇年代の古代ローマ建築・都市史を先導したA・ボエシウスは『ネロの黄金宮』でおそらく世界ではじめて古代ローマの住宅史を論じたが、[13]オスティアの集合住宅を地階に店舗、上階に住居をもつヨーロッパ中世につながる職住近接の集住空間のはじまりとし、やはり中世の共同体を都市生活の理想型と見ていた。つまり、オスティアとはいえ滅びゆく首都ローマの中に、マンフォードのいうよみがえりつつある集住というコミュニティのはじまりを見いだしたのである。

ポンペイに限らず、こうした古代と現代のつながりを可能にしたのは、一九世紀後半から劇的に発展した考古学というフィールド学問である。それまでは、碑文や文書などが中心であった古代史研究が一挙にビジュアルをともなってリアルに人々の前に登場したからでもある。一九世紀末に忽然と姿を現したポンペイは、二〇世紀前半を代表する歴史家F・ハバーフィールドに衝撃を与えた。彼はポンペイを舞台に発展論的都市史を展開し、一九一〇年のロンドンで開催された都市計画学会における講演でこう述べている。

「じつに文明化した人類と野蛮人を区別するもっとも簡単な境界線は、矩形と直線〔の都市計画〕なのである。」[14]

よく古代ギリシアやローマの都市の特徴にグリッドプランがあげられるが、彼の力点はむしろ直線道路に置かれており、これが野蛮と文明を画すというのである。さらに『古代都市計画』において、「居住者の健康や快適さに留意して案出される都市をレイアウトするという芸術は、産業的、商業的な効率性、さらに合理的な美に裏打ちされる」と記し、[15] ここにおよそ近代的としかいえない配慮の末に「合理的な」あるいは「無理のない」美に裏打ちされた都市計画史ともいえる学問分野が登場するのである。結果として、彼はポンペイのグリッド状の街区を「文明人の証」として、古代ギリシア・ローマと近代を結びつける特徴と解した。ここでは古代ギリシアの都市は扱わないが、このグリッド状の都市は、近代人にとって、この上なく魅力的な特徴であった。首都ローマやアテナイには、グリッド状の都市計画は見つからないが、二〇世紀の歴史家は、ポンペイやギリシア、ローマの植民都市と近代都市の発展と関連づけて、グリッド状の街路を過大に評価し、そこに美を見いだした。我々はいまだにハバーフィールドの亡霊にとりつかれており、直交する街路に計画的なものを感じてしまう。こうした美的な計画性は幻想に過ぎず、アウグストゥス帝がローマを一四の行政区画に分けて管理したように、古代ローマ人は植民都市を「管理しやすい」街区に分けて管理しただけである。

ポンペイに限ってみても（地図4・5）、いわゆる直交する大通り、カルドとデクマヌスの交差部に「中央広場」が位置する典型的な都市プランとは厳密には一致しない。例えばスタビア通りをカルドとすると広場には接続しない、アボンダンツァ通りをデクマヌスとするとフォルトゥーナ通りとノーラ通りをどう解釈するのかなど、H・エッシェバッハの「古都市」理論をはじめとして、[16] 結果として多くの解釈が提起されることになった。いわば、理想型であるグリッド状の「美しい」都市計画からの少しの逸脱が多くの解釈を喚起することになる。具体例をあげると、S・C・ナッポやA・オッテルという研究者はそのズレを城外の地割りに原因を求める（図0‐1）[17]。S・デ・カーロという有名なポンペイ学者は、メルクリオ通りを真のカルドとし、起源は城外の地割り、スタビア通りは谷状地形から導かれたもので、スタビア通り以東は、城壁の北辺に平行に街路が引かれ、塔もその地割りに一致すると考える（図0‐2）[18]。このように、理想的な都市計画、レイアウトを「基準」とする二〇世紀の歴史家にとって、北西の街区・街路と南東の街区・街路が、「中央広場」と直交、平行しないことが、大きな意味をもつように感じられてしまうのである。これらの諸説に対して本書はとくに否定も肯定もしないが、おそらく数世紀もの長い時間をかけて形成された街路は、ときにはズレたりし、基本計画があったとしても何度も変更された結果がポンペイの最期の姿であろう。現在、もっとも受け入れられている解釈は、都市形成を段階的に設定する方法で、グリッド状の街路が時代によって少しずつズレて整備されたとすれば（図0‐3）[19]、この逸脱はうまく説明される。重要な点は城内の街区に城外の地割りが反映されている点であり、それについてはあらためて解説する。

「都市は美しくなければならない」という願望はソクラテスにはじまった「古典的な」考え方である[20]。近代の研究者にも見られる古典的な解釈に通底するのは、地形という固有の条件をほとんど無視して、二次元の紙の上でシミュレーションした結果という点である。こうした鳥瞰した見方は美しく都市を説明するのは間違いないが、実際には都市を設計する上で、地形を無視することはできない。ポンペイに等高線図を重ねてみるとはっきりわかるように、地形に合わせて基本的な街路が敷設され、あとはコンパス（ディバイダ）を使って配分あるいは等分していると見るのが実際的なような気がする[21]（図0‐4）。つまり、時代性ではなく、拡張された土地の地形に左右されたのである。「中央広場」も地形を考えれば広く平らな部分が確保できるのはここだけである。つまり、都市の理想型（ユートピア）は存在したかもしれない

図 0-1　ポンペイの地割り

図 0-2　デ・カーロによる解釈

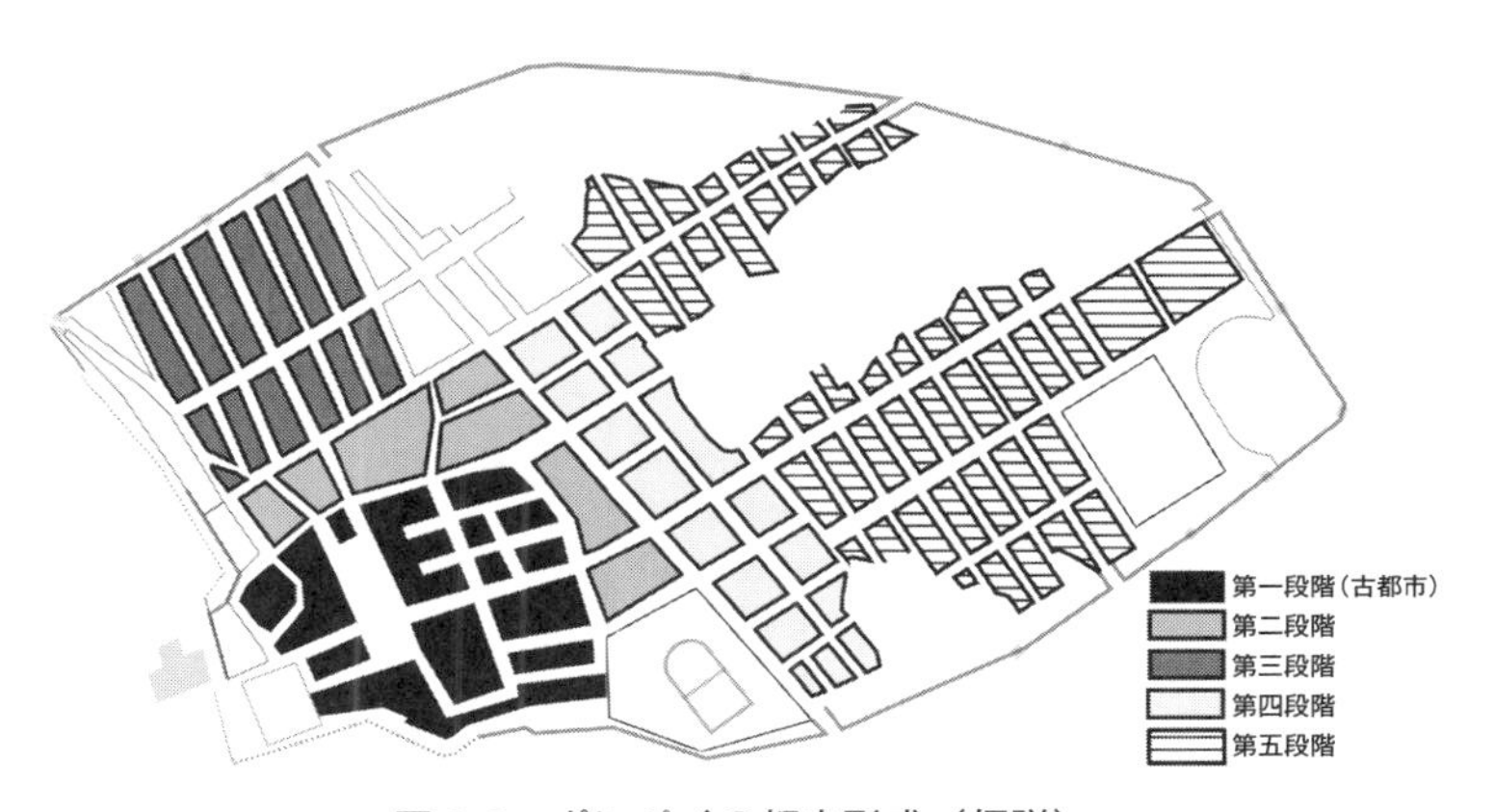

図 0-3　ポンペイの都市形成（仮説）

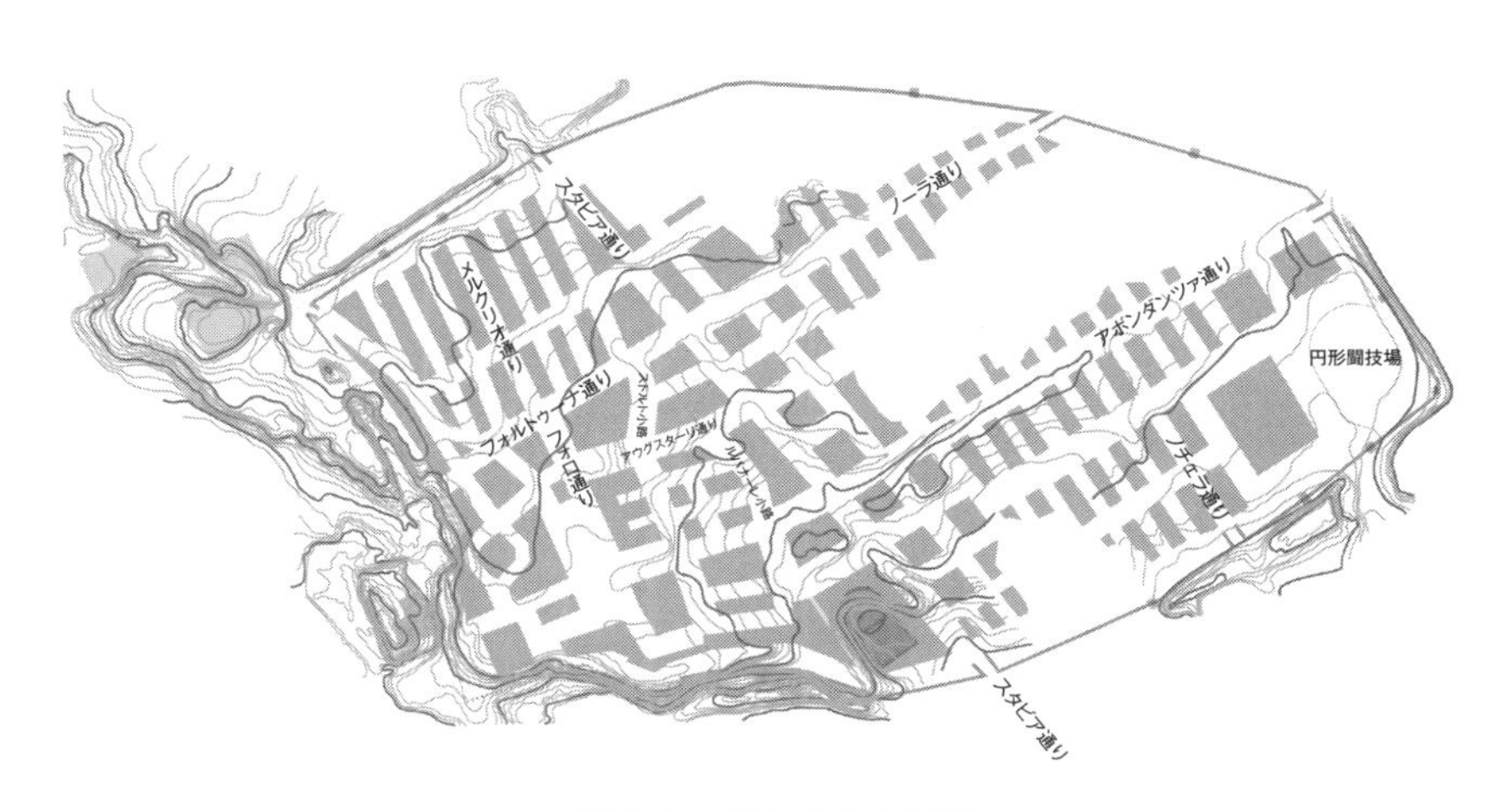

図 0-4　ポンペイの地形

が、地形など都市の固有の条件に合わせて、理想から「逸脱」することにあまり抵抗はなかった、いいかえれば「計画変更」は当たり前のように頻繁に行われていたのではないだろうか？　あえていえば、固有、個別の条件による理想からの逸脱によって、都市は形成されているのである。「逸脱」が過ぎると、もしかするとローレンス教授が語るように「制御不能」に近い危機的状態もありえたのかもしれない。

コストとしての古代ローマ都市

都市を資産と考えると、その維持、管理には当然コストが発生する。もちろん、所有者は投資と利益のバランスを考えるだろう。公共建築は別格としても、ポンペイやヘルクラネウム、オスティア（地図1～9）に残る一般建築（庶民建築といってもよい）の多くは、ローマのパンテオンやハドリアヌス帝の別荘のような、高価な材料と最新の建築技術でつくられることは決してない。首都ローマでは、後八〇年、すなわちウェスウィウス山の大噴火の一年後にコロッセウムが竣工しているが、最新技術をふんだんに用いたこの建設事業には一〇年ほどしか要していない。一方、ポンペイでは後六二年の大地震のあとに建設がはじまった「中央浴場」の工事は後七九年の噴火の際には未完であった。ローマでは一般的であったヴォールトと呼ばれる円筒形のコンクリート製天井は、ポンペイではまれにしか見られず、木梁が依然として一般的な工法であった。焼成レンガもポンペイやヘルクラネウムでは高級品であり、ポンペイでは乱石積みと呼ばれる、火成岩の割石を表面に積んで芯は大きめの骨材と石灰に近いセメントで固めたコンクリート造が圧倒的に好まれ（図0-5）、ヘルクラネウムでは黄褐色の凝灰岩を正四面体（ピラミッドのかたち）に整形して、底面を外側に網目状に並べ、芯をポンペイとほぼ同じ質のコンクリートにする工法が一般的である（図

図 0-5　ポンペイに特徴的な火成岩による乱石積み，柱状に積んだ切石積みとの組み合わせ（アボンダンツァ通りより，街区 I.12 と街区 I.11 の間の路地を見る）

0-6）。

このように所有者は利益に見合うコストしか負担しない。そうするとポンペイの「中央浴場」が地震後一七年を経ても竣工しなかったのは、ローマに比べて古い技術が用いられているというだけではなく、ポンペイという都市が魅力的な投資対象ではなかったからかもしれない。当然のように、ポンペイやヘルクラネウムでは、現地産の資材が一般的であり、前者では火成岩やサルノ川産のスポンジ状の石灰岩、後者では黄褐色の火山灰による凝灰岩である。こうした利益に見合う建設投資という考え方は、地方の都市よりも経済規模の巨大な首都ローマの方が利潤が大きいという意味で根強いことは想像に難くない。ローマをくり返し襲う大火や、ウィトルウィウス（前一〜後一世紀にかけて活躍したと考えられる古代ローマの建築家で、彼の記した

図 0-6　ヘルクラネウムの網目積み（「アルコーヴの家」の正面壁）

『建築書』は、現在まで伝わる唯一の古代ローマの建築技術書である）が嘆く手軽で安価な建築物の例によらずとも（Vitr. *De arch.* 2.9.17）、皇帝によって制定された多くの建築規制が、逆に制御不能な一般建築の様子を物語っている。[22] つまり、規制が存在するということは、規制を守らない建築物が多く存在したことを意味するからである。たとえ法として建築規準を公布したとしても、古代ローマにはそれを強制すべき行政組織がほとんど存在しない。現代でいう建築基準法に違反しても、古代ローマでは、犯罪として逮捕されることはなく、訴訟となって事後処理されるのが一般的である。ローレンス教授が語るキケロや小プリニウスの示すコスト意識による制御が古代ローマ建築あるいは都市経営の本質であった。

建築史におけるギリシア優越主義

建築史の世界で、古代ギリシアに比して、古代ローマが格下と見なされてしまう遠因の一つに、古代ローマ人が都市を現在でいう土木構築物と見なしていた点がある。ポンペイの「円形闘技場」（口絵1）は、ローマのコロッセウムに先行する世界最古の円形闘技場の遺構であるが、構造としては地盤を掘り込んで周囲に擁壁を起ち上げ、その中に土を詰め込んだ土木構築物である。ウィトルウィウスの『建築書』にしても、多くの部分は現在でいう建築ではなく、橋やダムなど土木構築物、あるいは現在のランドスケープ、すなわち景観設計のために割かれ、おそらく建築と土木の区別はなかったと考えるのが妥当であろう。また、古代ローマ人が好んで用いたアーチ構造は、もともとは古代ギリシア人は建築には決して用いなかった。また、エトルリア人にとっては主に半地下の墳墓やトンネルに用いた「土木技術」であった[23]。これを古代ローマ人は、水道橋やコロッセウムなどの闘技場として地上に登場させた。ウィトルウィウスが誇らしげに語るのは「ギリシア文化の知識」に並んで「土木技術」であり、ルネサンス以降、芸術と見なされた建築、あるいは芸術家として見なされた建築家（もちろん、ルネサンス時代の建築家たちはそうは思ってはいない。こうした見方はやはり一八世紀以降の啓蒙主義者に端を発する、あまりにもレオナルド・ダ・ヴィンチによるウィトルウィウス的人物像のイメージが強烈なのである）というよりは、「技術者」としての古代ローマの「建築家」の有り様を端的に示しており、そもそも土木と建築の間に区別はない。レオナルド・ダ・ヴィンチが土木工学の天才でもあったことは、この区別が無意味であることを端的に物語っている。むしろ古代ローマ人にとって、都市を成立させているのは個々の建築物ではなく、水道や街路などのインフラであった。さらに、本書の結論を先取りすれば、インフラの整備によって都市を管理、コントロールしようとしたのである。

日本では、土木（シビル・エンジニアリング）と建築（アーキテクチャー）の垣根は非常に高く、とくに建築側から、学問領域としてその垣根を越えていくことにはかなり抵抗がある。それは、ルネサンス以来、建築は芸術（アート）の一部であり、美を表現することが極端に重要視されたからである。ウィトルウィウスの『建築書』を一九四三年に邦訳した森田慶一は、古代ローマ時代の建築家であるウィトルウィウスの言説の中に「美」の原則を読み取ることに苦心している。それは森田に建築＝芸術という確固たる理念があったからともいえる。すでに記したように、ウィトルウィウスの『建築書』を読めば、古代ローマの時代にその区別（垣根）があったとは考えにくい。むしろプロフェッション（職能）として、アーキテクト（建築家）という職業が存在しただけであり、現在のように橋や住宅など「何をつくるか」という視点での区別はない。もともとシビル・エンジニアリングとは近代に生まれた概念でシビル（市民）のためのエンジニアリングという意味であり、直訳すれば「非軍事技術」に近く、軍事技術を市民生活のためにも使うという意図が込められている。とすれば、都市という構築物は建築よりも土木に近いのも自明であり、さらに古代においては軍事技術そのものを使って都市を建設することといってもよい。本書の後半は、土木構築物としてのポンペイを読み解く作業といってもよく、都市管理の大部分が都市のインフラ管理であるのは当たり前ともいえる。「インフラの都市史」あるいは「都市のインフラ史」という観点から都市管理を読み解くのが本書の次のねらいでもある。

建築における直線至上主義と「素敵な勘違い」

ハバーフィールドからマンフォードに至る系譜の背景に横たわる一八世紀の「ギリシア優越主義」は、ローマの建築、都市を退廃的なものとして退けていくが、あえていえば「ギリシア優越主義」は「素敵な勘違い」に過ぎない。新古典主義の論理的支柱として名高い美術史家のJ・J・ヴィンケルマンが「純白の文化」として絶賛した古代ギリシアの建築、彫刻がじつは極彩色をまとっていたことが同時代の考古学者に

図 0-7　シチリア島に残るギリシア神殿
（コンコルディア神殿，アグリジェント）

よって明らかにされていく。ただ、そこには「純白」への憧れがあり、それが近代の「美意識」であったことは否定できない。一八世紀に大流行したイタリアへのグランド・ツアーでも、モーツァルト、ゲーテ、建築家のシンケルが、パエストゥムやシチリア島の古代ギリシア神殿（図0-7）に魅了されたのも事実で、そこには二〇〇〇年を超える年月のうちにうまい具合に脱色され、装飾パネルがはがれ落ちたギリシア神殿がそびえていた。これらの人々が祖国に戻ってドリス式建築のリバイバル運動を起動させてしまったのである。

ギリシア神殿の代表、アテナイのパルテノン神殿にはリファインメントと呼ばれる精緻な仕上げが施され、直線に見える（投影される）ように造形されていることが知られる（図0-8）。人間の眼球が球体であることから、眼底に投映される映像は、対象物が直線で構成されていても樽形や糸巻き形に変形しているのだが、大脳がそれらを「直線」と認識して脳内で補正している。パルテノン神殿では、眼底において直線に投影されるように、あらかじめ補

図 0-8　パルテノン神殿の基壇（中央付近で盛り上がっている）

正されている。したがって、実際の建物には直線は一本もない。現地で体験すると、建設現場で直接に指示・調整したであろう建築家の驚くべき構築術の迫力を見せつけられる。これは、設計図の直線をそのまま真っすぐにつくった線、つまり「大脳が認識・補正した直線」とは違って、大脳を経由せず、そのまま脳幹に「直線」とダイレクトにインストールされるような、まさに直感そのものであり、単なる職人技を超えた凄みがあり、そこに美を感じるのである。南イタリアやシチリア島のギリシア神殿にも、同様の技が適用されていたはずであり、北ヨーロッパの文化人たちはその「補正されない直線性」に魅了された。これもある意味で「素敵な勘違い」のもとである。近代の都市や建築における「補正された直線性」の偏重はここにはじまったともいえ、裏を返せば、このリファインメントのことを知らないと「補正された直線にまでも美を感じよ」ということになり、古代ギリシア人が目指した未補正（本物）の直線とは違う方向に進んでしまう。東京タワーにせよ黒部ダムにせよ、土木構築物の美は曲線にあると感じる編者は

「直線」重視の近代建築・都市の方向性には閉口することも多い。ローマの復権とまではいわないが、「素敵な勘違い」から目を覚まして、今一度古代ローマの都市を見直すべき時が来ているのかもしれない。

『都市の文化』において、マンフォードはメガロポリスからティラノポリス、そして最後にネクロポリス（死者の都市）を置き、さらに都市が輪廻のようにポリスとして復活する様を思い描いていた。ローマがメガロポリスに成長したあと、たしかに古代ローマの建築物は廃墟となり、中世には人口は数分の一程度に減少するかもしれないが、決して死者の都市とはならなかった。ルネサンスやバロックの時代を経て、まさに「永遠の都」として、今も人々の魅力を引きつけてやまない。一方で、ポンペイやヘルクラネウムはウェスウィウス山の大噴火によって、突然地上から姿を消し、決して再建されることはなかった。またオスティアは輪廻というよりは転生してポルトゥスへと経済の中心は移動していく。後五世紀頃までは都市は活動していたが[24]、やがて静かに湿地の下に埋もれていき、決して再生することはなかった。都市の規模にかかわらず、人口一万二千程度のポンペイから、人口は不明だが、浴場三箇所、劇場、貴族の別荘からなるヘルクラネウム、そして首都ローマまで、古代ローマ時代には様々な都市が、生まれ、成長し、最盛期を迎え、そして消滅したり、転生したり、あるいは命脈を保ち永遠の都となったりと数々のドラマがある。本書では、こうした都市の「いのち」を支えたインフラを利益つまり「与えるもの」と、損失すなわち「失うもの」とのバランスにおいてたどっていきたい。このバランスを投資と呼んでもよいし、経営と見なしてもよいだろう。

古代ローマ人は都市の管理、あるいは投資、経営において、歴史上稀に見る成功を収め、そして失敗していった人々である。マンフォードやジェイコブズを批判的に扱ったあとで恐縮ではあるけれども、国家としての古代ローマ、とりわけ一〇〇万の人口をかかえた都市ローマ、また地方都市として、とても豊かであったポンペイ、ヘルクラネウムは、マンフォードが感じたように現在の都市文明との共通点も多く、来訪者だけでなく研究者にも、人類が幸せであった（かもしれない）光景を鮮烈にイメージさせる。それは、実際の遺跡が文献史料と異なりモノを通じて我々に語りかけてくるからであろう。とくに本書で主にあつかうポンペイはまさに後七九年で時間を止めたタイムカプセルであり、そのリアリティがどうしても現在と古代を結びつけてしまうのも事実である。そのためマンフォードのように、現在を過去へ投影してしまうことになり、ポンペイの人々は添加物フリーの焼きたてパンを毎日食べられて幸せだとなってしまう。また、ポンペイのステッピング・ストーンを横断歩道のように見たり、アッピア街道をはじめとして古代ローマの街道を現代の高速道路のように見てしまう。それは歴史のもう一つの醍醐味ではあるが、本書では、一旦そうした「色眼鏡」を外し、「素敵な勘違い」から目を覚まして、むしろ逆に古代都市を現在に投影する試みを行ってみたい。本書ではレーザースキャニングや写真測量などの最新の技術を使った実測データを利用しており、史料とは違うモノが伝える歴史を新しく示している。「土木史」あるいは「インフラ史」としての都市史をポンペイの中に見ていく。

まずは「歴史学」の視点から、コスト管理としてのローマ都市史を見ていきたい。都市が経営であるとすれば、経営者は危機管理のプロでなければならず、都市としてのローマがくぐり抜けてきた数々の危機の歴史である。なお、第二章以下では、都市に関わる話題も多く、本書の冒頭にポンペイ、ヘルクラネウム、オスティアの都市図を用意した（地図４～９）。各章の図とともにこれらの都市図も適宜、参照していただければ理解の助けとなる。また、遺跡の街路や門の名前は、発掘時に命名されたもので、古代ローマ時代の呼び名ではない。そこで誤解を避けるため、現在、呼ばれているイタリア語の名前（発音）で表記した。地図4-㉗の「ウェッティの家」は、正面壁に「ウェッティ・コンウィウァ・アウグスターリス」（*CIL* 4.3509）の名が発見されており、「ウェッティの家」と想定されるが、前面の街路はイタリア語発音の「ヴェッティ小路」と表記している。

（1） C. A. Behr, trans., *P. Aelius Aristides: The Complete Works* 2, Leiden, 1981.
（2） M・ロストフツェフ（坂口明訳）『ローマ帝国社会経済史』東洋経済新報社、二〇〇一年、一八五-一九三頁。
（3） 塩野七生『賢帝の世紀――ローマ人の物語IX』新潮社、二〇〇〇年、三八七-三八八頁。
（4） Behr, *op. cit.*, pp. 90, 94-95. 城壁の変容については第八一節、公共建築の建設競争については第九七節。
（5） M. Weber, *The City*, New York, 1921. 遺稿である *Wirtschaft und Gesellschaft* の第二部第九章八節に収録されている。邦訳は、マックス・ウェーバー（世良晃志郎訳）『都市の類型学』創文社、一九六四年。
（6） J. Rich, A. Wallace-Hadrill, eds., *City and Country in the Ancient World*, Abingdon, 1991.
（7） R. Laurence, "Writing the Roman Metropolis", in H. M. Parkins, ed., *Roman Urbanism: Beyond the Consumer City*, Abingdon, 1997, pp. 1-20.
（8） ルイス・マンフォード（生田勉訳）『都市の文化』鹿島出版会、一九七四年。
（9） ルイス・マンフォード（生田勉訳）『歴史の都市 明日の都市』新潮社、一九八五年。
（10） ジェーン・ジェイコブス（黒川紀章訳）『アメリカ大都市の死と生』鹿島出版会、一九七七年と、ジェイン・ジェイコブズ（山形浩生訳）『アメリカ大都市の死と生』鹿島出版会、二〇一〇年を比較して参照するとよい。
（11） 木原武一『ルイス・マンフォード』鹿島出版会、一九八四年、九八頁。
（12） E・H・カー（清水幾太郎訳）『歴史とは何か』岩波新書、一九六二年、二四-三〇頁。
（13） A. Boëthius, *The Golden House of Nero: Some Aspects of Roman Architecture*, Ann Arbor, 1960.

（14） R. Alston, "Class Cities: Classics, Utopianism and Urban Planning in Early Twentieth-century Britain", *Journal of Historical Geography* 38, 2012, pp. 263–272.〔 〕は筆者による。

（15） F. Haverfield, *Ancient Town Planning*, Oxford, 1913, pp. 63–68.

（16） H. Eschebach, *Die Stabianer Thermen in Pompeji (Denkmäler antiker Architektur 13)*, Berlin, 1979.

（17） S. C. Nappo, "The Urban Transformation at Pompeii in the Late Third and Early Second Centuries B.C.", in R. Laurence, A. Wallace-Hadrill, eds., *Domestic Space in the Roman World: Pompeii and Beyond (Journal of Roman Archaeology Supplementary Series* no. 22*)*, Portsmouth, 1997, pp. 91–120. および A. Ottel, *Fundkontexte römischer Vesuvillen im Gebiet um Pompeji: Die Grabungen von 1894 bis 1908*, Darmstadt, 1996.

（18） S. De Caro, "Lo sviluppo urbanistico di Pompei", *Atti e Memorie della Societa Magna Grecia*（ser. 3）1, 1992, pp. 67–90.

（19） L. Roger, *Pompeii History, Life & Afterlife*, Stroud, 2005, fig. 11. または、ロジャー・リング（堀賀貴訳）『ポンペイの歴史と社会（世界の考古学13）』同成社、二〇〇七年、図11。

（20） プラトンの『国家』に登場するユートピアとしてのカッリポリス（Kallipolis）、第五書四七九–四八〇節。

（21） P. Sommella, "Urbanistica Pompeiana, Nuovi momenti di studio," in *Neapolis* II, Roma, 1995, pp. 163–218. あるいは P. Sommella, *Italia antica. Urbanistica romana*, Roma, 1988, pp. 97–110.

（22） アウグストゥス帝による規制に関する記録（Strab. 5.3.7）では、公共建築に隣接する建物の高さを二〇・七メートル以上にすることが禁止され、タキトゥスによる後六四年の大火のあとのネロ帝による規制の記述（Tac. *Ann.* 15.43）では、高さの制限（具体的数字は不明）に加えて、区画整理、街路の拡幅、火除地の設置、延焼の防止のための柱廊の付設など、かなり踏み込んだ規制が実際されたことがうかがえる。アウレリウス・ウィクトルによるトラヤヌス帝による高さ規制の記録（Aur. Vict. *Caes* 13.13.）では、一八メートルに制限が強化された。

（23） R. Mark, *Architectural Technology up to the Science Revolution: The Art and Structure of Large-Scale Buildings*, Cambridge Massachusetts, 1994, pp. 74–80.

（24） L. Lavan, "Public Space in Late Antique Ostia: Excavation and Survey in 2008–2011", *American Journal of Archaeology* 116.4, 2012, pp. 649–691.

第一章　都市のリスク管理

レイ・ローレンス

リスク（危機）とは、何か価値あるものを失うことだと定義できるだろう。例えば、それが社会的地位であっても、また肉体的な健康であっても、あるいは単なるやる気であっても価値あるものに含まれるのかもしれない。今、我々は都市そのものに対して、現在あるいは未来にも予測される異常気象がもたらす、かつてないほどのリスクに直面している。人類は常にリスクとともに生き抜いてきた。それは火山地帯に位置する都市群や周期的に大地震に襲われる地域の都市群でもよい、地図にプロットしてみるだけで簡単にわかる。セネカによれば、後六二年の大地震以降、カンパニア地方では地震があることが前提となった（Sen. *QNat.* 6）。古代史の領域では、リスクに関する研究はほとんど行われてこなかった。J・トナーは、彼の著作『古代ローマの災害』において、古代ローマに焦点を当てている[1]。彼は、リスクは決して避けられないものであり古代ローマの人々がかなりハイレベルの予測不可能性に直面していたことを示した。食料危機ですら、飢える、栄養失調、あるいは飢餓というレベルまで含めると、決してめずらしいとはいえず、依然としてその問題を緩和するためにローマが国家として講じられる手立ては限られていた。この点について、トナーは「常に目の前にある危険に向き合わなければならないことと関係している。それはローマ世界における日常生活の特徴ともいえる、すなわち恐ろしくもあるが道徳観の一部として組み込まれたものなのだ」と結論づけている。このリスクの理解について、トナーは、さらに「帝国がかかえる人々の多くを重大な危険にさらしたままにした」と強調する。[2] これは現在のリスク評価といわれる論理とはずいぶん異なる。例えばエジプト調査に参加する学生を考えてみよう。そこではリスクそのものをできるだけ最小化し、もし避けられないリスクが少しでもあるなら調査そのものの中止もありうる。しかしながら、リスクに対処するためには、必ずしも経験的な知識を必要としないし、あるいはあえて経験的な知識を無視した方がよいのかもしれない。例えばドナルド・トランプは気候変動リスクの存在を認めないだろうが、すでに科学者によって多くの証拠が彼には示されているにもかかわらずである。トナーによれば、古代においては、個々の日常生活そのものがリスクの算定みたいなものであったという。つまり、食料の蓄えがあったときだけ家族を食わせることができる、そんな小さなリスクが人々の文化の中に組み込まれていたという。セネカが認識していたように（Sen. *QNat.* 6.1.2）、南イタリアの古代ローマ人がもっとも恐れを感じていたのが都市の荒廃化であったことを付け加えておかなければならない。おそらく、古代の人々は次から次へと増えていく公共建築や都市の持続性そのものに欺瞞を感じはじめていたのだ。本章ではリスクへの広い意味での対処と、ローマが国家として都市化への様々な脅威に対応しえたのかについて見ていきたい。そこからリスクから護られるべき価値とは何かについて理解を深めていければと思う。

『諷刺詩』に見る都市のリスク

ユウェナリスの『諷刺詩』第三書でローマ生まれの男ウムブリキウスが、なぜその街を去らなければならなかったのかについて詳しく理由を記述している（Juv. 3.21–301）。まず、実際の生活上でのリスク一覧を書き出す、そこからあるものは除外し、あるものはリストに戻す、それをくり返した後、リスクが何であるかをはっきりと見通せるというのである。ローマという都市そのものが脅威であることを示す現象は、近年でも幾度となく示されてきたし、メトロポリスの避けられない特徴でもある[3]、しかし我々はローマに特有の事情がもたらす独特の恐怖、すなわち奴隷の人口増加を念頭に置かなければならない。元老院では、奴隷は自由民と区別できるような衣服を着用すべしという議論がなされ、その意見は却下されたものの、奴隷がその数を増やしすぎたため、それを実行するには危険すぎると見なされたのかもしれない（Sen. *Clem.* 1.24.1）。

ウムブリキウスは、まず、彼自身の暮らしに対するリスクについて語る（Juv. 3.21–57）。様々な契約事での人々の不正直さ、例えば神殿、河川、港の改修や洪水の排水工事についてである（彼は、それらの請負人についても言及している）。次に、ローマの一部を乗っ取ってしまった外国人について語る（Juv. 3.58–125）。それは彼がギリシア人と呼ぶ東部地中海からやってきた人すべてである。続いて、貧乏人はこの都市では生きていけないという（Juv. 3.126–189）。そしてユウェナリスは、ローマで目の当たりにした建物の崩落や火災がおよぼすリスクを話題にする（Juv. 3.190–231）。ユウェナリスによれば、交通も道路を渡る者にとっては身体に対する物理的なリスクの一つである（Juv. 3.232–267）。ユウェナリスは、市中への建設資材の運搬ともなれば、道路の混雑は、埃を巻き上げ、騒音をまき散らし、そして命の危険をともなう場所になるという。第三書の続きでは、夜中には、窓やバルコニーから放り投げられるものが命を脅かす（Juv. 3.268–301）。もちろん暴行の危険はいうまでもない。家にいても、タベルナ〔街路に面する一室の意〕でも、扉に閂を通しても、あるいはチェーンをかけても安心とはいえないという（Juv. 3.302–305）。第三書には、洪水は登場しないが、ウムブリキウスはローマの低地に住んでいたために、引越しを余儀なくされたのだろうか。あるいは、洪水はリスクのうちに入らなかったのかもしれない。同様に、水の供給について言及がない一方で、ローマでの無料の食料や試合観戦については簡単に触れられている。おそらくウムブリキウスはいずれローマを去ってナポリ湾のクマエに引っ越す運命だったのかもしれない。ただ、ここ数年のうちにも大きな地震があったようにナポリ湾は地震の頻発地帯であり、この『諷刺詩』が構想されているところより少し前にポンペイやヘルクラネウムの消滅があったばかりである。

メトロポリスの恐怖にさらされながら生活していたウムブリキウスは極端な例としても、当時の都市で起こっていたことを反映しているのは間違いない。現代のメキシコシティの発展の中にも文化としての恐怖が支配する様は観察される。[4] 例えば、火災との戦いは、炎への恐怖との戦いでもある。ユウェナリスの『諷刺詩』第三書にも頻発する都市火災の記述がある。メトロポリスで暮らす現代の生活にも直結する犯罪への恐怖（恐怖の中でもとりわけ）が、都市全体を麻痺させるほどに様々に形を変えて現れてくることを我々は知っているはずである。その結果、ミドルクラスの人々は都市の中心から郊外へと逃げていくことになる。こうした恐怖がもたらす結末については、デトロイトを見れば十分であろう。そこでは、都市の内側への破壊〔インプロージョン、エクスプロージョンの反対語〕[5]を容易に見いだすことができる。これは、もちろん郊外が犯罪とは無縁という意味ではなく、ここで重要なのは非－都市化（デ－アーバニゼイション）が恐怖と予測不可能性からもたらされているという点である。

洪水：ストラボンのローマ

ローマはもともと氾濫原に建設された。ボーリング調査によるコアサンプルによって、都市のほとんどは河水面以下の地盤の上に建設されており、ティベリス川の河床部にまで都市の相当な部分が浸食していたことがわかっている。[6] ストラボンは、こうした地政学的な背景をネガティブにはとらえていなかった。実際に、河川そのものは都市にとって不可欠な要素と見なしていたし、食料だけでなく、採石場からの石材やティベリス峡谷からの木材などの建設資材の輸送路でもあった。興味深いことに、ストラボンは地形がもたらす打撃に対するリスクやセルウィウス王の城壁の弱点について過去の例に基づいて分析し、以下のように総括している。「壁が人々を護ったのではなく、人々が壁を護ったのだ。」（Strab. 5.3.7）

ストラボンがローマについて賞賛しているのは水の供給、下水道あるいは灌漑設備、そして道路である（Strab. 5.3.8）。彼にとって、水道橋はローマに飲料水を供給する「川」であり、飲料水は都市の下水口を通じてティベリス川に排出された。ほとんどすべての家が貯水タンクをもち、水道が配管され、おびただしい数の噴水が存在した。そして船から降ろされた荷は道路を通じて荷車によって国内に搬送された。

ローマ都市の多くはたとえ氾濫原であっても河川沿いに建設されている。現在確認できる一三八九の都市のうち、七八一は川から一キロメートル以内の場所に建設された。この割合は、北西部の都市に限ればさらに大きくなる。都市にとって河川の存在はリスクをはるかに上回るリソースを提供するものであり、それは古代ローマ帝国の存在そのものによって確認される[7]。

ティベリス川の流れは長大で、その流量は計り知れず、様々に姿を変える。乾期には肥沃な氾濫原が姿を現し、雨の多い冬期には川幅を広げる。こうした脅威への対応として、氾濫原を限定するため河床が浚渫されたが、乱石や都市の廃材によって、すぐに埋め尽くされてしまう（Suet. *Aug.* 30）[8]。こうした対策では洪水を防止できないことが判明し（Cass. Dio 54.25, 55.22, 56.27.4）、後一五年に起こった大洪水（Cass. Dio 57.14.7–8; Tac. *Ann.* 1.76, 1.79）への対応として、急遽、ティベリス川の河岸、のちに河川の管理者による常設委員会が設置され、冬期の洪水、夏期の渇水を防ぐための対策が講じられた。後二世紀までには、下水道の管理も加わり、都市の水文環境全般を所管する体制が整った（*CIL* 5.5262）。しかし、支流も含めティベリス川の流系を見てみれば、ほとんど対応不可能であったし、古代全体を通じて洪水の記録が途切れることはなかった。

G・S・アルドレートは、浸水する可能性のある地域を図化し、都市の主だった記念建造物との関係性を追った[9]。洪水に対して無頓着なのかもしれないが、徹底して洪水のリスクから免れるための立地の優位性を確認するのは困難という結論であった。続いて彼が推定したように[10]、大規模な構造体の出現によって、もはや洪水に対する免疫ができあがってしまったのかもしれない。一方で、アルドレートは後二世紀以降、大規模浴場が海面より二〇メートル以上高いところに立地していること、水道橋の到達地点の標高が頻繁に高くされているのも見逃していない。さらに、行政区のドムス（独立住宅）一覧のうち、八五パーセントが丘や高地と関連づけられるという。つまりドムスの所有者は、氾濫原から脱出し、洪水のリスクを避ける余裕があったのである。[11]

古代ローマの法律家はアーバニズム〔ここでは、都市化や都市生活などの都市性を包含する意味で用いる〕に対する脅威を認識していたかもしれない。彼らの問いに「どんな建物が安全であるのか、それは河川、海、嵐がもたらす衝撃に対して、あるいは倒壊、火事、地震にも対抗できることか?」とある。しかし、同じ法律家は建物の瑕疵の有無に関する議論において、「単に河川の氾濫がおよぼす外力によって建物が単に倒壊したのか、あるいは、その前に河川の存在によって徐々に建物自体が劣化し、そして倒壊に至ったのか」について考察している（*Dig.* 39.2.24.10–11）。ここではアーバニズムに対する脅威が自然に受け入れられているとともに、まさに「よって件の如く」脅威の存在は当然ととらえられている。

火災のリスクと恐怖の政治問題化

晩餐会が消防士たち（ウィギレス vigiles）の突入によって中断された逸話はおもしろい一方で、とても示唆的である（Petron. *Sat.* 78; Sen. *Ep.* 64; Tert. *Apol.* 39.15）。古代ローマの消防士は類焼をくい止めるため職務を執行した。彼らは私有地へ立ち入ることができたし、火事を不注意に広げた者に制裁を加えることもできた。共和政期には三人委員会が組織されたことがあり、[12]トレスウィリ・ノクトゥルニ（tresviri nocturni）という名前が意味するように（*Dig.* 1.15.1）、都市の城門と城壁に配備される公共奴隷を管理した。この三名は任務がうまくいかない場合はもちろん、火事を消し止められなかった場合も責任を取らされた

（Val. Max. 8.1 *damn.* 5–6）。ウィア・サクラでの火事が素早く鎮火できなかった際に、護民官（トゥリブヌス）たちは火事が広がる前に三人の担当者全員（M・ムルウィウス、Cn・ロッリウス、L・セクスティリウス）を現場に派遣している。別の機会には護民官の一人は夜間の職務を怠慢により遂行しなかった罪でP・ウィッリウスを告訴している。護民官は政務官を訴追する義務があり、残りの政務官に対しても責任の有無を問い、場合によって失態の責任を考慮しなければならないため、政務官たちにとっても連帯責任の恐怖感を植えつけることになる。

そのシステムがどのように機能したのかは不明だが、前二六年に按察官（アエディリス）のエグナティウス・ルフス（Egnatius Rufus）は、彼の奴隷を使ってあるいは新しく奴隷を雇って私設消防隊を設置している。彼は消火活動を通じて名声に浴したが、人々は消防隊運営のための資金を援助するようになり、彼はその功績を政治的に利用し、アウグストゥス帝や他の元老院議員たちへの不満を表明するに至っている（Vell. Pat. 2.91; Cass. Dio 53.24.4–6）、間違いなく、エグナティウス・ルフスが人気を博したのは、火事という脅威に対して声を上げただけでなく、火事から建物を守ろうとしたからである。数年後の前二二年には、六〇〇名の奴隷からなる消防隊が按察官のもとに結成される（Cass. Dio 54.2）。ギリシアの都市ニコメディアにおける消防隊の不在は、隣接する公共建築物から街路を越えて延焼が広がる事態を招き、火災を消し止める手段をもたない群衆は、炎の広がる様を見守るしかなかった（Plin. *Ep.* 10.33–34）。当時、ビテュニア属州の総督であった小プリニウスは火事のリスクを軽減するため一五〇名からなる消防隊の設置を進言したが、トラヤヌス帝はそれを却下している。その理由はより大きなリスクとして都市には社会不安があるとした話はよく知られている。

前七年の大火の後、三人委員会のシステムは大幅に見直され、火災対策は一四に分割された行政区担当の政務官に委任された（Cass. Dio 55.8.6–7）。前七年の大火では、フォルム（「中央広場」）周辺の建物が破壊され、後に見ていくように、その責任は債務として処理された。かつて消火活動に従事していた奴隷は、各行政区を統治するために配置された按察官、法務官（プラエトル）あるいは護民官とともに町内会政務官（マギストリ・ウィコルム magistri vicorum）の管轄となったが、後者は元老院が任命する前三職とそれぞれの行政区の近隣住民の仲立ちをする立場であったことをはっきりと示す史料が残っている（*CIL* 6.450, 6.453）。後六年にも大火によって都市の大部分が損害を受けた記録がある（同じ年には食料不足も起こっている）。アウグストゥス帝は後にウィギレスとして知られる組織を結成した（Cass. Dio 55.26, 55.31; Suet. *Aug.* 25; App. *B Civ.* 5.132; *Dig.* 1.15.3pr）。人員は解放奴隷から募り、国家から給与と営舎を支給して騎士に指揮に当たらせた。火災による損失や食料不足の脅威へ対応するための行動計画も策定されたとされるが、ディオン・カッシオスはその存在は怪しいと評する（Cass. Dio 55.27）。その後も社会不安は数年にわたって続く。ディオン・カッシオスは戦費や消防予算を賄うために導入された奴隷売買における二パーセントの税金をこの時期に記録している。ここから伝わるリスクには二つの要素がある。一つは、建物そのものが荒廃するリスク、もう一つは火災による損失が招く変革のリスクであり、それには常に食料不足の不安が結びつく。ローマ法関係の文献によれば、ウィギレスを組織するための名目、そしてアウグストゥス帝の直轄とする理由は、同日のうちに発生した数件の火災であるという（*Dig.* 1.15.1–3）。レインバードは、ローマでは毎日一〇〇件の火事が発生していたのではないかという。[13] ウィギレスはそれらへの対処を迫られていたが、実際には住宅や仕事場といった火災現場の検分やとくに危険な火災に対する処罰に限られ、具体的には責任者を罪人として棒や鞭で打つことであった。ちなみに、放火犯、つまり故意に火災を発生させた罪についてはすでに認識されていた。ウィギレスは靴あるいは長靴の着用、とび口あるいは斧の装備が司令官（Prefect）より求められた。消火の失敗はウィギレスの司令官の責任とされ、彼らの職務は『学説彙纂』に記されている（*Dig.* 1.15.3）。ウィギレスの司令官の求心力については、ラレース・アウグスティやカエサルのゲニウスに奉献された地域共同体に関わる祠の多数が彼らによって修理されていることからもわかる。司令官は「ウィクス（町内会 Vicus）の名誉」あるいは「武徳（Virtus）」という言葉ともに祠の奉献者リスト、ウィクス政務官の近くに名を連ねている（*AE* 1946.189）。また、「ウェスタのウィクス」に捧げられた祠の修理に関する碑文にも名前が登場する（*CIL* 6.30960）。

後二七年、そして後三六年にも大火がローマを襲い、アウグストゥス帝の後継者であるティベリウスは破壊された不動産の所有者が被った損失を補った（Vell. Pat. 2.130.2; Tac. *Ann.* 4.64; Suet. *Tib.* 48; Tac. *Ann.* 6.45）。後六四年の大火の損失は再建事業への報奨金という形で相殺された（Tac. *Ann.* 15.38–42）。後八〇年の大火では、対策を余儀なくされたティトゥス帝は私財が尽き、再建事業の責任者となった三名に騎士の称号を与えている（Suet. *Tit.* 8.3–4）。以上のように、アウグストゥス帝時代の末までには、大火への対応として被災地の再建事業という発想が成立している。首都ローマに加えてオスティアにおけるウィギレスの存在、[14]そして彼らを常駐させる営舎の建設は火災に対する脅威への目に見える取り組みであった。ウィギレスの営舎の一つがカエリウスの丘に建設されたのは（*CIL* 6.1057, 6.1058）注目に値する。それはティベリウス帝の時代に火災によって破壊された地区だからである（Suet. *Tib.* 48）。火災が起これば破壊される不動産の所有者にとっては何の担保にもならないが、アウグストゥス帝の時代から続く首都で頻発する火災に便乗した何らかの企みが進行するのを抑える手段だったのかもしれない。後にヘロディアノスは後二八三年の火災について、火災は被災者を豊かにする、それは最富裕者層の住宅が略奪の対象になるからだと記している（Hdn. 7.12.6–7）。

アレクサンドリアについて記した地理学者、すなわちストラボンによれば、ローマの都市そのものに簡単にリスク要因が見つかるという。そのうちのいくつかは無視できるし、ローマというよりは都市そのものの一面に過ぎない。後者の代表は建物の倒壊の危険と火災であり、すでに見てきたように、これらは絶え間なく起こってきたし、すぐに取り組むべきリスクとは考えられてこなかった（Strab. 5.3.7）。しかしストラボンはアウグストゥス帝が夜警隊（いわゆるウィギレス）を設立し火災を政治問題として対応しようとしたことも明確に記している。建物の崩壊の問題についても、七〇ローマン・フィートの高さ規制が制定されている。ここからローマ皇帝が都市におけるリスクを問題認識したことがわかる。そのリスクは概念的なものでなく具体的にどうやって火事を防止するのかという実際上の問題であった。まさに都市警備隊あるいは消防隊の常設は火災をくい止めるという一つの具体策に過ぎない。ストラボンによれば、その街にはもう一つのリスクがあった。それは、打ち壊された後、再建された建物不動産が常に売り出されていることであった。ストラボンによる解説は自然災害時、すなわちティベリス川の氾濫についてであるが、その場合は新しい土地に新しい建物が建つので一つの資産形成としてとらえることもできる。しかし対照的に彼は火災を技術上の問題ととらえる。つまり、大火災という災害は、まさに目の前に現れて共同体の脅威に成長するまでは、不可視あるいは隠れた存在であり、基本的にはローマが国家として取り組むべき問題ととらえていた[15]。

都市にもたらされた損失：大火

後六四年の大火はチルコ・マッシモ（大競技場）近くの店舗から出火し、瞬く間に広がってローマの約三分の二を焼失させた。タキトゥスによる火事についての報告（Tac. *Ann.* 15.38–43）は、前三九〇年のガリア人によるローマの略奪、あるいはウェルギリウスが『アエネーイス』で描いたトロイアの滅亡を彷彿とさせるものである。[16] その都市は狭い街路と不整形の建物が容易に延焼を引き起こし、瞬時に燃え広がった。これは「オブノキシア・ウルベ（obnoxia urbe 脆い都市）」あるいは「ウェトゥス・ローマ（vetus Roma 古いローマ）」という言葉で表現される都市そのものである。タキトゥスがいう大火後の新建築規準によるコロネード（列柱廊）付きの広い街路を備えた都市とはまったく違うものである（後者はネロ帝の私財によって建設された）。しかし火災のリスクはこれで根絶されたわけではない。建築物や街路幅の規制はリスクを軽減するに過ぎない。一六年後、後八〇年に再び大火に見舞われた事実がそれを物語る。リスクを認識させる効果はあるものの、火事が起これば実際の効果は限定的である。結局は、火事がどこで起こるかを予見することは難しく、またどのように広がるかもそのときの天候次第なのである。

タキトゥスは、破壊された建物について詳しく述べている（Tac. *Ann.* 15.38–41）。彼は破壊されたすべての住宅、街区を占める集合住宅そして神殿を列挙すると、その一覧表はとても長くなってしまうという。初期の王政、すなわち神話上の王の時代に創建されたとされる古代神殿が以下のように列挙されている。

セルウィウス・トゥッリウス（Servius Tullius）時代　ルーナ神殿

エウアンデル（Euander）時代　ヘラクレス神殿および大祭壇
ロムルスとヌマ（Romulus and Numa）時代　ユピテル・スタトル神殿、レギア（Regia）、
ローマ人の守護神ウェスタ神殿

スエトニウスは、共和政時代の英雄たちのドムスも彼らの略奪品とともに火災で失われたと付け加えている（Suet. *Nero* 38.2）[17]。

後八〇年の火災に続いて、ドミティアヌス帝は火災除けの誓約を立てたが、もちろん成就することはなかった。境界標〔キップス cippus : cippi の複数形〕によって画される空地――そこでは何人も家を建てたり、占拠したり、あるいは商行為を営んだり、さらには木を植えたり、作物を育てたり、また儀式や供養をすることなども禁止される場所――が設置されたのは、八月二三日、ウォルカーヌス（火の神 Volcanus）の祭日であった（*CIL* 6.826）。この空地に関する情報は一四区あった行政区の一つに限定されるが、もちろん行政区のそれぞれに同様の空間が設置されたと見ることもできる。ウォルカーヌスへの地域信仰は、新しいものではなく、前三～前二年、地区の町内会政務官がウォルカーヌス・クイントゥス・アウグストゥス（Volcanus Quietus Augustus）に神殿を奉献したのがはじまりであり（*CIL* 6.802）、この神に対する同様の奉献も地域信仰としていくつか見られる（*CIL* 6.801）。「ウォルカーヌスに捧げる祭壇XI」（*CIL* 6.799）もの祭壇に記された碑文の例の一つである。ウィギレスの司令官の一人は自らの称号にウォルカーヌスという言葉を付け加えている（*CIL* 6.798）。地域信仰に見られるこうした様相は火事というリスクが神、すなわちウォルカーヌスと関連づけられたことを示すが、要はウォルカーヌスを鎮め眠らせておくことが彼らの願いであった。

廃墟と化した都市群

後六四年の大火はローマがあっけなく破壊される可能性を露呈したといえる。しかしながら、廃墟そのもの、あるいは荒廃化の脅威は、すでにかなりさかのぼる文献史料にも見られる。プラエネステの暦によれば、三月二三日あるいは四月の第一日（カレンダエ Kalendae）の一〇日前の日について、ローマの祭日のいくつかに続いて、廃墟という概念が登場するが、その起原を見る限り、都市に対するたった一つの脅威がやがて破壊的な力につながることにはまったく気付いていない。このテキストは全文を引用しておく価値がある。

「不幸なる日、マルスの祝日の一つ。この日はトゥビルストリウムと呼ばれる、ならば靴屋の大広間にてラッパを吹き鳴らして罪を清めよう。かの者たちを神聖なる人々としよう。ならばルタティウスこそパラティヌスの丘より木製のこん棒をもたらしたる者なり。そこはかつてガリア人により奪われ焼かれし地なり。パラティヌスこそロムルスが都として定めた地なり。」

この破壊と、ロムルスがまさに都市ローマを創建した場所との関連は興味深い。ガリア人によって焼き払われたパラティヌスの丘から、ルタティウスが都市ローマを創建したロムルスのこん棒を発見したという（Val. Max. 1.8.11; Cic. *Div.* 1.30; Dion. Hal. *Ant. Rom.* 14.2.5; Plut. *Vit. Cam.* 32.6; Plut. *Vit. Rom.* 22.2 は全員リトゥウスが発見されたと記録する）。ウァロは、その発見場所をアトリウム・ストリウム（Atrium Sutorium）〔あるいは、靴屋の大広間〕とし、トゥビルストリウム（Tubilustrium）という名前はトゥーバ〔tuba 直管トランペット」から来ているとする（Varro, *Rust.* 6.14）。また、オウィディウスは、お祓いというものは、マルスよりもミネルウァに集約されるべきと推察する（Ov. *Fast.* 3.849–50）。ガリア人によるローマの破壊の説明に熱心なリウィウスは、とくに首都の景観の中でもフォルムとその周辺の建物の破壊に注目する（Liv. 5.39–42）。リウィウスによれば、この破壊は廃墟からの再建がなってはじめて終結したという（Liv. 5.55.2–5）。国家はすべての者に、瓦を供給し樹木の伐採や採石の権限も与えたという。ただし、一年以内に建設作業を完了させるという確約が条件であった（Plut. *Vit. Cam.* 30–32と比較のこと）。素早いけれども拙速ともいえる再建は、都市の形態すらも変化させてしまった。都市の区画は所有者ごとに分割され、曲がりくねった街路で仕切られてしまう。まさにその後のローマの都市構造はガリア人による破壊の結果なのである。ちょうどタキトゥスが『年代記』の中で語ったように（Tac. *Ann.* 15.38–43）、後六四年の大火による破壊後に創出された新しい都市ローマとは対照的である[18]。

こうした古く破壊されたものから新しく一新されたものへの変化のパターンは、ルイナエ（ruinae）[19]について言及した碑文に広範囲に見られる。古代末期の碑文学には、この言葉には廃墟〔ルーイン、英語のruin〕を復旧する義務、あるいは少なくとも復旧する意思が含まれる。もちろんこの責務を負うのは首都長官でも、ゴート族の王オドアケルでも同じである（*CIL* 6.1716a, 6.41423）。廃虚から移動された彫像が、いわゆるもっともにぎやかな場所（locus celeberrimus）に置かれた例も知られている（*CIL* 6.41416）。後四世紀に話を戻すと、破壊されたヘラクレス信仰のための神殿の復旧にその考え方を見ることができる（*AE* 2010.185）。また、新アニオ水道（Aqua Anio Novus）の荒廃した状況も問題視されている（*CIL* 6.3865）。多くの都市の浴場も廃墟になりつつあった（*CIL* 10.6656, 6.1703, 3.1805; *Suppl. It. RI* 7; *IRT* 103; *ILAlg.* 1.2108,

1.2101, 1.1273）。また碑文を見ていると、時折、荒廃した公共建築の復旧に向けた活発な動きに出くわす。メダウルッシュ（Mdaourouch）では、フォルム、神殿、また劇場が修理を要し（*ILAlg.* 1.2107）、エフェソス（Ephesos）では、後一世紀に焼け落ちた神殿の多くがその例にあてはまる（*CIL* 3.6073）。後五世紀のベネウェントゥム（Beneventum）では多数の公共建築が修理を要していた（*CIL* 9.1596）。これらの実例では、荒廃をくい止めようとする意思が見られ、都市そのものの荒廃が脅威として認識されつつあったが、数年のうちにはすべての公共建築物が機能しない状態で都市を存続させなければならなくなっていた。

　こうした事実はパウサニアス（Pausanias）の『旅行記』の有名な一節を思い出させる（Paus. 10.4）。そこではパノペウス（Panopeus）という公共建築をもたない都市が紹介されている。集落（ウィクス vicus）から町（オッピドゥム oppidum）への発展は支配者層（政務官とデクリオネス（都市参事会員 decuriones：デクリオ decurio の複数形））の功績であったが、公共建築といえば、例えば昔の皇帝の彫像を備えたフォルムと公共、私有の浴場への豊かな水を供給する水道だけであった（*CIL* 3.352）[20]。つまり、公共建築群やそれ以上の建造物を所有することは、長い目で見れば維持管理できないというリスクをともなうのである。しかし反面、公共建築の建設とは廃墟を文化的生活の場に変えることで、支配者層が人々から信任を得る絶好の機会でもある。廃墟の問題はアントニヌス・ピウス帝も取り上げている。彼は都市に十分な建物があり、補修のための資金がなかなか見つからない場合に限って、公共建築物の新築のために遺贈された財産を現存する建物の補修に転用できるよう布告している（*Dig.* 50.10.7）。これは既存の都市インフラを犠牲にして新しい建物に資金を供給することへのリスクの認識に他ならない。ユリアヌス帝は、建物の所有について、都市に属する私人の土地のいかなる建物も、都市に損害を与えない限りにおいて、自らの資金のみで建設されたときにはじめて認められると条件づけており、「ローマ市民はその建設者に都市に美観を与えた者として謝意を示さねばならない」と述べた（*Cod. Iust.* 8.11.3）。テオドシウス帝は、後三八五年の勅令で、許可を得た公共物の建設作業であれば、銀五〇リブラよりも安価な土地に限り、占有できるとした（*Cod. Iust.* 8.11.9 = *Cod. Theod.* 15.1.30）。一〇年後のアルカディウス帝とホノリウス帝の勅令では、「我々の壮麗なる都市や街々が長い時間を経て廃墟に朽ち果てるのを防ぐため、本来は都市に帰するべき農園からの歳入の三分の一を投入し、公共壁を修築し、浴場に熱水を供給する」と布告された（*Cod. Iust.* 8.11.11 = *Cod. Theod.* 15.1.32）。後三九八年には、大理石など建設資材を建物から略奪する行為を犯罪として摘発した。たとえ、法が定めていなくとも、地方当局の権限において執行可能としている（*Cod. Iust.* 8.11.13 = *Cod. Theod.* 15.1.37）。荒廃化あるいは逆の修築の進行は、神殿域の教会への転用にも見られる。ローマ法によれば（少なくともユスティニアヌス帝の時代までは完全に）、たとえ建物が崩壊していたとしても、神域は神域のままであった。一つのキウィタス〔ローマ市民権など、何らかの市民権を有する人々の共同体の意〕に属するすべての市民によって奉献されたものであり、いかなる個人にも属さないからである（*Dig.* 1.8.6）。興味深いことだが、ということはセウェルス朝の時代にも公共空間の創出は行われているので、皇帝という権威によってのみ認められるのか、あるいはもしかすると、皇帝が誰かに聖域として宣言する権限を与えたという意味になる（*Dig.* 1.8.9）。そこにはローマの神殿群が廃墟に埋もれることになった一つの要因がある。いくつかは後四世紀に修築されたが（*IRT* 55）[21]、徐々に教会に置き換わっていった（*AE* 2013, 後六世紀には六件）。

　初期と末期のローマ帝国では状況が違うのだとするのは安易に過ぎるだろう。やはりローマという都市が時代にかかわらず絶えず相当な量の修築の必要性に直面していたことを憶えておく価値はある。アウグストゥス帝も自慢げに八二もの神殿を前二八年に修築したと語っている（*RG* 19–21）。時間とは破壊者でもあり、それが古い年代の石材で建てられたもの（Ov. *Fast.* 5.129–132）であれば尚更であり、アウグストゥス帝は皇帝としてあえてそれを選んでいる。後に、ウェスパシアヌス帝が修築すべき対象としてローマの街路を選んだのは後七一年のことであったが、それらは長く放置されたことでかなり傷んでいた（*CIL* 6.931）。ハドリアヌス帝は建設後六〇年にも満たない後に古くなり、手入れも行き届かない状態で荒廃したローマの行政区のいくつかで修築を施している（*CIL* 6.40519）。このプロセスの一部として、元老院は後一一六年の勅令を無視し、ローマの町内会政務官にラレース・アウグスティの神殿群を修築させている（*CIL* 6.30958）[22]。これらの神殿は前七年に建立されたものであるが、神殿のいくつかは、先行する時代に再建されていた証拠がある。例えばウィクス・コルニクラリウス（Vicus Cornicularius）の神殿は、六一年目（後五六年）に町内会政務官により修築され大理石によって被覆されている（*AE* 1960.61）。ローマや帝国に関する碑文を見ると修築に関わる用語群があり、古い、機能を失った、朽ちた、放置された、あるいは崩壊したものに修築の必要があるとされる。その頻繁に現れる言葉使いからは、時間そのものや時間とともに古くなることそのものが神々に捧げられた神殿をリスクにさらすという問題意識が伝わってくる。同時に、それは構造の一新を正当化することになる。それはローマの近隣であろうが、属州の都市であろうが同じである。廃墟に関わる言葉は、慎重に選ばれ、十分に練られ、都市化のはかなさを見透かしたようでもあり、政務官たちが配慮を怠らないことによってのみ持続可能であり、それは古びてしまった建物の再建や修築も同じである。

都市をめぐるリスクはそれらのインフラや建物が単純に古びていくことであったが、我々はオスティアにおいていくつかの例外を見いだせるかもしれない。ストラボンが目撃したアウグストゥス帝のローマは、後二世紀以降、度重なる倒壊に直面したが、オスティアは対照的な姿を見せる。都市を持続させるためには、公共建築を不要と思われるほどに更新していかなければならないが、それは言葉の選び方の中に現れる。つまりオスティアでは、廃墟、倒壊、破損、あるいは腐朽といった言葉が数百の碑文に見つかるのである。再建や修築の表現として練られたこの用語法では、まずは碑文において廃墟化を十分に予示した上でリスクとして意識させ、都市を破壊していく時間という概念を顕在化させる。つまり、都市に対する時間の流れが、人間の一生を遙かに超えた長さであることを認識させるのである。いかにしてこうした概念が生まれてきたのかを説明するのは難しいが、前一世紀の中頃までには、たしかに存在していたといえる。それは、ローマのエリートたちは、かつては繁栄を極めたギリシアの町が廃墟になっていくのを目の当たりにしたからである。それらは、アエギーナ、メガラ、コリントスあるいはピラエウスである（*Cic. Fam.* 4.5.4）。一方で同時に新しい都市群が、かつてないほどの多様な石造建築物群をともなって形成されつつあった。

廃墟に対する恐怖については、E・J・フィリップスによってずいぶん前に考察されており[23]、彼はローマ法の発展を建築物が解体されてしまうのを防止するという観点から論じている。町が発行する許可証は前一世紀と後一世紀の例が多数残っており、民衆が建物を解体するのを防止する条項を規定している。「タレンティナ法（Lex Tarentina）」によれば、何人もムニキピウム（municipium）〔ローマの支配下にある自治都市〕が所有する建物の屋根をはがしたり分解してはならないととくに規定している。ただし、ムニキピウムそのものがそれを修築しようとしたり、一層ひどい状況にしないと約束した場合はその限りではないとする。道路、下水道、そして側溝の改変や舗装工事についても損害を与えないという似たような条文がある。[24]「タブラ・ヘラクレエンシス（Tabula Heracleensis）」[25]は前四〇年代の成立とされるが、ローマ市内と一マイル以内の道路あるいは街路の維持管理に関しても特別に注意を払っている。つまり、道路の維持管理について中央の役人である按察官と請負契約を結び、費用については該当する道路、街路に面する建物の所有者が国庫に納めなければならない、これらの工事は財務官の管轄となるという規定が含まれている。「コロニアエ・ゲネティヴァエ法（Lex Coloniae Genetivae）」によれば、建物の破壊の禁止と道路の修繕の両方に関する条文がある。[26]建物の破壊に関する法律には植民市のいかなる建物も屋根をはがされたり、破壊されたり、あるは解体されない、ただし再建が保証されるときはその限りでないという条文がある。按察官はまさに道路をつくったり、通したり、変えたり、あるいは舗装したりできる役職であるが、それはいかなる私人にも損害を与えずに工事するという条件付きであった。「クインクティア法（Lex Quinctia）」[27]には、上水の供給に損害を与える行為を禁止するという条文が含まれていた（Frontin. *Aq.* 129）。これらの法律は古代ローマのアーバニズムを一種の資産の集合と認識しており、具体すなわち建物、街路、そして上下水道などに損害を与えることは許されないのである。同時に法律は資産の修理にもリスクがともなうこと、すなわち修理によって一時的に望ましくない状態に陥るリスクを軽減しようとした。加えて、町が発行する取り壊しの許可証は修理や修築を必須の条件としていた。

金利と国家の危機

都市化〔アーバニズムではなくアーバニゼーション〕のリスクは単純に金銭の不足を招くことになった。つまり、様々な事業を竣工させるにも、また修理するにも、さらに建て替えるにしてもである。これは財政に対する別の課題をもたらす。いずれにしても我々はこの金利をリスクに対する指標あるいは徴候を示すバロメーターとして理解すべきかもしれない。相対的にこの分野の研究はほとんど行われていないが、J・アンドリューによる取り組みによって、金利とリスクの関係が浮き彫りになってきている。[28] ローマにおける金利は十二表法の時代から規定されていたが、タキトゥスによると、金銭の貸借について、その法律の概念がまったく履行されていないことははっきりしている（Tac. *Ann.* 6.16–17）。前三五七年にさかのぼると、その法による規制は一度は再履行されようとした（Liv. 7.16）。法律に基づいて、八・三三パーセントの金利が設定されたようである。「ゲヌキア法（Lex Genucia）」が、前三四二年に有利子の借金を禁止したものの、このゲヌキア法は施行されなかったようである。[29]

標準的な金利は、年利四～一二パーセントの間を絶えず変動したようで、おそらくリスクを配慮して操作された[30]（ただし *Dig.* 33.1.21.4 には、異例の数字三パーセントがある）。こうして変動すること、あるいは契約により様々な金利があることそのものが、リスクあるいは通貨供給を見越しての対応である。エジプトからの戦利品がオクタウィアヌスによってローマにもたらされたときには、金利は一二パーセントから四パーセントに低下しており、これは物価を見ればわかるように（Cass. Dio 51.21.5; Suet. *Aug.* 41.2）、不動産価値の上昇にともなう結果である。アンドリューは前六二年一二月における六パーセントから翌前六一年一月の一二パーセントへの金利における大変動を指摘している[31](Cic. *Fam.* 5.6.2; Cic. *Att.* 1.12.1)。また、前五四年の七月一日に金利は四パーセントから八パーセントへ倍になっている。これはキケロが政治的な混乱と選挙にともなう賄賂の横行と関連づけているが、さらには洪水や洪水による食料難も同時に起こっていた(Cic. *Att.* 4.15.7; Cic. *QFr.* 2.14.4)[32]。別の史料によれば金利には五〜一一パーセントの幅で様々な設定があったようである、基本的には飽くなき利潤追求の結果とはいえ(Pers. *Sat.* 5.149–50)、「騎士身分(エクィテス equites)」であっても低利で借りた金を金利を上乗せして貸すことが可能であったのは事実である(Suet. *Aug.* 39)。ユスティニアヌス帝によって再編が提案された金利設定の仕組み(*Cod. Iust.* 32.26)は、貸し倒れのリスクに応じて、様々な利率を設定可能にするというものである。海運の貸付については一二パーセントの利率が認められたが、他に比べてかなり高率である。対照的に、富裕層は四パーセントに抑えられる見込みもあった。一方で、工房の経営者や商人は八パーセントが見込まれる。他の人々は六パーセントとされた。これを見ると、おおむね無難な利率にしようとしていたようであるが、利率の様々な設定は借金を申し込むのが誰なのかに依存しており、海運の貸付に対してのみ差別的であったといえる[33]。

M・フレデリクセンは、元老院クラスのエリート層については破産に対するリスク評価があったことを明確にしている[34]。すべての資産が競売にかけられた場合でも債権者が資金を回収できることを前提にしているが、元老院議員や政務官は、公式に禁止されているし、裁判の場でも同様であったが、破産は「インファミス(不名誉 inafamis)」なことであった。借金が財産価値を超え、法的に調停不能とされた債務者が政治の場に復帰しようとして元老院から追放された例もいくつか存在する(C. Antonius の例、Asconius

84C)[35]。有名な例は、ユリウス・カエサルで前六〇年代には二五〇〇万セステルティウスの借金をかかえていたが、それは競技などの見世物を興行するために投資されたという（Plu. *Vit. Caes.* 5.4; Cass. Dio 37.8）。後にカエサルはその借金をうまく凌いで結局は債務者たちに完済したと歴史は伝えている。しかし、リスクを覚悟の上での行為であるとすれば、元老院のエリート集団の他のメンバーに免じて、莫大な借財のいくらかは免除されたのかもしれない。

一二パーセントを超えるような金利で金銭を貸すことそのものを制限するあらゆる手段は理論上は罰金となる。しかし、実際には、我々の手元には、相当に高い金利での借金の動かぬ証拠がある。後三三年の金融危機の際は非常にリスキーな貨幣制度が浮き彫りになった。ローマの元老院議員たちは非常に高い金利で金を貸していたのである[36]。タキトゥスは、元老院議員（約六〇〇名）すべてに罪があると示唆している（Tac. *Ann.* 6.16）。彼らは皇帝ティベリウスに一八ヶ月間の猶予を請うた。その間にすべての債務が回収されたか、あるものは焦げついたかもしれない。ある元老院議員はこれが原因で自らを餓死に追い込んでいる。もちろん皇帝自身はなんとか彼に食事をさせようとはしたけれども無駄であった（Cass. Dio 58.21）。続いて本格的な経済危機が起こり、通貨供給が滞り、不動産の市場への供給過剰が発生し、価格の崩壊、そして土地所有の再編が続く。それに関わる風評や社会情勢は、彼自身も危うい状態であったタキトゥスによって報じられている。ティベリウスは、一億セステルティウスの資金を用意して、三年間金利ゼロの借金を可能にするという究極の手段を執った（Suet. *Tib.* 48; Tac. *Ann.* 6.16; Cass. Dio 58.21）。そして、借手には全財産の三分の二を土地に投資するという条件を課した。R・P・ダンカン＝ジョーンズは、ティベリウス帝の治世全般において貨幣の供給が不安定で問題も多かった影響としている[37]。しかしはっきりしているのは後三三年以降には以前よりも明らかに多くの種類の貨幣が発行されていることである。おそらくより重要なのは、不正を働いたとして貸手を告発した人々について言及している点である。その背景には、借財を帳消しにする意図が働いている、また間違いなく三分の二という割合を少しでも減らそうとする意図が存在していた証拠となる。ディオン・カッシオスは、ティベリウス帝は即日、もっとも悪評の高かった告発人たちが要求する刑を執行させたと記す（Cass. Dio 58.21.5）。F・テニーは、前年には穀物の価格高騰が原因でローマで暴動が発生していたこと（Tac. *Ann.* 6.13）を、国家の危機的な状況としてとらえている。[38]

一億セステルティウスは莫大な資金に思えるかもしれない。しかし、ティベリウス帝は後三六年に同じような額の救済資金をアウェンティヌスの丘の土地所有者に提供している（Tac. *Ann.* 6.45）。彼の財政問題への対応は当時、かなり批判を浴びた。それは元老院議員への贈与としては少ないし、一般の市民への贈与とするとほんのわずかな額であり、公共建築物の建設への資金提供もほとんどないからであるが、ダンカン＝ジョーンズは現代の我々から見ても「抜け目ない処理」だと表現しつつも、ティベリウス帝が不動産の取引税を一パーセントから〇・五パーセントに減らしたこと、さらに彼の自由になる金山（Tac. *Ann.* 6.19）には借金や火事に苦しむ人々へ二億セステルティウスを救済資金として拠出できる余力があった可能性も続いて指摘する。[39] カリグラ帝とクラウディウス帝の治世には水道橋の建設費は三億五千万セステルティウスに達しており（Plin. *NH.* 36.121–122）、ダンカン＝ジョーンズは、他の皇帝の治世には公共建造物に対して年間六千万セステルティウス程度の予算を建議していたようだと指摘する。[40] したがって、もしティベリウス帝が建設事業に手を出さなかったとすれば、彼は治世の最後の数年間に起こった危機の処理を後回しにして、余分な資金を留保していたことになる。彼は世評ではカリグラ帝に二七億セステルティウスを残したとされる（Suet. *Cal.* 37）。ということは、この皇帝は三年間という限られた時間に、一億セステルティウスという金利なしの貸付資金を提供し、元老院の秩序を取り戻そうとする態度をとったのである。もし投資という態度をとればすべての資金に三パーセントの金利を設定することもできた。貸方を追及する名うての告発人が刑を執行させたのと同じで、社会秩序に対するリスクの軽減策は多数の判例だけでなく、借金の回収による社会的地位の喪失、また政府の崩壊にもつながっていくかもしれない。現代では、我々はそうした手段（ただし刑の執行は除く）を量的金融緩和政策（Quantitative easing）と呼ぶ[41]。我々は次のことについてじっくり考えておきたい。まずティベリウス帝がこの政策を執らなかったら？おそらく、これは疑問の余地なく、むしろ彼自身はそうしたくなかったに間違いないが、実際には執行した。それは、友人が金融危機にともなう損害がもとで自分自身を餓死に追いやった後のことである。この事実が元老院という貴族政治の安定性に対して一つの金融危機がもたらしたリスクの根深さを伝えている。

壮麗な都市を建設する　これも一つのリスク？

法律と人間の営みとはまったくの別ものである。プルサのディオン（Dion of Prusa）は建設事業の背後にある野心を示す史料である（Dio Chrys. 45.12–13）。彼は、プルサ〔現在のブルサ Bursa〕に美しい都市を見いだそうとした。その要素は列柱廊であり噴水であり、また要塞、港湾そして造船所群を備えた都市であり、それをもってプルサに一流の都市としての確固たる地位を与えようとした。そこで語られる建設事業はディオンの資金提供者としての積極的な役割も映し出している。彼は、資材となる石材を求めて山岳地帯を探索したり、現場での測量にも関わっている（Dio Chrys. 40.5–8）。彼は自身が買い求めた温泉の近くに列柱廊や工房を建設する工事に直接の責任をもっていたが、こうした深い関わり方は賞賛というよりも嫉妬心を起こさせたという（Dio Chrys. 46.9）。すべての行動は属州総督という外部の勢力の監視下にあったが（Dio Chrys. 46.14, 47.19）、帝国内の都市を発展させたいという皇帝の希望に沿ったものでもあった（Dio Chrys. 47.15）。興味深いことに、総督からプルサの建設事業の収支報告を執拗に求められているが、もしかするとそこには不正行為の疑惑があったのかもしれない（Plin. *Ep.* 10.81）。

ビテュニアからトラヤヌス帝に宛てた小プリニウスの手紙は、都市財政の複雑さや都市をきらびやかに飾る公共工事の役割を物語っている（Plin. *Ep.* 10）。まさにそれがトラヤヌス帝から彼に与えられた役割そのものだった（Plin. *Ep.* 10.18）。完成しなかった公共事業の実例は多くあり、それに費やされた金銭は警戒すべき風評のもとになる。都市を公共建築物で飾りたいという衝動が共同体に対してリスクをもたらすとも見なせる。ただ同時に老朽化した施設をかかえる都市のリニューアルも必要であることも伝えている。プルサでは、小プリニウスは私人に過ぎない人々や建設請負人たちが、工事が不十分なまま個人的に公的資金を保有している事実を発見した（Plin. *Ep.* 10.17A, 10.17B）。プルサの公共浴場は老朽化し不快な（ソルディダ sordida）場所となっており、地域住民は建て替えを希望した。小プリニウスは金銭を回収したり、工事関係者に金銭を支払う代わりにオリーブ油を分配したりして財政を賄った（Plin. *Ep.* 10.23）。小プリニウスの目には浴場というものはプルサという都市の権威（ディグニタス dignitas）を示すものと映っていた。トラヤヌス帝は返信の中で、その事業が都市の財政を圧迫しないよう、また必要不可欠な経費から流用しないよう強調している（Plin. *Ep.* 10.24）。小プリニウスは、うまく建設用地を見つけることで適切に処理した（Plin. *Ep.* 10.70）。そこには廃墟となった家があったが、皇帝に捧げる神殿を庭園につくるという条件で、かつてクラウディウス帝に遺贈された資産であった。その家はプルサ市当局に賃貸され、やがて時間とともに略奪の対象となってしまっていた。トラヤヌス帝は是非ともその家の敷地を浴場の建設事業のために寄贈したいと考えたため、その神殿が奉献されたか否かにこだわった。なぜなら、廃墟であろうがなかろうが、もしそうであれば神域として認定されてしまうからである（Plin. *Ep.* 10.71）。ニコメディア市は三三一万八千セステルティウスをかけて水道橋を建設しようとしていたが、着手前に計画は放棄され白紙に戻された（Plin. *Ep.* 10.37–38）。そして、二〇〇万セステルティウスの費用で新しい計画をはじめている。同じ都市では、みすぼらしいデザインのマグナ・マーテルの神殿をもつ既存のフォルムの隣で新しいフォルムの建設が開始されている（Plin. *Ep.* 10.49）。隣町のニカイアでは一千万セステルティウスを投じて劇場を建設しようとしたが、半ばで工事は中断、そのまま沈下してしまった。また、ギムナジウムにも資金を投じたが、構造的な問題をかかえていた（Plin. *Ep.* 10.39–40）。また別の町、クラウディオポリスでは、浴場のための建物を建設していたが、悲惨な結果に終わったという（Plin. *Ep.* 10.39–40）。シノーペーは、水の供給が不足し、小プリニウスをそそのかして、都市から一六マイル離れた水源からの供給経路を踏査させているが、湿地帯を横切ることが判明している（Plin. *Ep.* 10.90–91）。トラヤヌス帝は調査を通じたその踏査はとても丁寧に検討されており、もし湿地が水道水の荷重に耐えられ、その事業の費用に対して市が十分に負担できるのであれば考慮してもよいと返答している。つまり、彼は二つのリスクを念頭に置いている。一つは財政、もう一つは計画された場所で事業が完遂できるかである。また、アマストリスは気品のある町であったが、広場状の街路（プラテア platea）の長辺に沿って流れる開放型の下水道が、見た目だけでなく匂いでも町を台無しにしていた。小プリニウスは、不愉快なほどの見た目や健康にもリスクがあることをうまく説明できれば、またもやトラヤヌス帝が改修に必要な資金をなんとかしてくれると請け合っている（Plin. *Ep.* 10.98–99）。

属州の総督たちは、持主に強制的に修理させ、建物が見苦しい状態にならぬよう保証させる権限をもっていた（*Dig.* 1.18.7）。建物の修築資金の貸主は、その建物を破産者の財産としてしまう選択肢を与えられていた（*Dig.* 42.3.1）。このことは建物を他の用途のために手放させる特権の存在を示している。総督には公共建築に捧げる銘文を用意する義務があり、それには資金提供者についての謝辞を正確に記さなければならない（*Dig.* 50.10.2.2）。法は公共事業に個人資金を投じることを認めており、その事業への寄付を競争のように争わせて行ってはいけないこと、また劇場、円形闘技場、あるいは競技場でないことが条件となっている（*Dig.* 50.10.3）。さもなければ、反政府的な行為のリスクや法の秩序が乱されるからである。同様に、皇帝自らが許可を与える場合には、市壁、市門、あるいは港湾のみが許された（*Dig.* 50.10.6）。

しかしながら、我々は都市が返済できないような借財をかかえ込んだり、あるいは総督自らが資金を提供しなければならないリスクを招く危険性を認識しておかなければならない（Cic. *Att.* 5.21）[42]。ここで興味深いのは、小プリニウスがビテュニアで一二パーセント金利での借手を見つけることができなかったのを問題だととらえて、トラヤヌス帝と不動産投資のためには、金利を下げてより魅力的な公共貸付事業とするという話し合いをしている点である（Plin. *Ep.* 10.54, 10.55）[43]。総督には属州の財政規律を守り、貸手の行動を監視するという意識があったのである。

借金と公共建築をめぐるリスク

属州総督たちはアーバニズムの発展を奨励した。それはタキトゥスの伝記に明確に現れている。彼の義父、アグリコラはブリトン人にローマ式のアーバニズムを推奨し、これまで見てきたように、ローマ人のエリートはブリトン人にも貸付金を用意した（Tac. *Agri.* 18–21）。都市財政は建設事業のために完全に混迷状態にあり、小プリニウスがビテュニア州の都市の会計を調べていたときに、トラヤヌス帝との話題の一つになっている。そこにはローマ人のエリートが個人向けあるいは都市向けの高利での貸出業に特化していた明確な証拠もある。ディオン・カッシオスは、セネカがクラウディウス帝の侵攻のあと、ブリトン人に金を貸そうとしていたが、当のブリトン人が必要でもほしくもないものであったと考えていた（Cass. Dio 62.2）。貸出の総額は四千万セステルティウスに達したが、どれくらいの金利であったかについてはわかっていない。しかし、その借金は同時にかなり暴力的な手段によって回収されたことはよく知られており、実際に確実に取り立てられた。そしてこの貸出と回収はディオン・カッシオスの知るところとなり、後四三年のクラウディウス帝による侵攻の一七年後に起こったボアデッカの反乱の原因の一つとされた[44]。地方民全体を借金状態にしてしまうことへの対抗手段はあちこちで確認できる。キケロによると、キリキア州の総督としてブルートゥスと貸手の仲間たちが一種の独占事業として、キプロス島のサラミスの人々に月四パーセントの複利を適用しようとしたが、これは結果的に四〇パーセントの金利を意味した（Cic. *Att.* 5.21）[45]。キケロは月一パーセントというわかりやすい金利をあくまでも規範とした（Cic. *Att.* 5.21.13）。ルクルスはアジア州の総督として（前七一～前七〇年）、債務危機に遭遇している。それは複利を適用したため、二万タレントの借金が一二万タレントにまで増えたことに起因していたが、金利を月一パーセントに低減することで処理した。借りた元本の総額を超えるすべての利益は放棄させた上で、貸主は借手の収入の四分の一以上を回収できないとの命令を下している（Plut. *Vit. Lucull.* 20）。四年以上の期間をかけて、債務危機は解消されたが、貸手たちは中央のローマにまで影響力をおよぼし、何人かの元老院議員は彼らから借財することになり、ルクルスへの政治的な反発へとつながった（Plut. *Vit. Lucull.* 20.5）。キケロによれば二四パーセントの金利はシチリア島の総督ウェレスが課したとされる（Cic. *Verr.* 2.3.166–170）。共和政期においてローマの元老院議員が国外の諸王に金銭を貸していたことは念頭に置いておくべきである[46]。属州における金銭の貸付は借手への不当な暴力、あるいは奴隷化にもつながる（Plut. *Vit. Lucull.* 20）。また、後六〇年には、先述のように借金の取り立てがブリテン島におけるボアデッカの反乱につながる要因の一つになった。ローマ人のエリートから新しい属州にもたらされる財政構造を見ると、後五〇年代のブリテン島の事例にしても前五〇年代のキプロス島の事例にしても、属州も一旦ローマ帝国へ編入されると、資金の借入と深く関わるようになっていく。

都市は公共建築を通じて娯楽の場を提供することが期待されている。以下に、コモのように、裕福な寄進者の存在によって恩恵を受けた町々を紹介する。ダンカン－ジョーンズの推計によれば、小プリニウスは生涯に一六〇万セステルティウスをこの町に寄付したとされる[47]。すべての町がこのレベルの流動資産を有する寄進者をかかえているわけではない[48]。ダンカン－ジョーンズがリストアップしたアフリカの属州に見られる六六棟の公共建築物の建設コストは約一万四千セステルティウスから六〇万セステルティウスまで、実に様々であるが中央値としては四万三五〇〇セステルティウスである。[49]もっとも高額な六〇万セステルティウスはレプキス・マグナのマグナ・マーテルの神殿で、一人の寄進者により、生涯をかけて建設されている。同様に三〇万セステルティウスと二〇万セステルティウスの遺産がレプキス・マグナの劇場の舞台のためだけに使われている。[50]上述の通り小プリニウスが見つけたように、都市は相当な額を建設事業に費やしており、寄進者を募るにしても、科料や売上金を使うにしても、これらの予算をいかにして工面したのかついては想像に任せるしかない。おそらく、地方の有力者から可能なだけ借りるというのも安易な方法であったろう。もし、セネカが年間四千万セステルティウスを年一二パーセントの金利でブリトン人に貸したとすれば、彼の収入は四八〇万セステルティウスに上る。もちろん、年六パーセントであれば二四〇万セステルティウスである。アフリカの属州の記録を参考に、四千万セステルティウスをもっとも高価な建物に費やしたとしても六七棟が建設可能、あるいは中央値の建物であれば九〇〇棟以上が建てられる。公共建築は名声を与えてくれるが、財政的には資金の回収を求めるような建物ではない。したがって、ある共同体が公共建築を借財でつくるということは、負債としてかかえ込むことを意味し、返済のための財源が必要になる。そもそも定められた金利を守った借金の返済によって破滅的な分裂状況に陥るかもしれない。セネカの貸付の場合、地方貴族層によって引き起こされた反乱には結局人口の相当な部分が加わっている。想像するのは難しいが、農業を生業とする人々が年利一二パーセントの借金を返済するのはどのような状況なのだろうか。

不動産投資とリスク

借金に四～一二パーセントを上乗せして返済することは、また別のリスク、すなわち都市ローマにおける不動産開発に関わるリスクとなる。B・W・フライヤーは、簡潔ではあるが、都市における不動産投資に関わるリスクについて史料を調査している。[51]それによると、すべてのローマの上流階級が都市の不動産に投資したわけではなく、小プリニウスはもっぱら地方の不動産にだけ投資していたようである。[52]ゲッリウスは、キスピオの高台にあった集合住宅が占める街区が火事に見舞われる様子を社交界の仲間たちと見物したことを回想している（Gell. *NA*. 15.1.1–3）。その火事はその近隣を飲み込む可能性があった。仲間の一人は、都市の不動産からの収益（レディトゥス reditus）は大きいが、リスク（ペリクラ pericula）はもっと大きいといっている。そのリスクとは火事であり、この男はそのために農場を売却した資金で、都市の不動産に投資するのをやめている。また、都市の不動産が所有者の生涯のうち二度にわたって焼け落ちた事例も記しておく価値はあるだろう（*Dig*. 33.7.7）。ここでは再建に二年かかっている。リスク評価の指標として、再建のための費用や二年分の賃料も一つの見方である。しかし、フライヤーが指摘するように、都市部における賃貸物件の収益率は計算が難しいものの、後四世紀の史料では八・二パーセントと報告されている（Isae. 11.42）。[53]彼の計算によれば、地方の不動産投資よりも四三パーセントも高い収益である。これは農園を確実な投資先だといっているのではない。[54]この議論に関連して、建築物の基礎とともに埋められた碑文に記された金利の分析がある。ダンカン－ジョーンズは、多くの場合、六パーセントの収益率が記されるが、ローマやオスティアの場合は一二パーセントに達する収益率も見つかるとする。[55] 地方と都会での収益率の違いは、ゲッリウスの不動産投資の話と見事に一致するが、地方における月一パーセント金利の話とも一致するように見える。フライヤーが推測するように、建設コストは土地のコストと同じくらい高かったのかもしれない。[56] ここで再建に二年かかったという法関係の情報も思い出しておきたい（*Dig.* 33.7.7）。

後二世紀におけるオスティアの再建は多くの研究者によって指摘されているが、再建にあたり各建設事業にどのくらいの労働力が必要であったかという議論もなされている。レンガスタンプの研究では、ローマのエリートたちが所有する地方の生産地からの資材を調達しなければならないという本質的な問題も考えなければならない。J・ディレーンは、小さな事業でも三五〜一一二人の作業員が必要であったとする（もし、一年間を三〇〇作業日と見積もった場合）。[57] 一方、彼女によれば、「庭園住宅」は最大の住宅建設事業（七八〇〇平方メートル）というだけでなく、三六のタベルナエ（tabernae 店舗）、一八の大型集合住宅を有する高級住宅であり、おそらく相当な額の賃貸料が課された。[58] 事業全体は「投機的な開発」に見え、つまり事業主、パトロンが建設者を雇う、あるいは建設者も投資を通じて経営にたずさわったかもしれない。[59] 別の大規模事業はピッコロ・メルカート〔Piccolo Mercato「小市場」の意〕の場合で、四七〇〇平方メートルの広さをもち、三年間かけて一〇〇〜一五〇人の作業員が投入されたが、「一流の建設者の管理下に置かれること」が求められたと考えられる。[60] こうした介入は決して異例ではなく、移住者が仕事を求めてオスティアにやってくるというよりは、オスティアの地元の建設業者の能力で十分に対応可能であった。[61] これはオスティアの再建事業が以前の研究で示されたほど特別なものではなく、建設ブームの到来を示すものでもないことを意味している。

またディレーンの論文は以下の点も示している[62]。都市の不動産への投資は、すべてのリスクの度合いは結局は敷地の大きさや事業の規模、そして働く建設作業員の数に依存する。どのように賃金を配分したのか、あるいはどのように建設者に支払われたのかは不明だが、はっきりしているのは一〇〇名以上の建設作業者を三年間にわたって雇うには十分な資金があった一方で、それ以外でもっとも費用がかかったのは敷地の取得であった。もちろん、オスティアにおける後二世紀を代表する建物を建設するには既存の建物を除却する費用（労働者を含めて）も見込まなければならない。さらに答えるのがずっと難しい疑問は以下である。これらの投資にともなうリスクはどのように評価されたのであろうか？ 疑問は次々に起こってくる。例えば、レンガの量は十分か？ オスティアでは借用者が集まらずに過剰設備とはならないか？ しかし、オスティアの再建にはもう一つの背景があった。それは設備の更新や充実を図れば賃貸需要も確実に増加するという見込みである。それは後六四年の大火後のローマにおける新しい建築規制の結果としてとらえることができる[63]。

建設に際して、上流階級の人々は、資産を相続していたのでとくに敷地を購入する必要はなかった。キケロはプテオリで前四五年に相続した土地のおかげで、年一〇万セステルティウスの借地料から諸費用を除いた八万セステルティウスを毎年受け取っている[64]。他に彼はローマのストレニアの神殿近くの集合住宅の八分の一、またアルギレトゥム（Argiletum）やアウェンティヌスの丘の集合住宅を所有していた[65]。アルギレトゥムとアウェンティヌスの丘の集合住宅はキケロに一〇万セステルティウスの収益をもたらし、彼はその金で息子のアテナイ行きをまかなった（Cic. *Att.* 15.17.1）[66]。フライヤーが注記しているところによれば、キケロの友人や仲間また敵対するグループも都市の不動産に投資をしていた[67]。その管理は集合住宅管理人によって行われ、おもしろいことに、フライヤーは『学説彙纂』(*Dig.* 1.15.5, 1.15.3.4–5) をもとに、ウィギレス（消防隊）の長官によって訓練を受けていたと指摘している。こうしたシステムの中で、科される罰がいかなるものか、どのようにリスクがコントロールされたのかを見ていきたい。

それぞれの集合住宅には身元のはっきりした管理者がおり、消防隊との連絡の窓口となる。場合によっては、どんな間借り人がいるかについても説明責任がある (*Dig.* 50.15.4.8; Suet. *Iul.* 41)[68]。つまり集合住宅管理人は火事に関するあらゆるリスクに対応する責任者となっており、それは消防隊に対してだけでなく、所有者に対する責任分担も含まれていた。ラテン語の碑文学では、インスラリウスすなわち集合住宅管理人という単語はローマにおいてのみ頻繁に使われ、他の都市には見られないという。現在の知識の範囲内で、このシステムに都市全体でリスクに対応するために賃貸料収入を投入するという考え方が含まれるとすれば、ガルバの反乱の文脈をまるで絵を見るように読み取ることができる。つまり、ネロ帝は、独立住宅であろうがインスラ（集合住宅）であろうがローマに住む人々に一二ヶ月分の賃貸料を国庫に支払うよう命じたからである (Suet. *Nero* 44.2)[69]。

インスラリウスの役割は都市の不動産の直接的な管理と説明されるが、集合住宅からの賃料は仲介人に払うことも一般的であった[70]。仲介人は二〇パーセントの手数料を取ったとされるが (*Dig.* 19.2.7–8, 19.2.30 pr)、重要なのは、その街区全体が一人の人物と賃貸契約している場合で、その人物は間借り人を探したり、おそらく火災防止の責任も負っていたはずであり、後者は不動産の状況を検分できた消防隊の仕事に似つかわしい。仲介人は一年分の賃料を先払いしているので、決して貧困層ではない。むしろ、都市をきめ細やかに管理し、火災防止にも真剣に取り組む富裕層の人物を思い浮かべることができる。加えて、消防隊の長官による施行令を取り上げておきたい。火災のリスクを超えて、都市の不動産市場に対する経済的なリスクまで考慮している。フライヤーは鋭い結論を導いている。

「古代ローマの不動産市場は、多くの点で経済的には無駄が多い、とくにリスクを増幅してしまう傾向がある。例えば、事業家でもある仲介人の広範囲な使用は、すべての間借り人に対する賃料の引き上げにつながった。裕福な貸手にとっては、例えば賃料の延納期間があれば、金銭的な負担が大きくなり、所有者にとってはリスクが増えるという欠点がある。借手の貧困層にとっても同じであり、結局は賃貸契約期間の短縮の原因となる。どちらの場合も、契約形態は市場の動きだけで決まるわけではない。とくに支払い、賃貸は、世代を超えて引き継がれた特徴であり、おそらく遅延支払いに経済的にも合理的であった農地の賃貸に類似して形成された。あくまでも仮説に過ぎないが、延納という制度が生き残ってきたのは、間違いなく社会的な信用という漠然としたものの存在のためであろう。当時、賃貸市場をより効率的に改善しようという声はまったく存在しなかった。(71)」

この不効率性はローマにおいて賃料の高騰につながった。カエサルによって考案された賃料の引き下げですら、イタリア半島で五〇〇セステルティウス、ローマで二千セステルティウスに上限を設定するものであった(Suet. *Iul.* 38; Cass. Dio 42.51)。この四倍の違いは経済上の格差を反映しているだけではなく、ローマの住民を優遇しようという恣意的な気持ちの表れに過ぎない。別の史料では、年間契約の労働者が都会に住むためには、毎月一千セステルティウスを払う必要があった。これはキケロの所有するローマの集合住宅には一〇〇の間借り人がいたことを推測させるが、一定の割合の間借り人は、やや広めの二階のアパート（ケナクラ cenacula）に住み、多めの賃料を払ったであろうから、おそらく実際はもう少し少なかったであろう。

借金、火事、そして恐怖の結末

借金の帳消しという局面は、キケロのレトリックの虚構と見なすべきではない。アッピアノスは、市民戦争の記述（App. *B Civ.* 1.1）の冒頭で、法律の制定、債務の帳消し、土地の分割、政務官の選出などをめぐって平民と元老院の間で争いが起きていることを明らかにしている。負債のテーマは、同盟市戦争（App. *B Civ.* 1.54; Livy *Per.* 74）の終わりに登場し、その結果、債権者によって法務官アセッリウスが殺害された。ローマにおける負債と貨幣・信用というテーマは、アジアの財政と関連しており（Cic. *De Imp. Cn. Pomp.* 19）、ミトリダテスがローマとの戦争で銀行家を意図的に標的にしたこともあった（App. *Mith.* 22）[72]。リスクは国際的なものとなり、諸属州で起きたことはローマの人々の幸福に影響を与えた。金融の不安定さは、キケロが「前八〇年代には、一人の人間がどれだけのお金や財産の価値をもっているのか不明だった」（Cic. *Off.* 3.80）と表現していることからもわかるように、財産やお金の価値が不明なためにリスクが計算できない状態になっていたといえるだろう[73]。ローマの金利が一二パーセント以下に規制されたことで、スッラがアジアの都市に課した二万タラントの賠償金の支払いも含めて、属州人や外国人に高い金利でお金を貸すことになったのかもしれない（App. *Mith.* 62–63; Plut. *Sull.* 25）[74]。内戦の第一段階の終わりに、ユリウス・カエサルが高金利での貸し出しに対して行動を起こしたことがわかっているが、詳細は不明である

(Tac. *Ann.* 6.16)。

B・D・ショーは、カティリナ派の陰謀に関するサルスティウスとキケロの文章を参照して、共和政末期の政治勢力としての負債を分析した[75]。彼は、サルスティウスが、カエサルのような奉職活動で生じた負債と、カティリナや彼の信奉者、エトルリアに移住したスッラの退役軍人のような贅沢による負債とを区別することに苦心していたと論じている。ショーは、サルスティウスが負債を道徳的な要因としてではなく、政治的な力として捉えている点を見逃していると指摘する。前八〇年頃から前四四年頃までのローマ共和政では、借金の帳消しや家賃の免除が永遠に続いていた。キケロは、この時代の終わりに『義務について』で、負債がいかに公共の場を脅かすかを述べており、その原因は、農業に支配されていた大カトーの時代(前二世紀)から、負債と貸金業の新しい世界へと移行したことにあるとしている(Cic. *Off.* 2.78-88)。興味深いことに、少なくともキケロにとっての債務免除の一面は、そのプロセスの受益者(債務者)が債務の免除に喜びを表すことはできないということであった。なぜならば、そうすることはそもそもその債務があることを認めることになるからである(Cic. *Off.* 2.78)。したがって、キケロは次のように主張している。

「防止する方策は多々ありえるが、もし債務が生じた場合には、富裕者が所有物を失い、債務者が債務によって利得を得るという結果となってはならない。実際、いかなるものも信義より強力に国家を一つにまとめられないが、借り入れた分は返済するというのが必然でなければ決して信義は成り立たない。」(Cic. *Off.* 2.84)

つまり、キケロの目には借金の減免は国家が解決すべき問題というよりは、国家への脅威そのものと映っていたようである。彼の土地の再配分に対する反対の立場や前六三年の債務危機への彼の抵抗の意思もわかる。元老院によって執られた対策の一つは前六三年の金の輸出禁止である（Cic. *Flacc.* 67）[76]。ウァティニウスをプテオリに派遣し金と銀の輸出禁止を取り締まらせた（Cic. *Vat.* 12）。この手段は金利を抑えるための方策の一つと解釈できる[77]。さらに、当時、Q・コンシディウスは一五〇〇万セステルティウス貸し付けていたが、借金の利息あるいは元本の返済の受け取りを拒否した（Val. Max. 4.8.3）。コンシディウスの対応への感謝を表明する元老院の行政命令が残っており、当時は、債務危機の到来にともなって不動産価値が暴落し、もともと富裕層でさえも貸主への返済ができない状態であった。

債務がもたらす別の側面が都市としてのローマを脅かしていた。借手は失うものは何もなく、返済を拒否する理由を探すだけでよかった。単純に都市を燃やしてしまえばよいと考えた者たちは、自らの手を汚さなくても、奴隷に指図すればよかったのである（Sall. *Cat.* 37）。この悪巧みは前六三年の出来事に付随して実際に起こっていた。一人の夜警が、もちろん火災に広がる危険を防ぎながら（Sall. *Cat.* 30.3, 32）、一二の異なる箇所で同時に火を付ける計画であったことを白状した（Sall. *Cat.* 43）。この行動は必ず何らかの被害をともなう（Sall. *Cat.* 48）。もしかすると食料や衣服だけだったかもしれないが、反面、大きな被害におよぶこともありえたわけで、それを考えればとんでもないことである。もし都市全体に広がれば、都市からすべてを奪ってしまう行為にもなりえる[78]。

こうした問題意識はサルスティウスのカティリナの陰謀についての解説にも見られたようで、キケロの反カティリナ演説に、その解説はしっかり織り込まれており、ローマにはすでに燃えさかっている部分があると演説する（Cic. *Cat.* 1.4, 2.3, 2.5）。部分的な破滅はやがて都市全体に広がり、神殿や住宅を破壊し、そして市民の生命を奪うと語りかける（Cic. *Cat.* 1.5）。民衆を前にした第二演説では、この論旨は、陰謀による借金の問題と交互に登場している（Cic. *Cat.* 2.3–5, 2.8–10）。第三演説では、それらは神殿、祠、住宅そして都市全体の市壁のもとで火付けが行われる可能性があるという恐怖からはじまり（Cic. *Cat.* 3.1）。後半では、キケロが都市を火炎から、市民を大虐殺から、そしてイタリアを戦争から救ったとして、元老院で行われたスプリカティオ（supplicatio 感謝祭、カティリナの陰謀の鎮圧に対する名誉授与の場）についての表決について語る（Cic. *Cat.* 3.6）。スプリカティオに集まるよう妻子もちの市民に訴えかけることで、キケロは彼が都市を救ったことを自慢している（Cic. *Cat.* 3.10）。最後の演説は火事について述べ（Cic. *Cat.* 4.6）、そして安全保証を強調して終わる。それは、元老院、人民、婦人や子供、文明の中心としての炉、神殿、祠、そして住宅と家庭であり、都市全体を形づくっているものの安全である。都市に対する差し迫った危機は首謀者の背負った借金であったが、陰謀へと発展し、首都ローマでの火災という潜在的な脅威へとつながった。なんとか火事には至らなかったが、すべての企てはマルクス・レッカなる者宅での謀議によるという（Cic. *Cat.* 1.4）。ここで我々がくみ取るべきは、恐怖がすぐそこにあること、負債の帳消しという目的を遂げるため、都市を燃やし尽くそうと企てる人がいるということである。おそらくより大きな損失を引き起こすことによって、より容易に目的が達成されると考えたのである。

むすびに

ローマ都市におけるリスクは、日常の生活基盤の上に生まれ、そして体験される。都市の不動産への投資はより高度な財政危機へ波及する。間借り人たちは火事や建物の崩壊という危機を目の当たりにする。

共和政国家としてのローマ（レス・プブリカ）は、大規模な災害の後、リスクを緩和する政策を執ったが、都市生活に関わる災害のリスクが高まっていくのを予見することはできなかった。災害後の対応は主に責任者を追及したり、災害についての説明責任の徹底に終始した。それが火事であろうが、建物の崩壊であろうが、同じであった。そうした災害の出現と債務の減免が果たす役割には、偶然かもしれないが、いくつか共通項がある。それは、つねに後者は目の前で起こる火事を通じて訴えられたことである。つまり、危機をつくり出すことで借金の帳消しを目論む債務者にとって、火事は、おそらくもっともらしい危機の典型であった。いくつかのリスクがつながって増幅したり、陰謀によっても起こりうる火事への脅威を煽ることは、恐怖をうまく利用した政治的手法を示している。それらは変化を嫌ったり、債務や財政的な疲弊に関わる社会的な問題を言葉巧みにいいくるめてしまうための方便ともなった。個人的にはうまくいっている人々に対して脅威を印象づけたり、あるいはまったく関係のない脅威を示したりするのは、古代ローマの一つの手口であり、ローマ人の言論のあり方や社会におけるリスク評価手法のベースとなっている。

（1）J. Toner, *Roman Disasters*, Cambridge, 2013, pp. 94–97. E. Eidinow, *Oracles, Curses and Risk among the Ancient Greeks*, Oxford, 2007 と比較すること。

（2）Toner, *op. cit*., p. 95.

（3）R. Laurence, "Writing the Roman Metropolis", in H. Parkins, ed., *Roman Urbansim: Beyond the Consumer City*, London, 1997, pp. 14–17. および、J. Raban, *Soft City*, London, 1974 を参照。

（4）A. R. Rose, *City on Fire: Technology, Social Change and the Hazards of Progress*, Pittsburgh, 2016.

（5）以下、〔 〕は訳者による注である。

（6）以下を参照。

A. J. Ammerman, “On the Origins of the Forum”, *American Journal of Archaeology* 94, 1990, pp. 627–645, https://doi.org/10.2307/505123.

A. J. Ammerman, “Environmental Archaeology in the Velabrum, Rome: Interim Report”, *Journal of Roman Archaeology* 11, 1998, pp. 213–223, https://doi.org/10.1017/S1047759400017268.

A. J. Ammerman, “Looking at Early Rome with Fresh Eyes: Transforming the Landscape”, in J. D. Evans, ed., *A Companion to the Archaeology of the Roman Republic*, Oxford, 2013, pp. 169–180, https://doi.org/10.1002/9781118557129.

A. J. Ammerman, “On Giacomo Boni, the Origins of the Forum and Where We Stand Today”, *Journal of Roman Archaeology* 29, 2016, pp. 209–311.

A. J. Ammerman, “The East Bank of the Tiber below the Island: Two Recent Advances in the Study of Early Rome”, *Antiquity* 92（362), 2018, pp. 398–409, doi:10.15184/aqy.2017.211.

（7）G. S. Aldrete, *Floods of the Tiber in Ancient Rome*, Boltimore, 2007.

（8）内容の要約については、O. F. Robinson, *Ancient Rome: City Planning and Organization*, London, 1992, pp. 86–89.

（9）Aldrete, *op. cit.*, pp. 207–208.

（10）*Ibid.*, pp. 216–217.

（11）*Ibid.*, pp. 213–215.

（12）Robinson, *op. cit.*, pp. 105–110 はその典拠と内容について考察している。

（13）J. S. Rainbird, *The Vigiles of Rome*, University of Durham PhD thesis, 1976.

（14）J. S. Rainbird, “The Fire Stations of Imperial Rome”, *Papers of the British School at Rome* 54, 1982, pp. 147–169.

（15）Toner, *op. cit.*, pp. 10–11.

（16）C. Edwards, “The City in Ruins”, in P. Erdkamp, ed., *The Cambridge Companion to Ancient Rome*, Cambridge, 2013, p. 552.

（17）A. Wallace-Hadrill, *Rome's Cultural Revolution*, Cambridge, 2008, p. 297.

(18) ローマの破壊に関するすべての説明はトロイアの滅亡と関連づけられる。以下を参照。Edwards, *op. cit.*, pp. 541–557.

(19) 文字史料におけるルイナエについては以下を参照。M. Papini, "The Romans' Ruins" in A. Carnadini, P. Carafa, eds., *The Atlas of Ancient Rome: Biography and Portraits of a City*, Princeton, 2017, pp. 122–128.

(20) 以下の考察を参照。R. Laurence, *et al.*, *The City in the Roman West, c. 250 BC–c. AD*, Cambridge, 2011, pp. 92–95.

(21) H. Niquet, "Die Inscrift des Liber Pater-Tempels in Sabratha", *Zeitschrift für Papyrologie und Epigraphik* 135, 2001, pp. 249–263.

(22) P. L. Tucci, "Un monument traiano e la cura regionum", *Mélanges de l'École française de Rome, Antiquité* 108, 1996, pp. 47–53.

(23) E. J. Phillipps, "The Roman Law on the Demolition of Buildings", *Latomus* 32, 1973, pp. 86–95.

(24) 以下にテキストの原文と英文翻訳がある。M. H. Crawford, *Roman Statutes*（*Bulletin of the Institute of Classical Studies Supplement Suppl.* 64）, London, 1996, pp. 304–308.

(25) *Ibid.*, pp. 363–378 にテキストの原文と英文翻訳がある。

(26) *Ibid.*, pp. 400–432 にテキストの原文と英文翻訳がある。

(27) *Ibid.*, pp. 793–800 にテキストの原文と英文翻訳がある。

(28) J. Andreau, *Banking and Business in the Roman World*, Cambridge, 1999, pp. 90–99.

(29) 以下を参照。*Ibid.*, p. 91.

(30) K. Verboven, "54–44 BCE: Financial or Monetary Crisis?", in E. Lo Cascio, ed., *Credito e Moneta nel Mondo Romano*, Bari, 2003, pp. 49–68. および Andreau, *op. cit.*, p. 94.

(31) *Ibid.*, p. 95.

(32) C. Rosillo-López, "Cash is King: The Monetization of Politics in the Late Republic", in H. Beck, M. Jehne, J. Serrati, eds., *Money and Power in the Roman Republic*, Brussels, 2016, pp. 33–35.

(33) 海運への貸付についての議論は以下を参照。D. Rathbone, "The Financing of Maritime Commerce in the Roman Empire, I–II AD", in E. Lo Cascio, ed., *Credito e Moneta nel Mondo Romano*, Bari, 2003, pp. 197–229.

(34) M. Frederiksen, "Caesar, Cicero, and the Problem of Debt", *Journal of Roman Studies* 56, 1966, pp. 128–129.

(35) *Ibid.*, p. 129.

(36) C. Rodewald, *Money in the Age of Tiberius*, Manchester, 1976, pp. 1–27, F. Tenney, "The Financial Crisis of 33 AD", *American Journal of Philology* 56, 1935, pp. 336–334 による論評を参照。また、R. P. Duncan-Jones, *Money and Government in the Roman Empire*, Cambridge, 1994, pp. 23–25 や P. Kay, *Rome's Economic Revolution (Oxford Studies on the Roman Economy)*, Oxford, 2014, pp. 262–264 も参照。

(37) Duncan-Jones, *op. cit.*, pp. 25, 250–251.

(38) Tenney, *op. cit.*, p. 340.

(39) Duncan-Jones, *op. cit.*, p. 11.

(40) *Ibid.*, pp. 41–42.

(41) Kay, *op. cit.*, p. 264.

(42) プルタルコス『対比列伝』ルクルスでは、月一パーセントへの金利の低減の要求（Plut. *Vit. Lucull.* 20）、またリウィウス『ローマ建国史』では前一九八年のカトーによるサルデーニャからの資金の貸手の追放（Liv. 32.27.3–4）が見受けられる。

(43) Andreau, *op. cit.*, p. 93.

(44) R. Laurence, "The Creation of Geography: An Interpretation of Roman Britain", in C. Adams, R. Laurence, eds., *Travel and Geography in the Roman Empire*, London, 2001, p. 70.

(45) Andreau, *op. cit.*, p. 94 note 23.

(46) Kay, *op. cit.*, p. 238.

(47) R. P. Duncan-Jones, *Money and Government in the Roman Empire* edition 2, Cambridge, 1982, p. 27.

(48) *Ibid.*, p. 21.

(49) *Ibid.*, p. 75.

(50) *Ibid.*

(51) B. W. Frier, "The Rental Market in Early Imperial Rome", *Journal of Roman Studies* 67, 1977, p. 21–34.
(52) *Ibid.*, p. 23, および R. P. Duncan-Jones, *Money and Government in the Roman Empire* edition 1, Cambridge, 1974.
(53) B. W. Frier, *Landlords and Tenants in Imperial Rome*, Princeton, 1980, p. 22.
(54) *Ibid.*, p. 23 and note 6.
(55) Duncan-Jones, *op. cit.*, 1982, pp.132–135.
(56) Frier, *op. cit.*, 1980, p. 23.
(57) J. DeLaine, "Building Activity in Ostia in the Second Century AD", *Acta Instituti Romani Finlandiae* 27, 2002, pp. 41–101.
(58) *Ibid.*, p. 52.
(59) *Ibid.*, pp. 56–57. レンガの供給元が非常に多岐にわたることを記しておかなければならない。
(60) *Ibid.*, p. 71.
(61) *Ibid.*, pp. 75–76, また J. DeLaine, "Building the Eternal City: The Building Industry of Imperial Rome", in J. Coulston, H. Dodge, eds., *Ancient Rome: The Archaeology of the Eternal City*, Oxford, 2000, pp. 135–136 では、オスティアやローマでは人口の三〜六パーセントが建設関係で働いたとされているが、これは全成人男性の一五パーセントにあたる。これは以前の論文の二〜四パーセントから増加している。J. DeLaine, "The Insula of the Paintings. A Model for the Economics of Construction in Hadrianic Ostia", in A. Zevi, A. Claridge, eds., *Roman Ostia Revisited: Archaeological and Historical Papers in Memory of Russell Meiggs*, London, 1996, pp. 181–182 を参照。
(62) DeLaine, *op. cit.*, 2002.
(63) R. F. Newbold, "Some Social and Economic Consequences of the Fire of AD 64", *Latomus* 33, 1974, pp. 858–869.
(64) B. W. Frier, "Cicero's Management of His Urban Properties", *Classical Journal* 74, 1978, pp. 2–3.
(65) Frier, *op. cit.*, 1980, pp. 23–24.
(66) Frier, *op. cit.*, 1978, p. 1.
(67) Frier, *op. cit.*, 1980, p. 24.
(68) A. Wallace-Hadrill, *Rome's Cultural Revolution*, Cambridge, 2008, pp. 299–301.

(69) Newbold, *op. cit.*, p. 868.
(70) Frier, *op. cit.*, 1980, pp. 34–37.
(71) Frier, *op. cit.*, 1977, p. 76.
(72) Kay, *op. cit.*, pp. 245–246.
(73) *Ibid.*, pp. 249–251 の議論を参照。
(74) *Ibid.*, pp. 255–257.
(75) B. D. Shaw, "Debt in Sallust", *Latomus* 34, 1975, pp. 187–196.
(76) 法の制定については別である。
(77) W. V. Harris, "The Late Republic", in W. Scheidel, I. Morris, R. Saller, eds., *The Cambridge Economic History of the Greco-Roman World*, Cambridge, 2007, p. 520.
(78) Kay, *op. cit.*, pp. 258–259. 銀行業務の可能性と一般大衆向けの貸出業に関する議論を参照。

（堀　賀貴　訳）

第二章　ポンペイの都市構造再読

ローレンス教授の第一章は、都市そのものが資産管理の対象としてハイリスク・ハイリターンであったことをはっきり示している。いうまでもなく、首都ローマは都市化がもっとも進んだ超ハイリスク・ハイリターンの世界であり、そこに政治が絡めば複雑怪奇ですらある。人口が集中し経済活動が活発化すればするほど、資産の運用益も大きくなりそうであるが、リスクも増大していく。古代ローマ人は、独特の政治的な感覚によって綱渡り的に破滅的な状況を避けつつ、あるいはリスクそのものを支配の道具としながら、上手にリターンを生み出していた。ローレンス教授の第一章から伝わってくる指導者、為政者たちの緊張感はすさまじいものがある。

さて、リターンを生み出す場所としての都市の役割は地方でも同じである。多かれ少なかれ都市化あるいはインフラの整備を進めることによって、リターンを生み出すという構図は古代ローマ全体に見られ、ポンペイもまた例外ではない。中盤の主役であるポンペイは、後七九年のウェスウィウス山の噴火により火山灰（正確にはパーミスと呼ばれる小粒の軽石層）の下に埋もれた都市で、世界でもっとも有名な古代ローマ遺跡といっても過言ではない。この都市が有名なのは、単にその悲劇的な最期だけでなく、学術的に非常に貴重な資料を膨大に提供してくれるからでもある。考古学だけでなく、歴史学はもちろんのこと、建築学、都市計画学、人類学、経済学、政治学、さらには古代の植生に関する生物学、古代人の疾病など医学にまで影響を与えてきた。「ポンペイ学」という学問が成立するほど、この都市を中心に成立する学問領域はすそ野が広い。おそらく、数百名を超える研究者がポンペイをテーマに日夜研究を進めているだろう。

ただし、ポンペイは南イタリア、今のカンパーニャ州にある古代ローマの一地方都市に過ぎないのも事実である。正直にいえば、この一地方都市を建築学、あるいは都市計画学的にとらえるのはかなり難しい。たびたび登場してきた古代ローマの建築家ウィトルウィウスは正確には後一世紀の前半に活躍したと考えられ、おそらくポンペイが埋没する数十年ほど前に『建築書』を記した[1]。この唯一の古代ローマ建築家の肉声と実際の遺跡の年代がほぼ一致するのは奇跡であり、事実、ウィトルウィウスの説明する通りの住宅がポンペイから次々に発見された。この幸運によって古代ローマ建築史の前半が記述できたといってもよいだろう。ウィトルウィウスが記した住宅を基本形（一種のスタイル、様式）としてとらえ、その他を派生形と見なす建築史の常道といえる様式論的な見方が可能になったのである[2]。しかし、実際には基本形といえる住宅（大規模な高級住宅）は、ポンペイに数軒しかなく、残りの九割以上は派生形である。本書では建築は扱わないが、こうした建築史の方法は建築物の説明としては巧妙であり、いかにもわかったような錯覚を与えるが、都市の実態は派生形、つまり「異種」、「異形」の集まりにしか過ぎない。

都市計画学的にポンペイを見ると、問題はさらに深刻である。ポンペイを古代ローマの諸都市、とくに計画的に建設された都市群と比べると「異種」、「異形」なのは一目瞭然である（地図4・5）。まずは「はじめに」で概観したように厳格なグリッドプランをもたないこと。次に、前二世紀において城壁がすでに後一世紀の街の外郭を囲んでいた、という点である。とはいえ、こうした違和感はこれまで解説してきたように「近代的な見方」の影響が大きく、むしろポンペイの魅力は、そうした基準からの逸脱にあるのだが、以下では、まずは原則、基本に立ち返って、精密な地形測量が導く都市インフラの現実、都市管理の実情を見ていきたい。

都市のファブリック

編むようにつくる

ファブリックとは「織物」や「布地」という意味であるが、都市を説明するときにも好んで使われる言葉である。あるいは建物を説明するときにも、床や壁の構成・組成に注目したいとき、あるいは組み立て方が気になるときにも使われる。「編む」という言葉があるが、まさに建物や都市を「編む」ようにつくるイメージである。建物は人間や家族を包み込む衣服、都市は建物をふんわりと包み込む袋といったところであろうか。都市は編み物のように人々の生活を包み込むのである。以下では都市を柔らかく見ていきたい。

次節で、「古代ローマ都市＝グリッドプランではない」と宣言するが、あらかじめ注記しておくと、イタリア半島では、植民都市であるコサやアオスタ（アウグスタ・プラエトリア・サラッソルム）、あるいはアフリカのティムガッドなど、古代ローマ人が建設した都市はグリッド状の街路をもつ場合も多い。軍隊が駐留したり、退役軍人が入植する場合には、その地割りは明確で、組織的、機能的である。基本的に組織的な序列はあるだろうが、土地は公平、平等に配分される。したがって、あたかも近代都市のように、中央に広場をもち、その周辺に行政組織や商業施設あるいは宗教施設も計画的に配されたように見える。しかし、それはスタート地点での計画性、とくに更地に都市を建設するときの最初の一歩に過ぎず、むしろ時間が経つにつれて、その計画性から逸脱していくのは当然である。ファブリックとして都市を見れば、グリッド状の都市は、近代の既製服のサイズS・M・Lに似て、その土地の特性や気候、風土、あるいは文化などに関係なく、一律のサイズの服を都市に着せてしまうようなものである。しかし、都市が成長あるいは衰退するにつれて、より身体に合った容れ物が必要になる。もちろん、サイズを変えて既製品を買ってもよいが、オーダーメイドでぴったりする服も手間と費用はかかるが魅力的であろう。とくに古代ローマの支配地の場合、戦争がないという意味での平和な時代が訪れ、軍事的な計画性は忘れ去られ、城壁や市門は都市管理としての機能を強め、経済的な発展もともなって、既製品からオーダーメイドへの要望が高まったと想像してみても無理はないだろう。ポンペイの場合は、征服された都市であり、更地からの建設ではなく、既成の都市が存在した。そのときローマ人は先住の人々がつくった都市を破壊することなく、新しいレイヤーを付け足すように、あるいは新しい布地を編み込むように身体に合わせて都市を改造していった。ポンペイの場合、「中央広場」はポンペイがローマによって植民都市化されたあとの古代ローマ人による作品で(図2-1)、東側に建ち並ぶ市場や宗教施設は左右対称形に設計され、両脇にニッチ(壁がん)を構えるなど、ローマ人が好む意匠である。一方で、広場の西側の「バシリカ」(イ

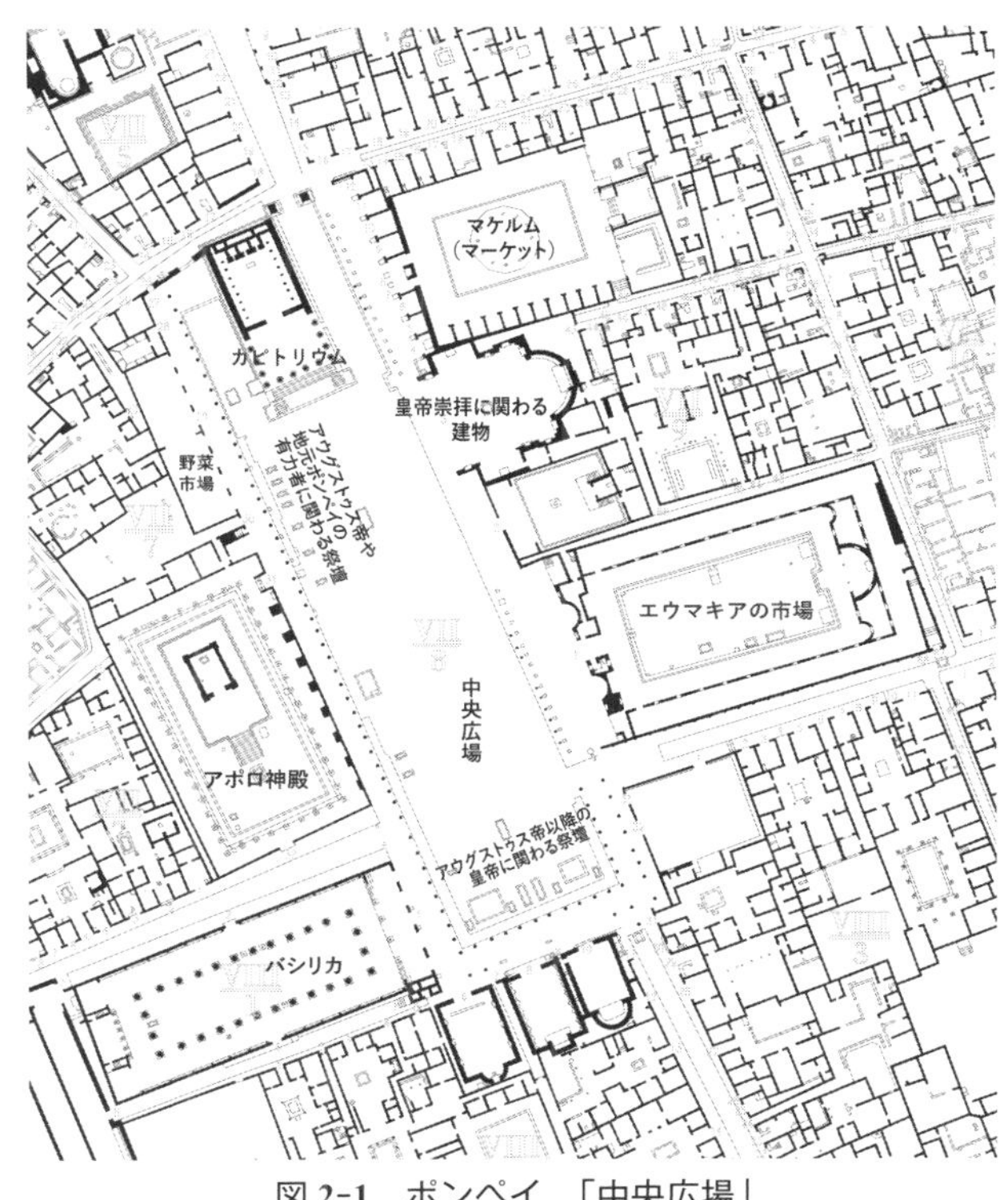

図 2-1　ポンペイ,「中央広場」

タリア語読みすると「バジリカ」、長方形の建物という意味）や「アポロ神殿」は前三～前二世紀の建物とされ、ローマ以前に属する。また、南側には行政施設ともいえる建物が三棟あるが、広場の軸線からは明らかにズレている。もちろん、東側のスクオレ通りに敷地を譲ったことは間違いないが、威厳を示すための行政施設の中心線が広場と軸線を共有しないのは「ローマ的」とはいえない。ただし、広場は回廊で囲まれており、おそらく行政施設の中心線が広場の軸線上にあっても、視覚的にとらえることは難しいだろう。

ズレることの意味

「バシリカ」と「アポロ神殿」に話を戻すと、現在の遺跡地図ではっきりとわかるが、これらの建物は「中央広場」と直交、平行していない。また、「バシリカ」と「アポロ神殿」も厳密には軸線が直交しない。こうしたズレは「中央広場」の周辺で、たくさん確認できる。例えば、東側の「マケルム」（マーケット）や「エウマキアの市場」と呼ばれる市場は、正面のみ広場と正対しているものの、背後の建物本体の軸線は「中央広場」とは直交せず、アボンダンツァ通りと平行している。一方で、「中央広場」西側の「アポロ神殿」の北にある建物、現在は出土物の展示、保管に使われる穀物市場・倉庫あるいは「野菜市場」とも呼ばれる建物は、広場と完全に直交している。こうしたズレを解釈する上で参考になる研究がある。それはP・ザンカーによる解説[3]で、「中央広場」の北側、中心軸線上に建つカピトリウムに正対して、広場の南辺に「アウグストゥス帝や地元ポンペイの有力者に関わる祭壇」が建ち並ぶ。他方、「中央広場」東辺には、三葉形（奥は半円形で、両翼は矩形）の平面をもつ「皇帝崇拝に関わる建物」が広場に向かって突出するように建ち、それに正対する広場西辺には、「アウグストゥス帝以降の皇帝に関わる祭壇」が建つという構図である（図2-2）。これは「直交すること」に意味があったとするローマ時代、とくに帝政期以降の公共建造物の配置に関わる問題であり、事実かどうかは別として、とても説得力のある解釈である。

とすれば、「直交しないこと」にも意味があってもおかしくない。以降は筆者の推測に過ぎないが、先行する「バシリカ」や「アポロ神殿」の「軸線に沿わないこと」は新しい支配者であるローマの登場を意味する構図かもしれないし、エウマキアというポンペイの有力者の建物が正面だけ「中央広場」に正対し、

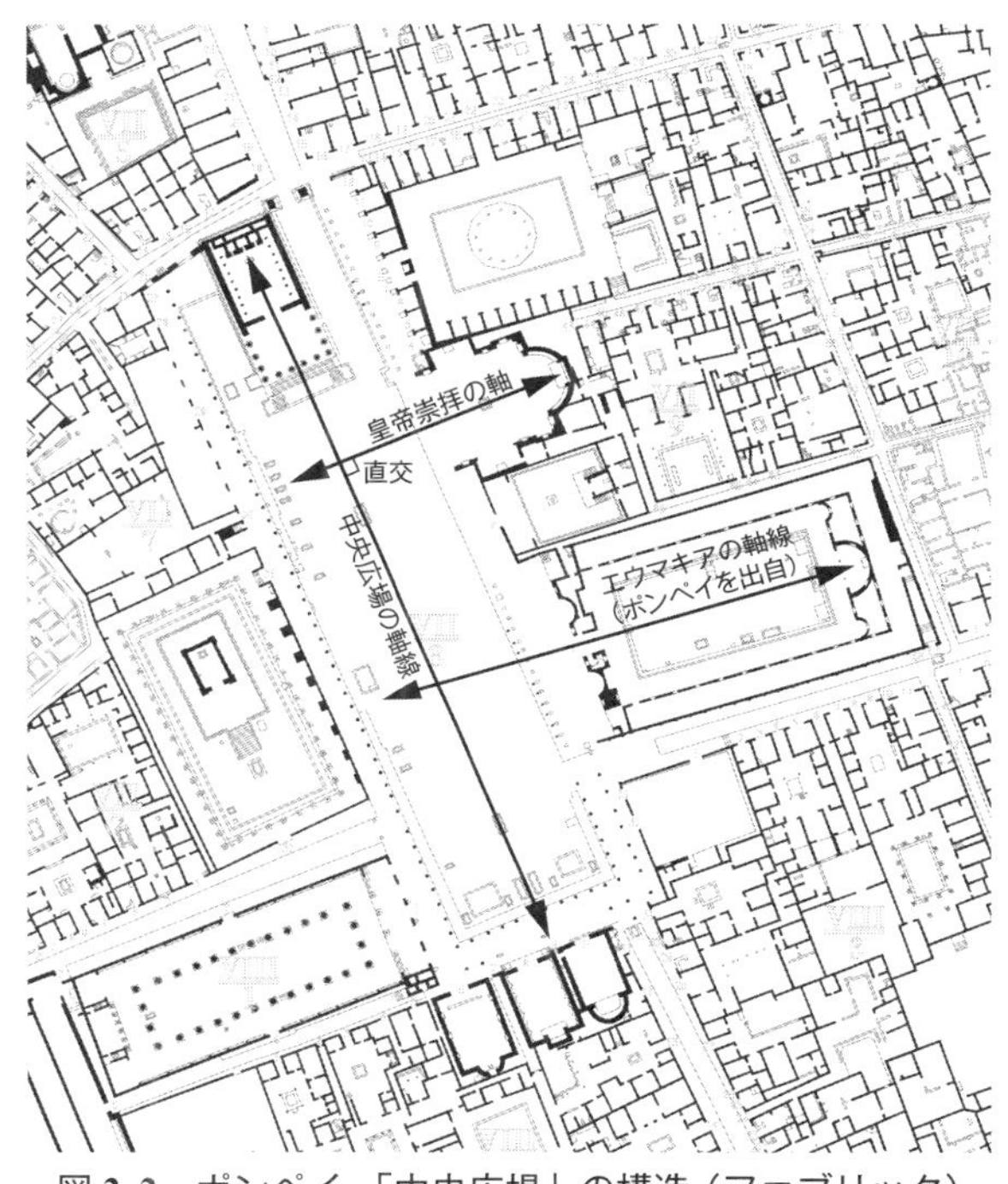

図 2-2　ポンペイ,「中央広場」の構造（ファブリック）

奥は、古い軸線、すなわちポンペイの地割りに沿うというのにもなにやら意味を感じてしまう。さらにもう少し広げて構図を見ると、「中央広場」と「カピトリウム」の軸線は、北側のメルクリオ通りとも一致しない（図2-3）。こうしたズレは、設計でいえば「あそび」（ゆとり）に近いが、地図を眺めながらあれこれ考えてみると、「あそび」であるため、いくつもの解釈が可能ではあるが、あくまでも解釈であり実証は不可能である。むしろ何にでも解釈できることが重要なのかもしれない。さらに大切なことは、実際に遺跡を訪れてみると、こうしたズレ（あそび）を視認することはほとんど不可能な程度であり、単に直交、平行は

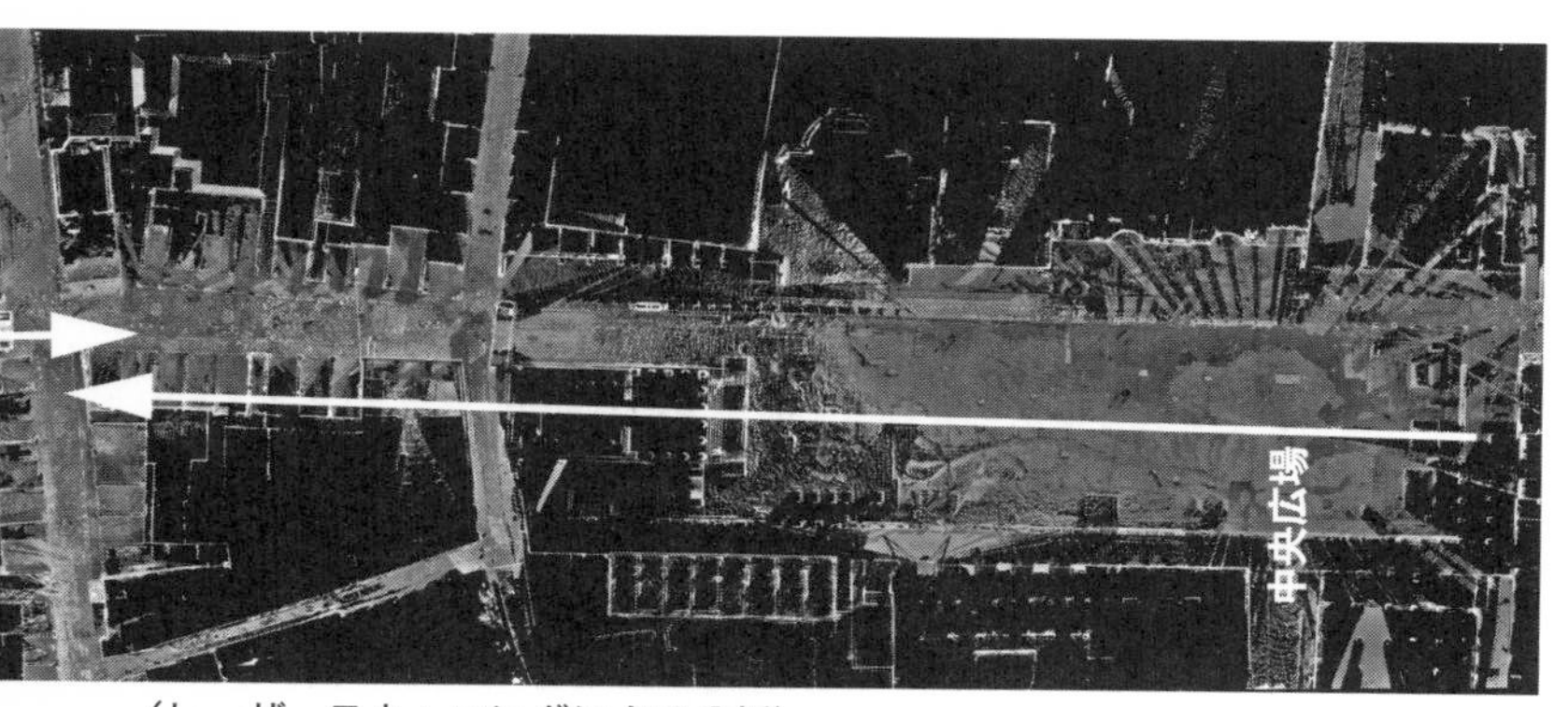

（レーザースキャニングによる分析）

そこまで厳密にはつくられなかったのだという解釈もありうる。
だからこそ「あそび」である。いままで意図的に伏せていたわけではないが、古代ローマ時代には、そもそも図面という形式の設計図がない（見取り図はある）、あるいは設計図を描いて計画するという概念がない。古代ローマの技術者は図面あるいは地図を眺めながら建築、都市をつくっていたわけではないため――もちろん彼らの頭の中はわからないが――現代のGPSのような、図面、地図を眺め下ろすような計画性が「意図的」に考慮されたというのはどうしても考えにくい。むしろ、地面、地盤に沿うように、まさにファブリックのように、少し「あそび」をもたせながら、建築、都市を編むようにつくっていたのではないだろうか。ポンペイの「中央広場」にしても、土地の収用や立ち退き、あるいは平坦な敷地の確保、造成、さらには排水なども考えて、実利的につくってみたら軸線が少しズレたというのが、案外に事実なのかもしれない。彼らにとっては、直線や平行、あるいは直交して「見える」ことが重要であって、実際にそうである必要はなかったようにも思える。公共建築からは外れてしまうが、ポンペイの南側、「小劇場」のスタビア通りを挟んだ向かい側の街区を見てみると（図2-4上左の実測図）、

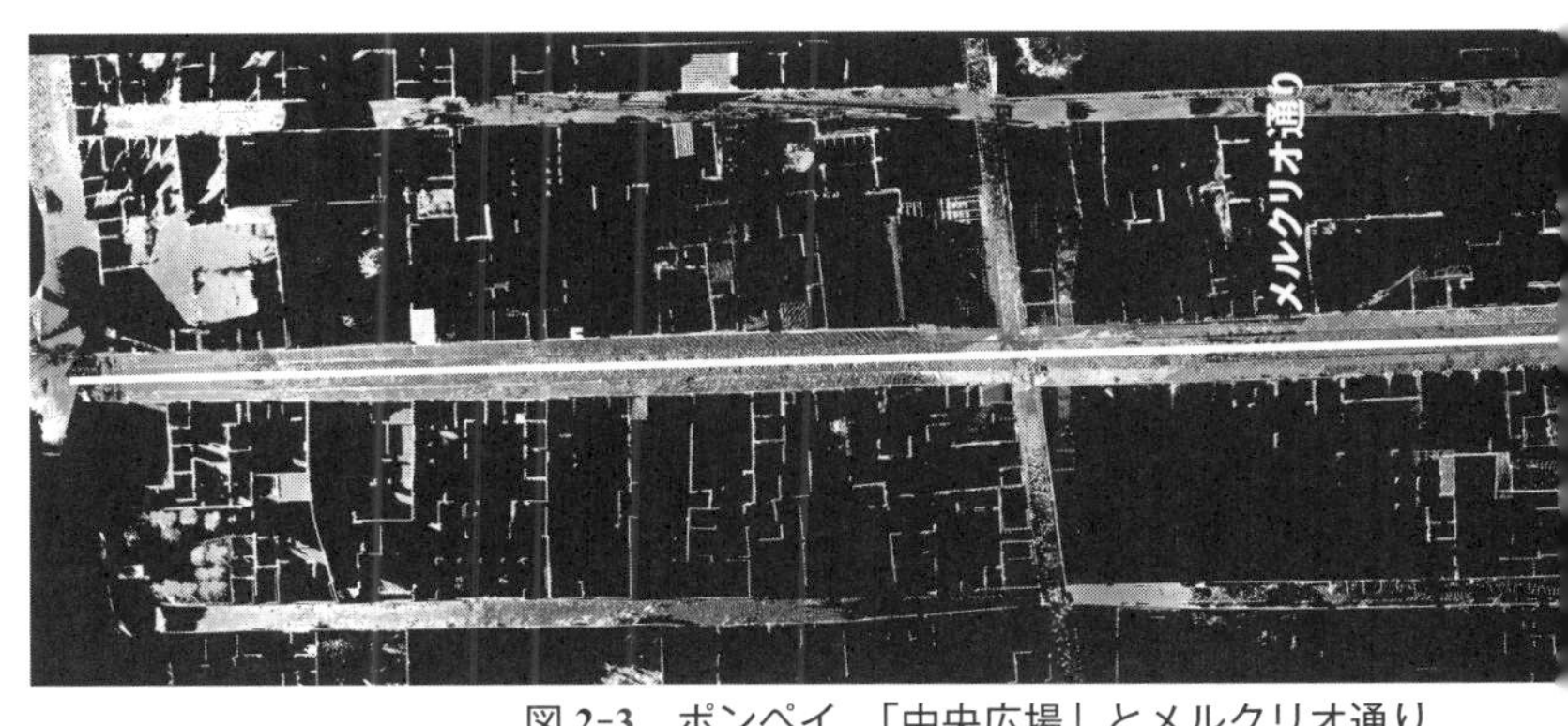

図 2-3　ポンペイ，「中央広場」とメルクリオ通り

住宅の壁、しかも住宅と住宅を隔てる隔壁が大きくカーブしているのがわかる。また、直線に見えるノーラ通りも東端、市門近くではうねっていることがわかる（図2-4中の実測図）。これらは、レーザースキャニングを使った精密な測量であるが、遺跡の地図（図2-4上右・下）を見ると見事に直線で描かれており、この図面を見比べるだけでも、地図を眺めて計画性をあぶり出そうとする近代的な直線優位の見方が透けて見えてしまう。

ただ、「あそび」を許容するとしても前五世紀の城壁の位置決めにおいて、広すぎる都市域の設定はその範囲を大きく超えており、ほとんど失敗に近いと考えなければ説明できない。ヴェスヴィオ門とノーラ門の間の相当長い区間で門が見つかっていないことも、この北東地区の開発が遅れていたことを物語っている（地図5）。古代ローマ時代の地形の復元では、ポンペイの東側と南側にはサルノ川が流れていたことになっており（地図4）、シンプルに河岸までを城壁で囲っただけなのかもしれない。ポンペイの都市構造をファブリックに例えてみると、前五世紀につくられた容れ物は、都市の健やかな成長を期待していたかもしれないが、最後までブカブカで都市の実際の体型にフィットすることはなかったのである。

図 2-4　ポンペイ，スタビア通り南部，東側の街区（インスラ）のレーザースキャナーによる実測図（上左）と地図（上右），ノーラ通りの東端部の実測図（中）と地図（下）との比較

図 2-5　ポンペイ，オルフェウス交差点（スタビア通りとフォルトゥーナ通りとノーラ通りの交差部）（左），実測図（右）

古代ローマ都市＝グリッドプランではない

我々近代人はポンペイのグリッドプラン（格子状街路網）や街路脇の歩道を見て、近代都市の交通網のように、街路が交差部で直交している、あるいは車道と歩道が分かれている、さらにはポンペイのステッピング・ストーン（飛石）は街路を渡る横断歩道のようなものだとイメージしてしまう（図2-5）。実際にポンペイでガイドさんの解説に耳を傾けていると、そのようなものだと説明されることもある。この認識は決して間違いではないが、このあと示すように、ポンペイでは街路は雨水や汚水が流れる排水路でもあり、衣服が汚れないようステッピング・ストーンが必要であった。ヘルクラネウムのように街路の下に下水道が整備されていれば、ステッピング・ストーンが必ずしも必須とはならない。大事なのは、近代都市のように利便性や機能性を考えて配置、計画されていないという点である。「はじめに」で紹介した二〇世紀初めのハバーフィールドは、古代ギリシア・ローマ文明に「近代」を投影してしまった。

一九世紀後半に突如として目の前に現れた遺跡の数々の鮮烈なイメージが「時間」の壁を越えて、歴史家の理念と結びついてしまったといえる。

近代と古代が決定的に異なるのは衛生という概念かもしれない。とくに現在でいう公衆衛生という概念は古代ローマでは未熟であり、「清潔が健康によい」という考え方は存在したが、英語でいうサニテーション（sanitation）という意味での公衆衛生という思想は確認できない[4]。少なくとも後一世紀のポンペイやヘルクラネウムは通行者にとっては不便・不潔極まりない街であったことはこのあと解説していくが、ポンペイでは清潔にしようという意思、あるいは計画性があるかといえば、まったく見えない。例えば、ポンペイのホルコニウス交差点（スタビア通りとアボンダンツァ通りの交差部）では（図2-6）、もっとも道幅の広い西面のアボンダンツァ通りにステッピング・ストーンはない。衣服が汚れないようにするためには、三回ステッピング・ストーンを渡って迂回しなければならない。そもそも、ポンペイの歩道のほとんどは幅が八〇センチ程度であり、すれ違うにも一苦労する。また、ヘルクラネウムに目を移すと、カルドⅣでは、ステッピング・ストーンは一つもなく、向かい側の住宅、店舗に渡るには、街路に下りなければならず、衣服の汚れを気にしていると一苦労である（図2-7）。ここでは歩行者より荷車や駄獣（糞害は相当であったはず）を優先する傾向が見て取れるが、こうした傾向は街路ごとにまったく違っており、統一的な計画性の存在は考えにくい。一方で、カルドⅤの小デクマヌスとの交差部には、荷車の右左折を阻害する石が埋め込まれており（口絵2）、荷車の右左折を阻害、あるいは禁止している。他にも、歩道が突然なくなったり（口絵2の立石の奥で歩道がとぎれている。これは住宅や店舗の間口がないからだと思われるが、そうすると歩道は面する家屋に附属することになる、つまり個人の管理になる）、そもそもほとん

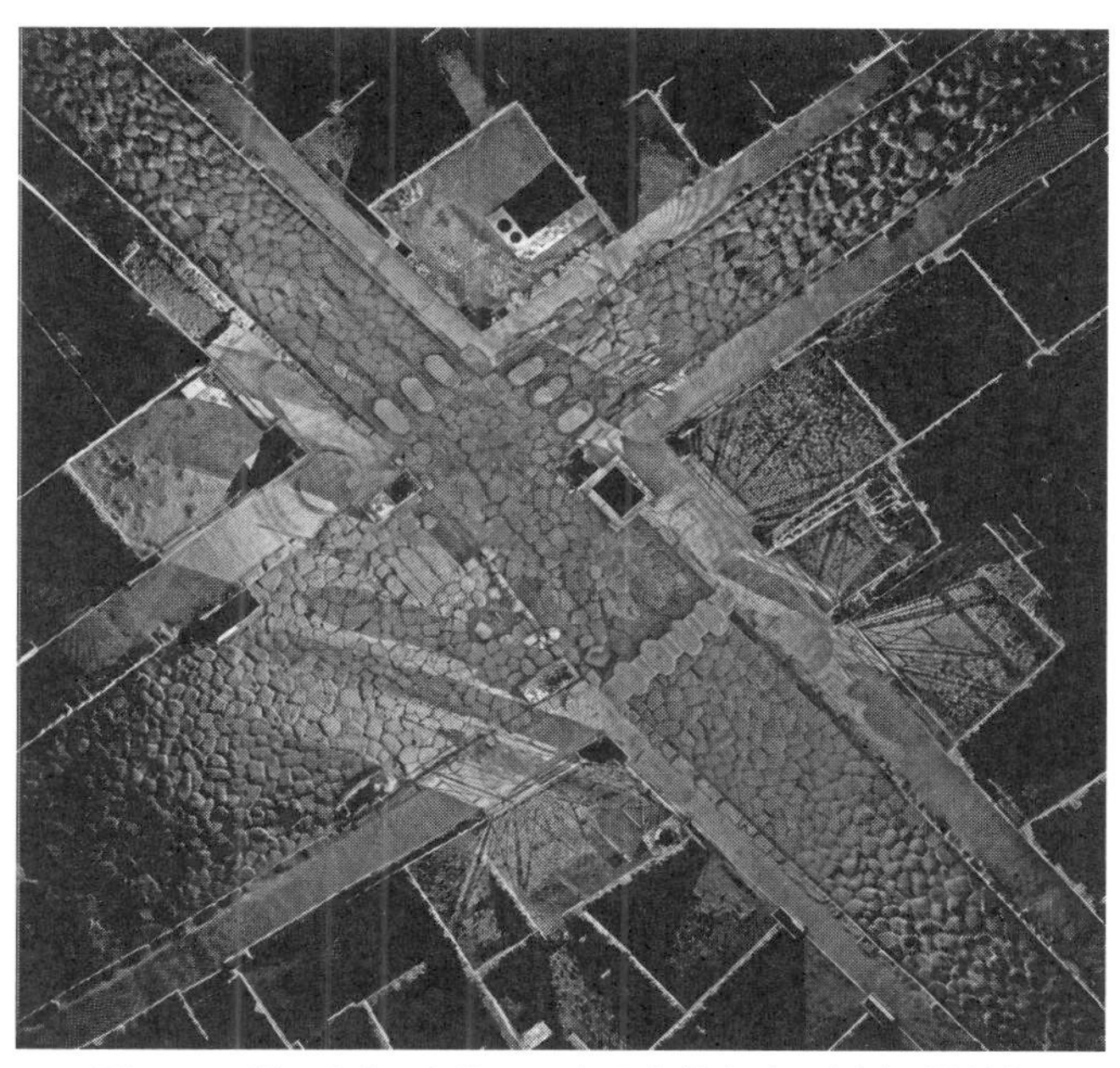

図 2-6　ポンペイ，ホルコニウス交差点（スタビア通りとアボンダンツァ通りの交差部）の実測図

どの街路が行き止まりであり不便、非効率極まりない。さらに記せば、ポンペイの十字路で、直交という意味で、まともに街路が交差している例は少数で、多くはどちらか一方が直線であっても、もう一方はクランクしていること（日本語では鍵曲がり）の方が多い（図2-5・2-6・2-8）。

こうした不潔さ・不便さも含め詳細に比較検討して、街全体の「計画性」を見いだすのも、あるいは可能かもしれないが、やはり場当たり的に「計画変更」してまちづくりをしていたのが実情であろう。やはり、都市の建設前に都市計画が存在したというよりは、地割り、あるいは地取りともいえるレイアウトのような「縛り」が都市のスタート地点であり、決して都市構造や景観を縛るような原

図 2-7　ヘルクラネウム，カルド IV を北から見る

理、原則あるいは強制的な規則として都市計画があったとは思えない。ステッピング・ストーンが歩道に取り込まれていることも多く、街路と歩道、住宅の境界すらはっきりしない。おそらく、こうした都市の縛りは土地所有や管理する側には都合がよく、ある種の合意として守られていたに過ぎず、結果、大枠としてのグリッドプランのように見える街路構成から、大きく逸脱しなければ許容されるというレベルであろう。

前五世紀ではあるが、古代ギリシアの喜劇詩人アリストファネスの作品に『鳥』という空中都市の話がある。「雲居（クモイ）の時鳥（ホトトギス）国」と命名された新都市には、何かにありつこうとする詩人やおみくじ売り、法令集売り、監察官などに混じってメトン（実在の天文学者）が空中の土地測量家として登場させられる。ここで彼が行おうとしているのは地割りであり、いわば都市計画家として登場し、小難しい理論を並べ立てた挙げ句に追い返される。空中であることから揶揄される人物として天文学者のメトンが選ばれたのかもしれないが、同時に都市計画がもつある種の空理空論的な側面、それが当時の一般の人々の笑いを誘うことを伝える興味深い史料である。身近な存

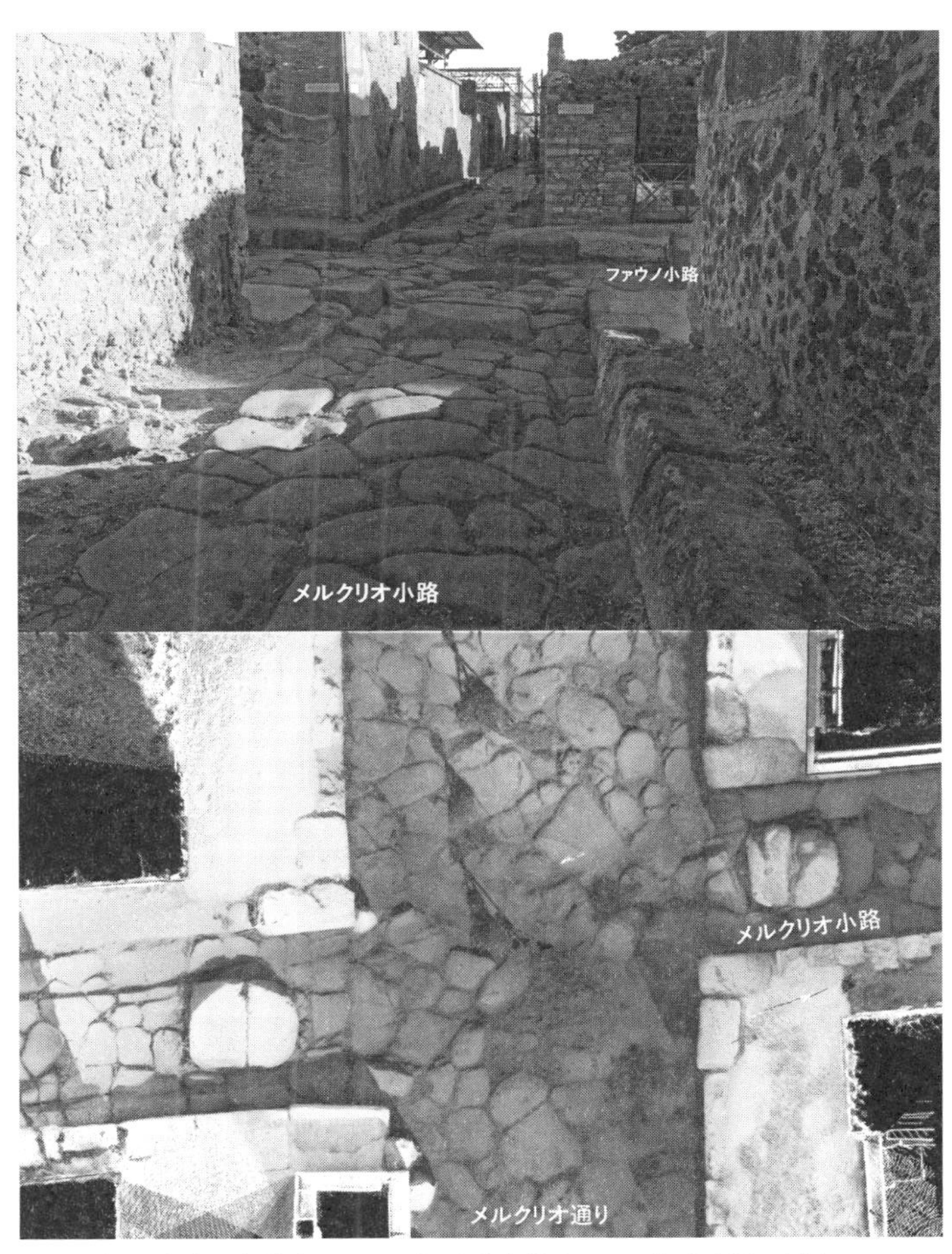

図 2-8　ポンペイの交差部，メルクリオ小路とファウノ小路（上），メルクリオ通りとメルクリオ小路の実測図（下）

在でありながら「笑い」の対象となる都市計画家は、都市の管理、運営が理念だけではうまく運ばないことを伝えている。地割りとはもっと現実的、実利的かつ個別的なものであり、生活者あるいは為政者、管理者の利益が入り交じる妥協の産物でもある。

地形を活かして都市景観を管理する　ポンペイの場合

谷をまたぐ都市

グリッドプランではポンペイの都市構造を見誤る可能性を指摘したが、ではどのように読めばよいのであろうか。土木事業としての都市形成の大枠は概観した。ファブリックのように形成される都市は、様々に形を変えて成長あるいは衰退していく。以下では都市インフラをより詳細かつ具体的に見ていきたい。重要なのは、近代のグリッドプランのような効率性、経済性、あるいは理念に沿った計画やゾーニング（機能別地区のこと。第四章で解説）に近い町割りでもなく、地割り、あるいは敷地割り、土地割り、地取りなど、地形あるいは地勢に沿った当たり前の計画性を見てみることである。

ポンペイの場合、グリッド状の街区（インスラ）のかたまりを一つの段階として都市形成過程が想定されていることは述べたが（図0-3）、それぞれの時期の街区が地形の勾配に呼応して、少しずつズレているのがわかる。勾配地に街区を割り付けるときには、できるだけ街路が水平になるように、つまり等高線に沿った街路を敷くのは合理的な判断であり、これは用水の流れが重要な農地の地割りと共通している。スタビア通りは明らかに地形の谷線に沿って敷設されており、放射状に走るウェスウィウス山の尾根上の

図 2-9　ポンペイ，スタビア通り東側の街区，
図 2-4（上）を含む広い範囲を示す

終端にある「中央広場」と軸線がズレるのは当然であり（図0-4）、ホルコニウス交差点を観察すると、斜めに接続するアボンダンツァ通りよりも下水道としても機能するスタビア通りの直線性が優先されていることは明らかであろう。

したがって、尾根に沿ったメルクリオ通り、フォロ通り、「中央広場」の軸とポンペイ東方のグリッド状の街路が軸を共有しないことはあまり重要ではない（厳密にはメルクリオ通りとフォロ通りも一直線上にはない）。この場合、スタビア通りは「地形線」（谷線、尾根線、ときには等高線の性質をもつ）の意味合いを帯びることに

図 2-10　ポンペイ，「エウマキアの市場」，東南角

なる。つまり、交差する街路群と直交しないのはむしろ自然の地形からもたらされたレイアウトである。いわば東と西の台地に挟まれた谷の底を走るスタビア通りの両脇の街区は、両台地との間のやや急な斜面の上に並び、台地上の比較的矩形に整形された街区との緩衝地帯となって、東西をつないでいる。勾配がやや急な西側に三角形や台形、あるいは不整形な街区が並ぶのはそのためであり、東側は西に比べて台地そのものがやや低く、勾配が緩やかなため、全体的にひし形に変形した街区構成になっている（図2-9）。細かく観察するとスタビア通りを挟んで東西を結ぶ街路が一直線上に走ることはなく、一箇所を除いてすべてズレていることがわかる。したがって、緩衝地帯の中の街区も、多かれ少なかれ微地形に影響され変形している可能性がある。例えばストルト小路は、等高線に沿ってできるだけ勾配の緩いルートを選んだ可能性がある（図0-4）。また、ルパナーレ小路も南半分は等高線に沿って勾配を緩くし、北半分は等高線に直交しながら一気に急な坂で一段高い位置にあるアウグスターリ通りとつなぐというルート

である。

こうした斜面地の上に都市を建設すると、大きな建物を建設するときには平坦な敷地を「造成」することになる。つまり、かさ上げによる人工の地盤であり、「エウマキアの市場」の背面は二メートル以上も地盤がかさ上げされている（図2-10）。北西の高級住宅地以外にほとんど平坦な地盤のないポンペイでは、都市を拡張するにも一苦労であり、南側では崖にはりつくように住宅が建設され、「中央広場」の西側でも大規模な人工地盤が造成されている（図2-11）。であれば北側に拡張すればよいのではと考えてしまうが、ヴェスヴィオ門の脇に建設された「配水棟」（図2-12）より北に宅地を造成しても、水は低いところから高いところには流れないので水は届かない。つまり、この「配水棟」を北に移設しない限り北の門外に水を供給できない。技術的には可能であろうが、かなりの大規模な工事となる。

古代ローマにはアグリメンソール（Agrimensor）といわれる職能の人々が存在した。測量家と訳されることが多いが、より大きな範疇では技術者と呼んでもよい。後一世紀末に『水道書』を記したフロンティヌスもその一人である。もちろんウィトルウィウスもその職能を持ち合わせていた。先に『鳥』に登場させられたメトンにもその能力があった。土地測量の前提となる方位の決定には天文学の知識が必須だからである。数十キロメートル先から重力だけを利用してローマに水を運んだ古代ローマ人の技術を引用するまでもなく、インフラ、都市建設にはこうした土地測量の技術は不可欠である。ポンペイの独特の地形が、古代ローマの特徴とされる「中央広場」（フォルム）＋カルド・デクマヌスと呼ばれる東西南北の幹線街路という構成からの「逸脱」をもたらしたわけであるが、合理的、実利的なローマ人にとっては、こうした逸脱は近代人が考えるほどシリアスな問題ではなかったであろう。

図 **2-11**　ポンペイ，ソプラスタンティ通りとギガンテ小路に面する街区
（いびつな街区のかたちと北西部分は街路も含めて人工地盤の上に建っている）

図 **2-12**　ポンペイ，「配水棟」

崖の上の都市

むしろ興味深いのは、すでに指摘したように、前五世紀に建設された城壁が当時の都市スケールを大きく超えて、おそらく都市周辺の農地まで囲み込んで建設された点である。なぜブカブカの都市領域を設定したのであろうか？　グランデ・ポンペイ（大ポンペイ）と呼ばれるこの時代（前五世紀前半）に、将来の都市の拡張を見込んで広めに囲んだと考えるのはあまりにも安易すぎるかもしれない。城壁の建設から二〇〇年近く経過しても、都市の南東部では住宅内の敷地を農地にするほど土地が余っており、この地区での居住は都市というよりも依然として郊外に近いからである。少なくともその見通しは誤っていたことになるが、多くの未発掘地区を含むこの区画の都市形成については、これ以上の考察は不可能であろう。一方で、都市の東端に位置する「円形闘技場」は、ポンペイの地形から見て東の崖の端部、おそらくウェスウィウス山の噴火前に流れていたサルノ川に沿った河岸の崖と、その上の城壁に沿って建設された（図0-4）。城壁の建設から「円形闘技場」の建設までおよそ一〇〇年が経過しているが、「円形闘技場」は城壁を擁壁として利用していることはすでに述べた（口絵1）。多くのローマ植民都市では、「円形闘技場」は城壁の外にある場合が多いが、ポンペイにおいて城壁の内側につくられたのは単にこの「円形闘技場」がもっとも古い年代に属するからだけではなさそうである。「円形闘技場」を城壁内に建設したのは、住民を立ち退かせて、この北東地区や、最後まで田園地帯であった南東地区の都市化を促すためであったかもしれない。西隣の「大パレストラ」も含め、むしろ広すぎる都市域を縮小させるための公共建築にも見える。地震後の「中央浴場」の建設も一街区の立ち退きが前提であり、同じような意図が想定できる。

図 2-13　ポンペイ，南端部の眺め

失敗とまではいわないが、ポンペイは前五世紀の想定とはまったく違う方向に成長した。それでは建築家たちは、想定外の状況をどのように軌道修正したのであろうか。それをうかがわせる建物がある。それは「中央広場」とスタビア門の間に建つ「ドリス神殿」である。「中央広場」からスタビア門までは、急な下り斜面が続くがその中間に「三角広場」と呼ばれる平坦地があり、「アポロ神殿」と同じ時期と考えられる「ドリス神殿」が建つ。その東側には大小の半円形の劇場が建つ。このうち、「大劇場」の客席は自然の崖を利用して建設された。ポンペイを南から眺めると、これはちょうど古代のサルノ川の河口付近からの眺めを想像してみることになる（図2-13）。西方、つまり現在のナポリ湾側から一番の高台に「バシリカ」、「アポロ神殿」と「中央広場」、サルノ川を東、上流にさかのぼると急峻な下り傾斜が終わる少し平らな台地に「ドリス神殿」、さらに谷状地形の底となるスタビア門との間に大小の劇場が見える。さらに上って東に向かうと再び台地となり連なる城壁の向こうにノチェラ門と「円形闘技場」が見えることになる。作意があったとは思えないが、「アポロ神殿」と「ドリス神殿」という古くから存在していたヘレニズム時代の神殿をうまく利用して、劇場を都市の南辺、つまり古代のサルノ川に沿った河岸に集中させ、素晴らしい都市景観をつくり出すことに成功した。地図を眺めてみると、浴場を除いて公共建築が南の縁に偏って並ぶようにしか見えないが、地形を考えるとなかなかの演出を感じる。

以下の章においては、このポンペイの建つ地形がもたらした景観の魅力以外の、二つの限界、すなわち水道の供給と下水道の建設について詳しく解説する。この二点がポンペイの姿、ファブリックを決定づけているように見えるからである。

（1）　Vitruvius, translated by I. D. Rowland, *Ten Books on Architecture*, Cambridge, 1999, pp. 1–18 の "Introduction" を参照。

（2）　B. F. Fletcher, *A History of Architecture on the Comparative Method*, London/New York, 1896 は第六版で大規模に改訂されたが、早くも一九一九年に第五版が邦訳されている。B・F・フレッチャア（古宇田実・斉藤茂三郎訳）『フレッチャア建築史』岩波書店、一九一九年。

（3）　P. Zanker, translated by A. Shairo, *The Power of Images in the Age of Augustus*, Ann Arbor, 1990, pp. 302–316. 図2–2は本書の fig. 214 をもとに筆者作成。

（4）　R. Flemming, "Commentary", in R. J. Hankinson, ed., *The Cambridge Companion to Galen*, Cambridge, 2008, pp. 297–298.

第三章　ポンペイの都市インフラ　下水道

ポンペイの街並みを観察する　街路の構成要素

ポンペイの街路（図3-1）の多くには、車道と歩道があり、荷車は石畳の車道があれば、そこを走り、歩行者は漆喰やタタキ、あるいはコッチョペーストと呼ばれる漆喰にレンガ片を混ぜ込んだモルタルで舗装された歩道があれば、そこを歩く。やはり、一番目立つのはステッピング・ストーン（飛石）である（図3-2）。車道に対して歩道が結構高いところにある場合には、街路を横断するために車道まで降りて、向かい側で登るのは大変ということもあり（図2-7）、横断歩道というよりは歩道橋に近いのかもしれない。現代の車道では、自動車が高速で走っているため横断歩道のない場所を横断するのは危険がともなう。そのためか横断歩道と説明されると、車道を荷車がまるで現代の自動車のように行き交っていたとイメージしてしまう。しかし、ポンペイにはこの横断歩道が必要な理由がもう一つあった。それは街路上を流れる生活排水である。[1] 著名なポンペイ研究者、L・リチャードソン・Jrは、以下のように説明している。

図 **3-1**　ポンペイの街路風景
（アボンダンツァ通りを「エウマキアの市場」付近から眺める）

図 **3-2**　ポンペイ，アウグスターリ通りのステッピング・ストーン

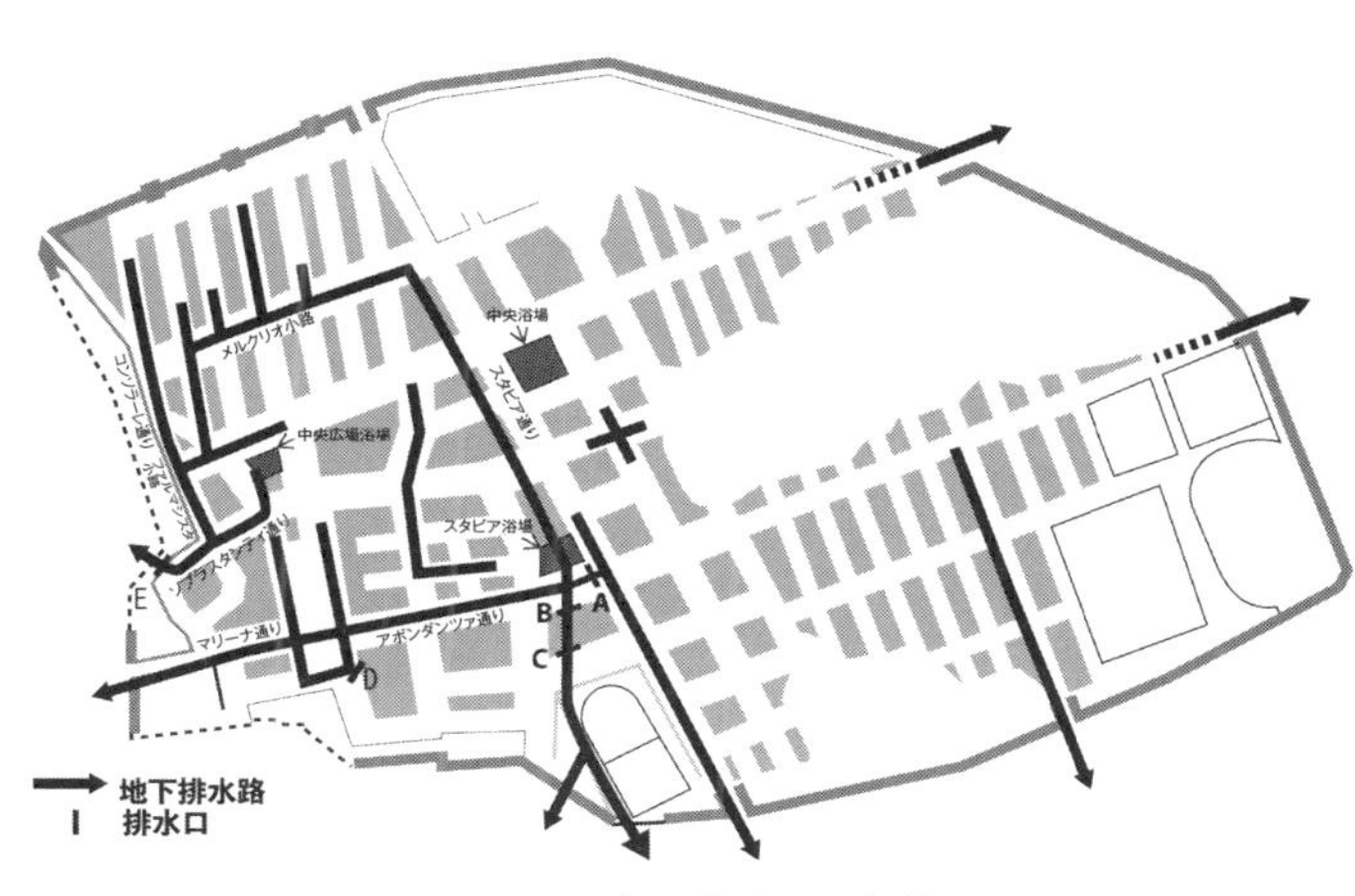

図 3-3　ポンペイの下水道

「ポンペイの街路は多くの古代都市と比べても汚れていた。活気のある都市生活の汚水に加えて、住宅や店舗の床掃除の排水も街路に流されていた」。さらに、「街の中心に歩道が必要であったり、街路を渡るときに高いステッピング・ストーンがいるのは、そこが年中、相当に汚い場所だったためである[2]」と続ける。ポンペイの街路は想像以上に汚れていた。住宅の生活排水や工房の汚水の一部、また浴場の排水の一部まで街路に流されていた[3]（口絵3）。あるいは、汚物や糞尿も廃棄されていたようである[4]。

ヘルクラネウムには、以下の有名な碑文が残されている。「造営官マルクス・アルフィキウス・パウルスが記す。この場所にいかなる汚物が遺棄されようとも、それらが放置されぬよう警告する。もし、これを認識した上で、この警告に反したならば、自由人ならば、…の罰金、奴隷ならば背中の鞭打ちに処する。」（*CIL* 4.10488; *AE* 1960.276, 1962.234）

これは、街路の一角がゴミの投棄場所になっていたこと、所有者が迷惑を被っていたことをはっきり示している。こうした街路へのゴミ捨ては、もともとそこが汚れていた場所で

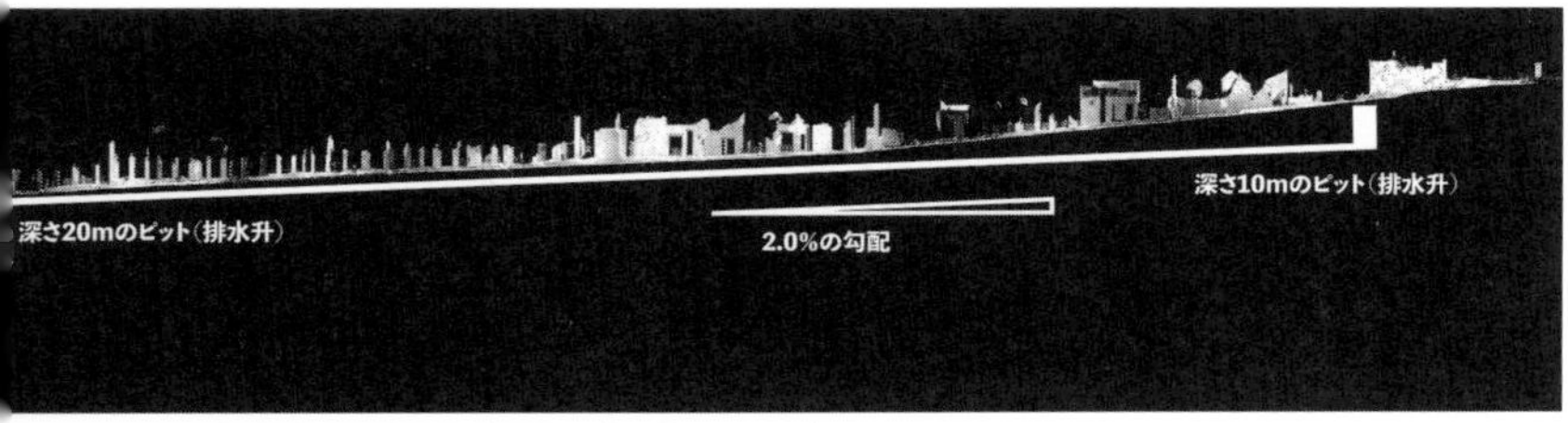

深さ10mのピット（排水升）
深さ20mのピット（排水升）
2.0％の勾配

下水道を設計した場合（仮定として）

あったことを強く示唆しており、汚水、雨水、排水が流れ込む汚い場所だったのである。もしかすると匂いも相当なものであったかもしれない[5]。

水道橋やローマの地下下水道で有名な古代ローマ人はなぜ、ポンペイに下水道をつくらなかったのであろうか？　もちろん、一部に下水道は整備されていたが（図3-3）、決して都市全体をカバーする規模ではなく、また計画性もあまり認められない[6]。その答えの一つは、傾斜の急な地盤に建つポンペイでは、一体的な下水道の整備は土木工学的に難しかったからである。下水道には適切な勾配があり、あまりに急にすると雨天時に大量の流水があふれ、下水道そのものが摩滅、破壊されてしまう。二〇世紀初めの土木工学のマニュアルによれば二・〇パーセントの勾配を超えてはならないとある[7]。ポンペイでは南北の勾配が平均して四・六パーセントもあるため、二・〇パーセントを超えない下水道をつくるには、地下深くピットを掘り込む必要がある（図3-4）。しかし、ポンペイは硬い溶岩の岩盤の上にあり、それをくりぬいて深い下水道をつくることは現実的ではない。勾配の緩い地域に部分的にしか下水道がないのはそのためである（図3-3）。

また、東西方向の地盤の凹凸を見れば明らかであるが、スタビア通りに沿った深い谷は、この両区間を下水道でつなぐことを技術的に難しくしており（実現させるには、スタビア通りよりも深く下水道を掘り下げるしかなく、おそら

図 3-4　ポンペイ，スタビア通り沿いに

く数十メートルの深さに達する）、それぞれに独立した下水道網を建設することになる。可能性としては、スタビア通りの地下に巨大な暗渠を埋め込むことであろうが、それでも東西の台地では地下一〇メートル以上深い下水道が必要になろう。むしろ土木工事に長けたローマ人だからこそ、下水道建設の難しさを認識してあえてつくることをしなかったといえる。一方で、汚水や生活排水、あるいは雨水がなくなるわけではなく、それらの処理は都市の維持管理のためには必要不可欠でもある。そこでポンペイの人々は街路を下水道として使った。街路面に下水を流せば勾配が急でも維持管理は簡単であるが、都市の低い位置にある四つの市門、ノーラ門、サルノ門、ノチェラ門、スタビア門に汚水が集まることになる（図3-5）。実際にノーラ門、サルノ門、スタビア門には門外に水を流すための側溝と排水口がある（図3-6）。

汚水が放つ臭気は相当であったかもしれないが、街路面を下水、あるいは雨水、さらにあとで述べるように公共噴水の余剰水が流れることは悪いことばかりではない。むしろ街路を行き交う駄獣（荷車を牽く家畜）や輓獣（荷物を積載して運ぶ家畜）の汚物（肥料として回収された可能性はあるが、少なくとも一定時間は未処理で放置された）をはじめとして、散乱する様々な廃棄物などを、雨水や噴水の余剰水によって流し去ってしまう効果が期待できる。このシステムをうまく発揮させるには、街路に水が滞留しないよう、あるいは雨水や

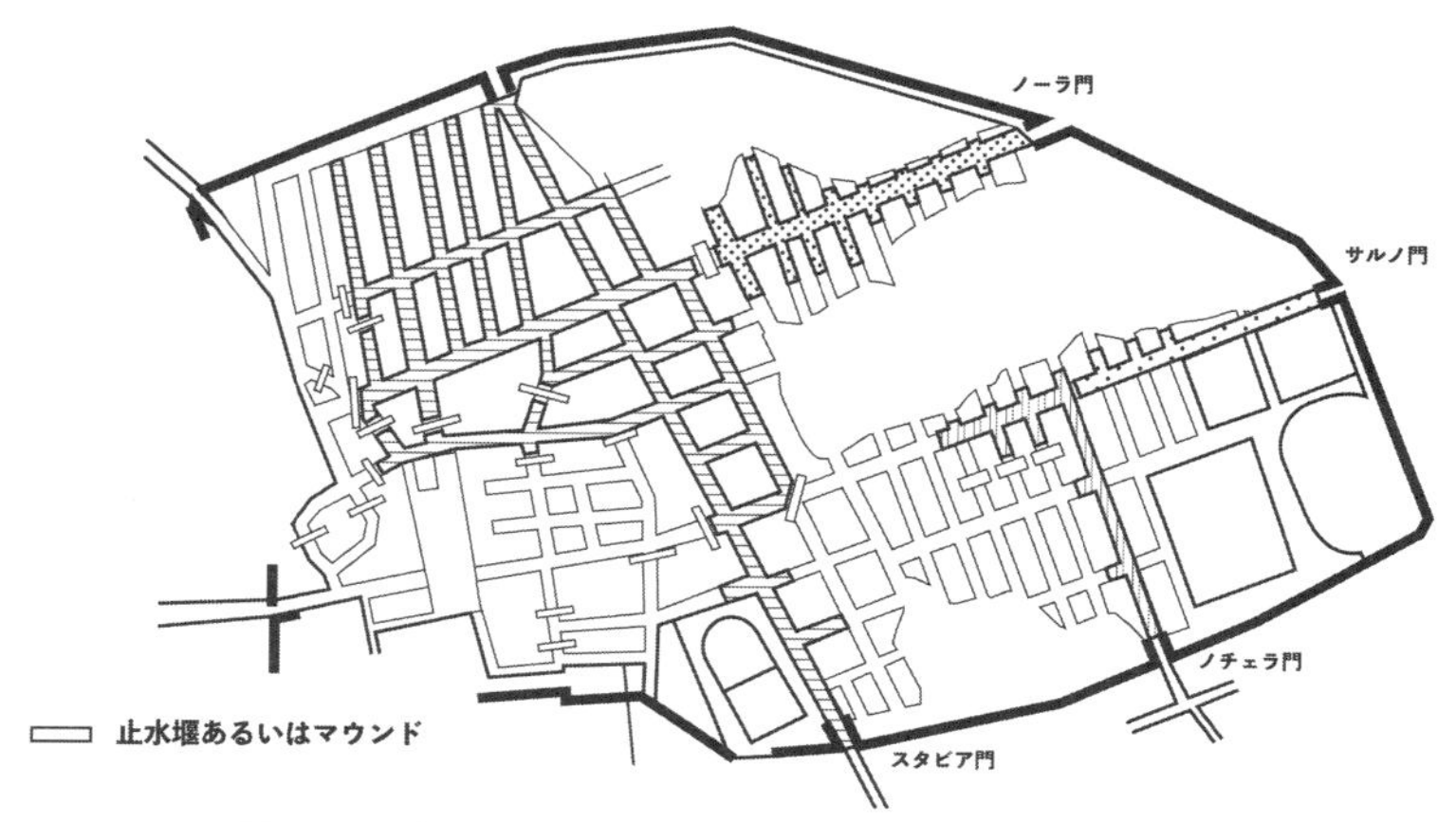

図 3-5　ポンペイ，ノーラ門，サルノ門，ノチェラ門，
スタビア門に流れ込む道路排水の範囲

図 3-6　ポンペイ，門外の排水口（ノーラ門）

公共噴水からの余剰水がうまく行き渡るよう、斜面地を巧みに利用して、街路面の高低を非常に緻密に計画・設計することが必要となる。そこで、大量の排水が発生したに違いないポンペイの公共浴場を出発点として、これらの水の流れを追ってみたい[8]。なお、これらの分析はレーザースキャニングとGPSを使った実測による街路面の水平度の精密な評価を通じて可能となったもので、こうした流水のシミュレーションが測量技術の進歩によってはじめて実現した[9]。

浴場からの排水の行方

ポンペイには三つの公共浴場がある（やや規模の小さい「郊外浴場」と「サルノ浴場」も含めると五つ）。このうち、「中央広場浴場」と「スタビア浴場」には自前の下水道が整備されているが、一番新しい「中央浴場」には自前の下水道がない、あるいは建設されていない。「中央浴場」は後七九年も建設中だったので、まだ埋設されてなかった可能性はゼロではないが、「中央浴場」の東側の街路に排水口がつくられていることから、少なくとも一部の水は街路（テスモ小路）に排水する予定であったことは間違いない（図3-7）。しかもこのテスモ小路は「中央浴場」建設にともなって街路幅が半減され、もはや街路ではなく、排水溝のような扱いになっている。さて、ここから流れ出た水はテスモ小路を南に向かって進む。やがてアウグスターリ通りとの交差部に達すると、排水は西に方向を変えアウグスターリ通りに流れ込み、南北にポンペイを貫くスタビア通りに合流、そのままホルコニウス交差点と呼ばれるスタビア通りとアボンダンツァ通りの交差部にある排水口から地下に吸い込まれるか（図3-8A）、そのままスタビア通

図 3-7　ポンペイ，建設中の「中央浴場」東側，テスモ小路に開く排水口

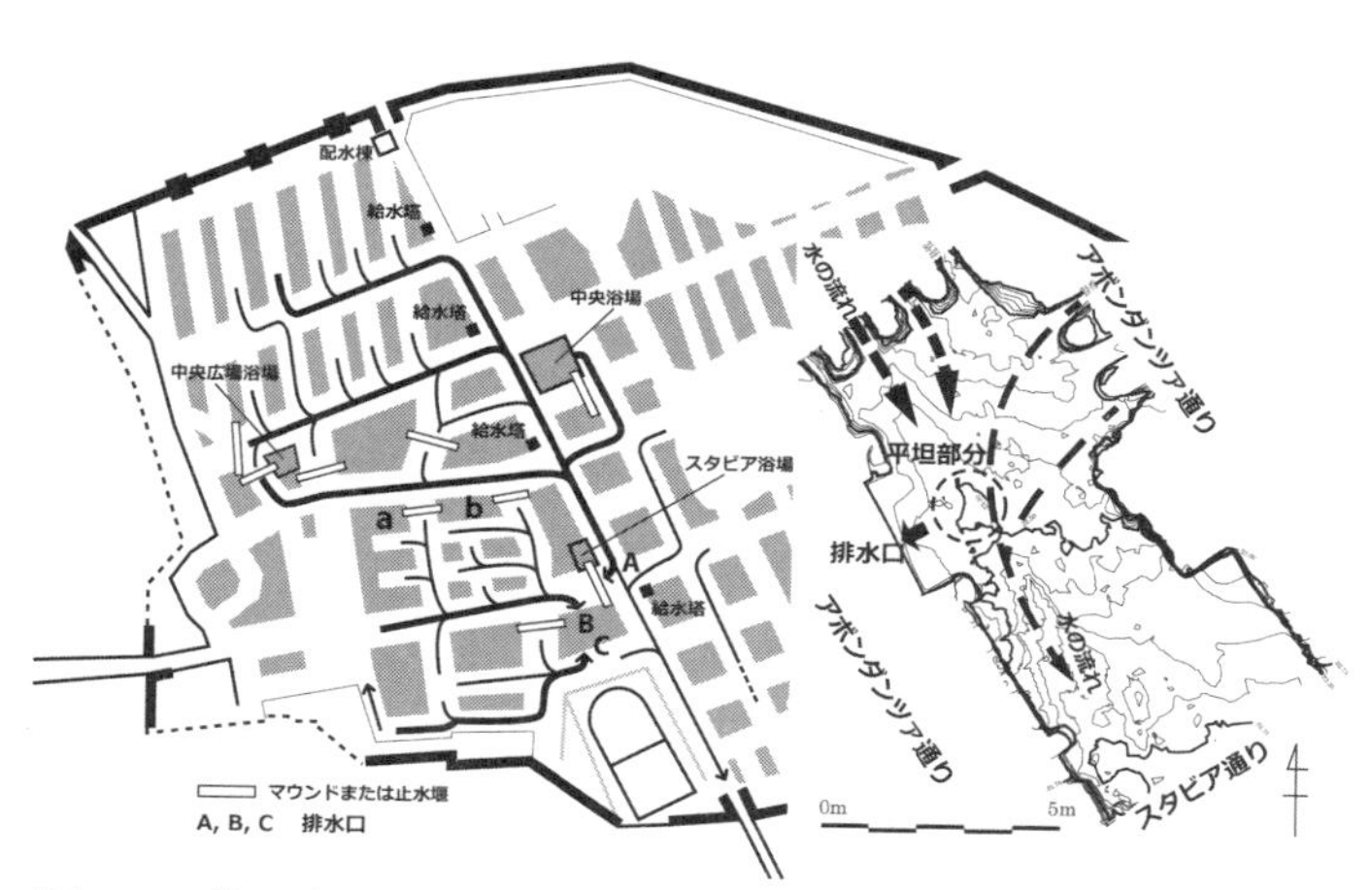

図 3-8　ポンペイ，スタビア通りを中心とした街路排水の流れ（左），ホルコニウス交差点での流れ（右）

図 3-9　ポンペイ,「中央広場浴場」の排水口（左）, アウグスターリ通りとルパナーレ小路の交差部, アウグスターリ通りからの水の流入（あるいは荷車の進入）をブロックしている（右上）, アボンダンツァ通りにある段差（図 3-8B）, この段差をマウンド（止水堰）にして, 街路の南側縁（向かって右）の排水口に集水する（右下）

りを流れてスタビア門から排出される。こうした排水の流路は、水道橋と同じく数センチレベルの高低差をつけることでコントロールされており、まさに古代ローマ人の土木技術の高さを示す。他にも「中央広場浴場」は自前の下水道をもちながら、西側に大量の余剰水を街路に流した痕跡が残っている（図3-9左）。このルートもたどってみると（図3-5・3-8）、まず東西を走る幹線街路であるテルメ通り・フォルトゥーナ通りを流れ、スタビア通りに達したあと、スタビア門に向かって南に流れる。興味深いのは、フォルトゥーナ通りと南側の東西街路であるアウグスターリ通りを流れる水が、この街路に交わる街路から流れ込む水と決して交わらない独立した水路として設計されていることである。アウグスターリ通り沿いには大量の排水が発生する施設はないが、この街路につながる南北道路には止水のためのマウンドや段差がつくられ、水の流入を完全にブロックしている（図3-8 a・b、3-9右上）。なぜであろうか？ その理由はその南側の地区にある。アウグスターリ通りとその南側の東西幹線街路のアボンダンツァ通りの間には工房が多くあり、その中には水をたくさん使う施設も集中している。アボンダンツァ通りには工房地帯専用の大きな排水口があり（図3-8B、3-9右下）、この工房地帯から流れ出た水を一気に地下に流し込んでいる。つまりは、この一帯に「中央広場浴場」からの排水が流れ込んで、工房地帯からの排水の処理がオーバーフローしないように、工房地帯外からの排水の流入を完全に遮断していると考えられる。すでに記したようにポンペイは北から南に向かって下る急斜面の上に建っているので、北からの水の流れをくい止めるには、アウグスターリ通り以南をドライエリア（この街路沿いに二つの噴水があるが、その役割は後で説明する）とする必要があったと見られる。

都市のヘソ、ホルコニウス交差点

さて、二つの浴場からの排水だけでなく、ポンペイ北部からの排水の多くはホルコニウス交差点（図2-6）に集まってくる。この交差点は、アボンダンツァ通りとスタビア通りという東西南北の幹線街路が交わる要所であるが、興味深い構造をもつ。西側のアボンダンツァ通りの入口には高い段差があり、荷車の通行ができないだけでなく、この段差に排水口が大きく口を開けているのである。ここでの流水のシミュレーション（図3-8）によれば、北からの水流は中央の平坦部で少し滞留し排水口に流れ込むが、南側で止水していないので、すべてが排水されずに、いくらかの割合の水はそのままスタビア通りを南へ流れていく。ここに水をあつかうことでは天才的な古代ローマ人の意図が汲み取れる。大量の水を一気に地下に流すのではなく、一部はそのまま南へ逃がしてやることで、雨水などによって大量の水が流れ込んでも耐えられる排水システムをつくっているのである。さらに、もしかすると浴場からの排水、とくに「中央広場浴場」からの余剰水を利用して、ポンペイの北部から流れてくる汚物を、平坦部分にうまく滞留・堆積させ掃除するシステムをつくっていたのかもしれない。平坦部で流速が遅くなれば、浮遊物は当然にそこで滞留することになり、そこで回収すれば効果的である。交通、排水の結節点として、まさにホルコニウス交差点はポンペイのヘソといってもよいだろう。

余剰水による街の清掃

こうして考えてみると公共浴場からの排水だけでなく、ポンペイに点在する公共噴水も飲料水の供給という機能の他に余剰水によって街路面を掃除するという機能があったのかもしれない。ポンペイに限らず古代ローマの水道は開放式であり常時水が流れている。とくに夜間は水を汲みに来る住民もおらず、ほとんどの水は余剰水として街路に放流されることになる。エッシェバッハという著名なポンペイ研究者は、公共噴水の分布図を作って、ポンペイのどこからでも五〇メートルくらいの距離で公共噴水にたどり着けると分析したが（図3‐10）[10]、公共噴水が半径五〇メートル内の街路を綺麗にしてくれると考えても分布の説明は可能であろう。そもそもポンペイの噴水の湧水口はすべて車道の方を向いている（図3‐11）。もし歩道を歩く人が水を汲み上げるためなら歩道の上に水槽をつくり、歩行者に向かって湧水口をつくった方が圧倒的に便利である。車道に突出しているのは街路に水を流す必要があったからかもしれない。

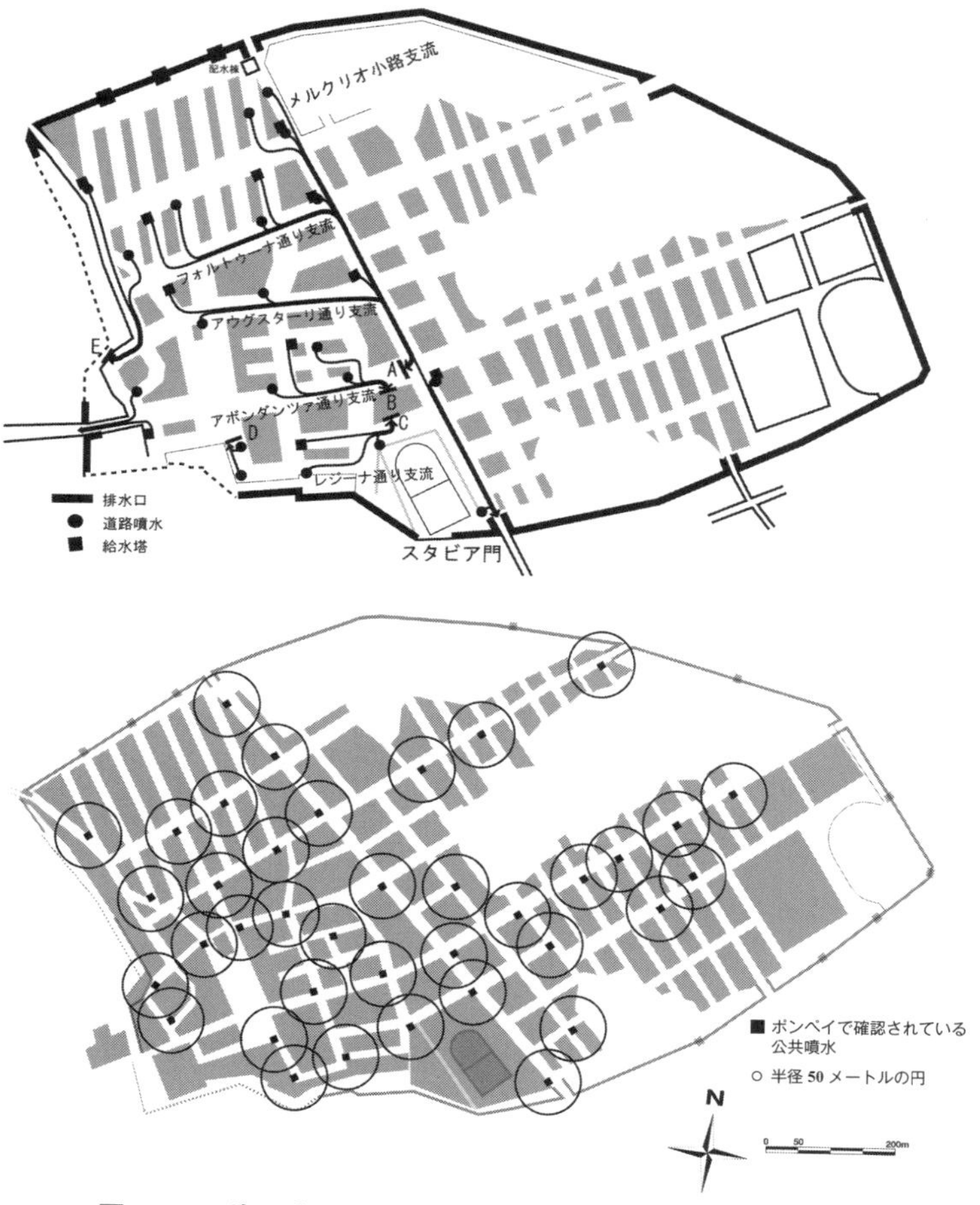

図 3-10　ポンペイ，給水塔から流れる水の経路（上），
公共噴水を中心とした半径 50m の円（下）

図 3-11　ポンペイ，スタビア通り沿いの噴水
（アウグスターリ通りとの交差部付近）

図 3-12　ポンペイ，メルクリオ通り

ポンペイの街路は、公共噴水の余剰水や汚物が流れる街路面と歩道が組み合わされたものであり、リチャードソン・Jrも結論づけるように、歩行者が街路を渡るときに車道面に下りなくてもよいようステッピング・ストーンを置くのである。ほとんどすべての交差部に配されたステッピング・ストーンは「横断歩道」というよりは「歩道橋」に近い存在であり、濡れずに汚れずにそして安全に排水路を横断するための装置なのである。逆に、ステッピング・ストーンがない理由を考えてみてもよい。ポンペイにおいて比較的裕福な住宅は北西部に多いが、この区画にはステッピング・ストーンがほとんど見当たらなく（図3-12）、また部分的ではあるが下水道も整備されている（図3-3）。これは高級住宅街らしく街路が比較的清潔だったのかもしれない。あるいは清潔度だけでなく匂いも考えると、街路排水の上流にあたるのでよそから汚水が流れてくることも少なかったであろう。

下水道としての街路のイメージ

先に取り上げたヘルクラネウムの警告文のような街路事情は、ポンペイでも同様であったと考えてよいだろう。ポンペイの街路も想像以上に汚れた場所であり、それは交通事情に影響した。古代都市の交通システムを研究しているA・カイザーは以下のように表現している。古代ローマ都市の状況は似たり寄ったりだったかもしれない。

「ほとんどの都市には、定期的な汚物回収のシステムはなく、ほとんどの住宅にはトイレもなかった（それでも他の遺跡と比べポンペイは住宅に多くのトイレが見つかる方である）。人々はスペースがあれば

図 3-13　ヘルクラネウムの街角（小デクマヌスとカルド IV の交差部）

穴を掘って小便を溜めたり、スペースがなければ街路がその投棄場所となった[11]。」

しかし、ステッピング・ストーンはポンペイでは目立つが、再度、ヘルクラネウムの街を観察してみると（図3-13）、ポンペイと同じく歩道はあるものの、ステッピング・ストーンはそれほど一般的ではない。つまり、ヘルクラネウムの人々はときには車道に下りて横断していたことになり、ポンペイほど、つまり歩くのもはばかられるほど車道面は汚れていなかったと想像できる。じつはヘルクラネウムの街路の下には暗渠が埋設されており（図3-14）、汚水は車道面ではなく暗渠を流れていたので、警告文はあるものの、ポンペイのように歩道橋のようなステッピング・ストーンは必要なかったのかもしれない。ポンペイの方が状況はひどかったとも考えられる。

では、なぜヘルクラネウムの人々は車道の上を歩かずに、わざわざ歩道をつくったのであろうか？　やはり「車歩分離」以外に大きな理由はないように思える。ポンペイのように街路が排水路として使われるのはあくまでも特別な事情、あるいは副次的な機能で、もちろん街路の主な機能は交通、物流であるの

図 **3-14**　ヘルクラネウム，車道下の暗渠（カルド **III** 沿い）

図 **3-15**　ポンペイ，フォルトゥーナ通り沿いの轍

はいうまでもない。ポンペイに残る深い轍が、活発な荷車の通行を伝えている（口絵4、図3－15）。街路が基本的には交通のために存在することを思い出せば、やはり現在と同じく交通事故を避けるためには歩道は不可欠なのである。表現を変えれば、歩道をつくらなければならないほど、ポンペイやヘルクラネウムの車道は歩行者にとって危険な場所であった可能性が高いのである。

ポンペイの街路の車道が下水道の役割も果たしていたとすれば、街のイメージが大きく変わってしまったかもしれないが、やはり街路の第一の機能は交通と物流であり、第四章ではそれらの視点からポンペイを観察していくが、その前に街路が与えるもう一つのイメージについて、トピック1において記しておきたい。

（1）以下の街路排水に関する部分は、堀賀貴「ポンペイにおける道路排水計画に関する考察（1）ポンペイ・都市機能研究I」『日本建築学会計画系論文集』第七四巻第六四二号、二〇〇九年八月、一八九五－一九〇四頁、および、堀賀貴「ポンペイにおける道路排水計画に関する考察（2）ポンペイ・都市機能研究II」『日本建築学会計画系論文集』第七七巻第六七一号、二〇一二年一月、一六五一－一七二頁を加筆、修正したものである。

（2）L. Richardson, Jr., *Pompeii an Architectural History*, Baltimore/London, 1988, pp. 59–60.

（3）多くの住宅で街路に排水口をもつ例が見つかるが、近年の報告書としてはF. Sear Cisterns, "Drainage and Lavatories in Pompeian Houses, Casa del Granduca（VII.4.56）", *Papers of the British School at Rome* 72, 2004, pp. 125–166.

（4）A. Kaiser, *Roman Urban Street Networks*, New York/London, 2011, pp. 21–22.

（5）J. Hartnett, *The Roman Street: Urban Life and Society in Pompeii, Herculaneum, and Rome*, Cambridge, 2017, pp. 69–74. あるいは、G. C. M. Jansen, A. O. Koloski-Ostrow, E. M. Moormann, eds., *Roman Toilets: Their Archaeology and Cultural History*, Leuven, 2011, pp. 71–94.

（6）ポンペイにおける下水道（暗渠）については、全貌が明らかになってはいない。Richardson, Jr., *op. cit.*, pp. 51–63 をはじめとして、H. Eschebach, L. Eschebach, E. Eschebach, J. Müller-Trollius, *Pompeji, vom 7. Jahrhundert v. Chr. bis 79 n. Chr.*, Köln, 1995, pp. 141–147 や、G. C. M. Jansen, *Water in de Romeinse Stad: Pompeji - Herculaneum - Ostia*, Leuven, 2002 がある。これらの成果をうまくまとめて問題点も指摘した論文に、E. E. Poehler, "The Drainage System at Pompeii: Mechanisms, Operation and Design", *Journal of Roman Archaeology* 25, 2012, pp. 95–120 がある。

（7）R. MacQuorn, revised by W. J. Millar, *A Manual of Civil Engineering*, London, 1907, p. 729.

（8）もちろん、ポンペイでは蛇口も多く発見されており、住宅に引き込まれた水道の多くには栓が付いていた可能性はある。ただし、どこかで水を逃がしてやらないと、配水棟のプールはあふれてしまうので、必ず一定量の水はどこかに排水されていなければならない。

（9）レーザー実測の結果は、Y. Hori, "Pompeian Town Walls and Opus Quadratum", in H. Etani, ed., *Pompeii Report of the Excavation at Porta CAPUA 1993–2005*, Kyoto, 2010, pp. 277–309 として一部を公表した。また、レーザー実測データは、Y. Hori, *Report on the Investigation of Pompeian City Walls in 2006 and 2007* として二〇〇七年にポンペイ遺跡監督局に報告した。データの信頼性について、レーザー測量と並行してトータルステーションによるトラバース測量を行った。また、ポンペイに設置された三〇箇所以上のＧＰＳ基準点のうち一二箇所と座標の比較を行ったところ、相違（誤差ではない）は高度においてもっとも大きく、最大で一・一パーセント（二メートル／一八〇メートル、二点間の距離における相違量の割合、於遺跡の東部）である。したがって、東部では街路流水方向に関する分析には問題が残る。しかし、本章であつかうスタビア通り以西では、トラバース測量を街区単位で行い、水平方向の相違も含めてすべてＧＰＳとの相違を〇・〇五パーセント以下に抑えることができた。以上、街路流水について十分に考察可能な測量精度と判断できる。また、本章の街路排水の部分については、Y. Hori, "Drainage System of the Rainwater and the Excess Water Discharged on the Streets of Pompeii", in M. Zuchowska, ed., *The Archaeology of Water Supply*（*BAR International Series* 2414）, Oxford, 2012, pp. 1–10 として出版している。

（10）H. Eschebach, L. Eschebach, *Pompeji*, Köln, 1995, p.139.

（11）Keiser, *op. cit.*, pp. 21–22. ただし、ポンペイの個人住宅には広くトイレが普及しており、脆い火成岩の地盤は、浸透式のトイレに適しており、下水道は不要であったという考察もある。G. C. M. Jansen, A. O. Koloski-Ostrow, E. M. Moormann, eds., *op. cit.*, pp. 76–77. 人間による排泄物の処理については完全に同意するものの、家畜（輓獣、駄獣）の糞尿や生活排水については、個人用や公共のトイレでは処理されていないことも事実である。なお、本書では、よくポンペイで描かれる縮絨業者がし尿を集めて利用したという説について、し尿を集めるためとされる容器の分布や用途そのものが疑われることから、これをほぼ否定している。*Ibid.*, pp. 151–153. 縮絨業者の家内や周辺に限定してし尿を集めるだけで十分だったようである。むしろ、糞尿は歩道下につくられた肥だめから肥料用に収集されたと考えた方が合理的である。ポンペイ、ヘルクラネウムのトイレ事情については以下を参照。A. O. Koloski-Ostrow, *The Archaeology of Sanitation in Roman Italy: Toilets, Sewers, and Water Systems* (*Studies in the History of Greece and Rome*), Chapel Hill, 2015, pp. 5–11.

トピック１　ポンペイ都市景観の不都合な真実

街並みの多様性

本書冒頭のマンフォードのように、ポンペイの中に近代都市の問題点を見いだす境地にまでは達しないとしても、訪問者はどうしても自らの社会、コミュニティを古代に投影してしまう。それは遺跡訪問の大きな魅力ではあろう。一八世紀末という時代の中で、人々の眼前に華々しく登場した古代ローマ遺跡のリアリティが二〇世紀のマンフォードの時代にも、社会の「近代化」というううねりの中で位置づけられていたのは間違いない。第二章で解説した地形を活かした景観も都市の「近代化」の中で、少しずつ忘れられていった都市の魅力といえる。これを近代化の問題点ととらえるか、あるいは過去への憧憬と受け止めるのかも訪問者次第である。リアルな遺跡に訪問者が背景にもつ文化や歴史が投影されることは当然であり、それが歴史への興味のはじまりともなる。それを都市への情景と表現してもよいだろう。次のテーマに移る前に、あえて情景としての味わいも写真と共に記してみたい。

図T1-1　ポンペイ，アウグスターリ通りの街並み

日本語には「街並み」や「街角」という言葉があるが、英訳するのは難しく、日本独特の情感のこもった表現かもしれない。「街並み」には「スカイライン」、つまり建物が空に描く影絵のようなニュアンスも含まれる。「街並み」を建物が並ぶ様子とすれば、「街角」はやや街路よりの言葉といえるだろう。「街角」をタウンスケープ（townscape）とすると、やや都会的すぎるし、タウン・コーナーと直訳すると具体的な角地になってしまう。単にストリートとするか、あるいはストリート・シーン（street scene）と意訳するのがよい。あえてこれらの英語に訳しにくい日本独特の表現を使うと、ポンペイでは「街並み」や「街角」の表情が実に豊かである。

「街並み」にフォーカスしてみると、アウグスターリ通り（図T1-1）やフォルトゥーナ通り（図T1-2）には、間口の広い店舗が並び、交差する街路も等間隔で活気が感じられ、いかにも中心街区といった雰囲気である。じつは、この通りに交わる街路の中で直角に交差しているものはないのであるが、どうしても規則性が目についてしまう。アボンダンツァ通りのホルコニウス交差点から西側の「中央広場」までの部分（図T1-3）

図T1-2　ポンペイ，フォルトゥーナ通りの街並み

図T1-3　ポンペイ，アボンダンツァ通り東側の「中央広場」につながる部分

図T1-4　ポンペイ，フォルトゥーナ・アウグスタ神殿
（街路右手の基壇上の建物）

も、同様に両側に商店が並び、スタビア通りに近づくとラッパ状に街路が広くなり、大通り、すなわちアベニューのような印象にとりこになってしまうが、すでに記したように、実際にはホルコニウス交差点では段差のため荷車は通行不可で、「中央広場」からも進入禁止、街路というより、荷車に対しては閉じた広場に近い。対照的なのはメルクリオ通りで、一直線に第XI塔へと延びる、歩道付きの街路には、やや閉鎖的な石積み、あるいは石積みに見せかけた威容を誇る邸宅が並び、高級住宅街の様相を呈している（図3-12）。この三〇〇メートル近い街路には、ステッピング・ストーンも一箇所だけで（図3-12）、これまでの考察が正しければ、荷車の通行も少なく、汚水が北から流れてくる心配がないので、汚れずに横断できたからと考えることもできる。メルクリオ通りの南端、かつて「カリグラ門」とも呼ばれ、現在は単に「メルクリオ通りの記念門」とされるアーチ門の南側に建つ「フォルトゥーナ・アウグスタ神殿」は、テルメ通りとフォルトゥーナ通りがクランク状につながる

図T1-5　ポンペイ，コンソラーレ通り（それぞれ南から北を眺めたもの，中と下は違う交差部であるがそっくりである），ファルマシスタ小路とメルクリオ小路間（上），ナルキソ小路との交差部（中），モデスト小路との交差部（下）

角地に西に向かって建ち、エルコラーノ門から入市した訪問者を迎える最初の記念建造物となる。このクランクが「フォルトゥーナ・アウグスタ神殿」の存在を際立たせており、むしろ不規則性が視覚的な効果を産み出している（図T1-4）。ポンペイの北側ではコンソラーレ通りが異色の存在であり、物流の動脈であることは間違いないが、南から上っていくと、辻々（ここでは辻という表現が似合う）に噴水が正対して置かれ、背後のウェスウィウス山とあわせて、奥行きのある連続的な風景が形成されている（図T1-5）。街並みに多様性を与えているのは、カーブそして地形である。緩やかに上り（下り）ながらカーブする街路はポンペイの街並みに欠かせない要素である。

街角の表情

「街角」に目を移すと、とくに豊かな表情を見せるのは、アボンダンツァ通りのホルコニウス交差点以東である（図T1-6）。この街路は「中央広場」と東端の「円形闘技場」をつなぐ大通りで、街路の北側はほとんどが未発掘地区であるが、南側にはホルコニウス交差点付近の西の二つの街区を除いて、ほぼ完璧に等間隔で街路が接続し（地図4・5）、よく見るとそれらに対応して北側にも交差する街路の入口があり、いわゆる四ツ角の交差部が連続している（ように見える）。しかし、実際に街角を歩いてみると、南側で交差する街路の入口の多くでは、歩道が連続していることが多く、荷車が進入できないことは確実で、街路というよりは路地である（口絵5）。入口には、まるで門のように垂れ壁が渡されていることもあり（図T1-7）、まさにアボンダンツァ通りに口を開けている印象である。また、南に向かって凸状に盛り上がっていることが多く（図T1-8）、これはアボンダンツァ通りを流れる雨水や汚水が南側に流れ

図T1-6　ポンペイ，アボンダンツァ通りの
ホルコニウス交差点から東の部分

図T1-7　ポンペイ，アボンダンツァ通りとテスモ小路の
交差部を南側から眺める

図T1-8　ポンペイ，アボンダンツァ通りから「大パレストラ」につながる街路

込むのを防ぐ一種の堰ではないかと思われるが、表面の舗装さえない路地も多い（図T1-9）。西方の街路は、街路というより街道であり、とくに南側の区画は、開口をもたない長い塀が続き（図T1-10）、その敷地内に果樹園をもつ住宅も多く、都市内、あるいは城壁内の田園地帯といってもよいだろう。もはや街角ではなく、田舎の辻である。都会的な賑わいから田園的な佇まいまで一気に変化する様子は、計画された都市というよりは、区画整理された郊外に見える。ただ、その一角にはペディメントを構える華麗な住宅もあり（「ユリア・フェリクスの家」図T1-11）、田舎で出会う瀟洒な邸宅といった感である。

日本人がポンペイを訪れるとき、二段の列柱廊に囲まれた「中央広場」やグリッド状に配された直線街路、さらに横断歩道と説明されるステッピング・ストーンの魅力もさることながら、もしかすると、上記の街並みや街角に魅了される人も多いかもしれない。あえていえば、街並みや街角といった情景に親近感をもつ人なら古代ローマ人に近い、あるいは近代から遠い感覚で街を見ることができるかもしれない。例え

図T1-9　ポンペイ，カストリチオ通りに交差する南北の無名の街路

図T1-10　ポンペイ，カストリチオ通りと「大パレストラ」から
アボンダンツァ通りにつながる街路の交差部

図T1-11　ポンペイ，「ユリア・フェリクスの家」の正面

ば日本ではよく見かける「道祖神」的な守護神（霊）である。ポンペイやオスティアには、建物正面に、街路に面してはりつけられた陶板、あるいは飾板を見かけることがある（図T1-12）。例えば二人で荷物を担ぐ姿が描かれたり（口絵10）、次のトピック2で登場するように職人の道具類が描かれたりもする。これらは、看板であるとか、訪問者に対する掲示板とか、様々な見方があるが、道祖神、すなわち守護神（霊）と見なすことも可能である。それは、日本人にはしっくりする感覚でもある。少し外れた例かもしれないが、ポンペイのソプラスタンティ通りには、保護石に転用された砲丸がある（口絵6、保護石とは荷車の車輪から縁石を守るために置かれる石。第四章を参照）。おそらく同盟市戦争時に打ち込まれた砲丸で、ヴェスヴィオ門やエルコラーノ門脇の城壁には、着丸の痛々しい傷跡が残る（図T1-13）。筆者はどうしても不要となった砲丸の単なる転用・再利用というだけでなく、砲丸を保護石として使うことに何らかの御利益を感じてしまうのだが、やはりその感覚は欧米の研究者には伝わりにくい。もちろん、ポンペイの「I.11.1のカウポーナ（カウンター式のレストランの意味）」の間口の上の飾り

図**T1-12**　ポンペイ，街角の飾板
（アボンダンツァ通りとテアトリ通りの交差部，東南角）

図**T1-13**　ポンペイ，ヴェスヴィオ門西脇の城壁に残る砲丸痕

（あるいは小祠）のように日本の神棚にも似た祭壇もある（口絵7）。また、オスティアも含めてラリウムという小祠も多くあり、様々な神が祀られていたり、デクマヌス・マキシムス沿いの泉（口絵8）やちょっとした半円形の腰掛けなどもあり神様はそこらじゅうに祀られていたのだが、道ばたの石ころに神性あるいは御利益を見る感覚とはちょっと違う。健康や家内安全、商売繁盛を願う感覚は、もっともシンプルな都市民の祈りなのではないだろうか。これも一種の都市管理というとコジツケではないかともいわれそうであるが、以下では、近代以降に支配的となった様々な都市の計画性から少し離れて都市の構造を理解するために、ポンペイではなくオスティアの話題ではあるけれども、都市の守護神についてのトピックを通して古代ローマの都市を再読してみたい。

トピック2　古代ローマの祈り　神々が護る都市

ジャネット・ディレーン

古代ローマ世界には、生命と生活の安全を保証する手段として神々と交渉した証拠があちこちに存在する。一つの統一国家としてのローマあるいは都市の集合体としてのローマの公式な祭儀や信仰は、コミュニティ全体を守るためにデザインされたものであるが、個々の人々には、それぞれ自らの神様にご加護を求める関わり方もあった。もちろん、これらはポンペイにも見られ、小像や壁がん〔壁の凹部〕、祭壇あるいは守護神を描いた壁画を供えた小祠〔ララリア lararia：ララリウム lararium の複数形〕[1]がたくさん残されている。[2]それらは相当な数で都市のすべての地区にわたって広がっている。ほとんどは建物の中、住宅よりも工房を含めて商業用の建物で見つかるが、もしかするとこの結果は発掘地区の偏りによるのかもしれない。というのは多くの発掘が街路沿いに進められて、街路の奥にある建物まで進められていないために、結果としてドムス〔domus 独立住宅〕よりもタベルナエ〔tabernae：タベルナ taberna の複数形、店舗や工房、食堂、居酒屋など、街路に対して広い間口をもつ建物〕に発掘情報が偏っている。オスティアの場合、壁画では損傷があったり、資料の根拠にやや不安が残る、というのは都市が徐々に衰退したことや壁画資料自体が十分に残っていないことが影響している。[3] 資料のほとんどがすでにJ・T・バッカーによって記録され分析されている。[4] 彼は建物内に残る資料を中心に収集し、とくに壁がんに残された装飾や陽刻の記録を綿密に収集している。こういったものはポンペイでは壁がんを家庭内の祭壇として特定する場合の有力な証拠になるが、オスティアではすでに長い時間をかけて失われてしまった。[5]

どのような考古学的な証拠であろうともいろいろな解釈の余地を残さなければならない。ここであつかう街路面に残された証拠も同じである。ポンペイでは神々やその他の宗教的な行為は、おもに絵画資料から組み立てられている。例えば多数に上る勃起した男根（ファルス）のレリーフが厄除けであることはR・リングによって示されている。[6] 絵画資料が欠如しているオスティアでは、テラコッタ〔素焼きの陶板〕や大理石のレリーフの飾板がたくさん見つかるため、そのうちのいくつかを、図像からポンペイの厄除けのレリーフと同じようにとらえることは可能である。T・フレーリッヒはこれらの描写がタリスマ（talisma）であり、単なる「幸運のお守り」とは信仰上の位置づけが異なるとした。[7] つまり、筆者の理解では、神にご加護を求めるという行為を考えるとき、都市の人々のほとんどは日々変わらない生活を大切に思っているという点を忘れてはならないのである。ポンペイでもオスティアでもそうした表現のいくつかは「店舗の看板」としてとらえられてきた。その場所で営まれている商売の中身を装飾として示した広告のことである。しかし、最近の研究では「魔除け」と「広告」という二つの解釈がお互いに相容れないというよりは、むしろ相互に補強する解釈といわれている。[8]

このトピックの目的は、オスティアにおけるこうした解釈の変化を詳しく考察してみることである。さらに、それらを建物あるいは街路、さらには都市構造との直接的な関係において読み解くことである。そして、こうした飾板が誰の責任の下に置かれたのか、それを眺めていたのは誰なのか、そして最終的には、このティベリス川に面する大商業都市に関わった多種多様な人々がどうとらえ、どう感じたのかを明らかにしていきたい。

証拠

最近、別の研究のため、遺跡とオスティア遺跡公園のアーカイブにおいて、ここであつかうあらゆるタイプの現存する飾板に関する証拠のすべてを集めることができた[9]（図T2-1および表T2-1、以下の番号はこれらの図表による）。そこで実物とフレームだけが残されたもの二六例を確認し、これらが一五の異なる建物に関連することも確認できた。これらには出所のわからない大理石またはテラコッタ製の四枚のレリーフも含まれる。もちろん、都市内で見つかったことは間違いなく、おそらく街路のどこかから発見されたはずである。すべての飾板は頭上より高く据えられるが、眺めるには十分に低い位置、おおよそ二〜三メートルくらいの高さにある。視認性が重要なのは明らかで、証拠は限られているが、おそらくテラコッタの飾板は彩色され、認識しやすい状態だったと思われる。ただし、彩色のかわりに目立つ素材を使っているものもある。レンガであれば赤から黄色までの色味の違いや、暗い黒赤色のスコリア（多孔質溶岩）などである。二、三の建物では一つだけでなく複数の飾板が残っている場合もあり、まぐさ（リンテル）までの高さが残る建物正面がとても少ないことを考え合わせると、かなり普通に存在していたように思える。「タベルナ」の広い間口の間の幕壁、あるいは出入口の真上にあるのが一般的であるが（図T2-2）、二、三の例はポルティコの何もない壁に飾られている。その内容は多岐にわたる。一方で、一

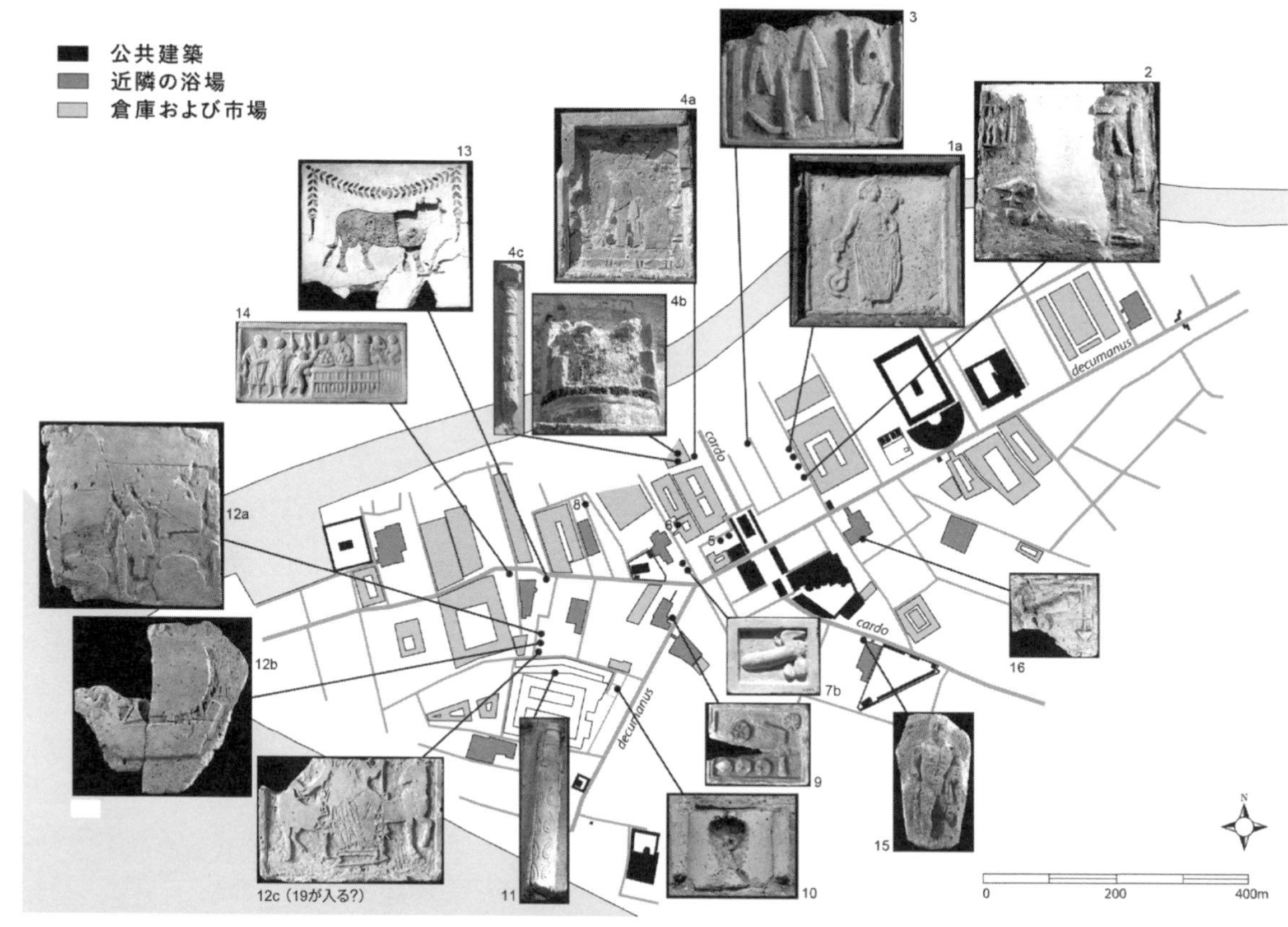

図T2-1　オスティアの飾板

表T2-1　オスティアの飾り板

分類番号	番地[1)]	所　在	主　題	大きさ(m)[2)](高さ×幅)	材　質	年代(すべて紀元後)
1a	I.III.1	モリーニ通りに面する遺構正面	コルヌコピアイ（豊饒の角）と蛇をともなうゲニウス(守護神)	0.445 ×0.41	テラコッタ	127 年頃
1b	I.III.1	モリーニ通りに面する遺構正面	枠のみ	約 0.47 ×0.42*	不明	127 年頃
1c	I.III.1	モリーニ通りに面する遺構正面	枠のみ	約 0.47 ×0.42*	不明	127 年頃
1d	I.III.1	ディアナ通りに面する遺構正面	枠のみ	約 0.47 ×0.42*	不明	127 年頃
2	I.III.1	モリーニ通りに面する遺構のファサードの向かい側の角付柱	建設者または大工の道具類	0.58 ×0.60*	テラコッタ	セウェルス帝期？
3	I.IV.1	バルコーニ通りに面する遺構正面	建設者または大工の道具類	>0.45 ×0.60	テラコッタ	127年頃？
4a	I.VII.1	フォルトゥーナ通りに面するポルティコの角付柱	コルヌコピアイ（豊饒の角）と舵をともなうフォルトゥーナ	約 0.44 × 0.37*	テラコッタ,スコリア(多孔質溶岩)	118 年頃
4b	I.VII.1	出入口上方の三角破風にはめ込まれたレリーフの一部	モディウス（円筒形の頭飾り）	未計測	テラコッタ,スコリア(多孔質溶岩)	118 年頃
4c	I.VII.1	出入口に架かるアーチの要石の一部	ヘラクレスのこん棒	約 0.55 × 0.04	テラコッタ	118 年頃
5a	I.IX.1	階段室西側の遺構正面	枠のみ	0.608 × 0.52*	不明	118 年頃
5b	I.IX.1	玄関東側の遺構正面	枠のみ	0.61 × 0.55*	不明	118 年頃
6	I.VIII.3	I.VIII.3 と I.VIII.4 の間の路地外壁	平滑面のみ	約 0.42 × 0.57	大理石，かつては何かが描かれていた？	138 年頃

分類番号	番地[1]	所在	主題	大きさ(m)[2](高さ×幅)	材質	年代(すべて紀元後)
7a	I.XIV.2	エパガシアーナ通りのポルティコから破片として出土	翼のあるファルス(男根)	0.24 × 0.295	大理石	アントニヌス・ピウス帝後期
7b	I.XIV.2	エパガシアーナ通りのポルティコから破片として出土	翼のあるファルス(男根)	0.21 × 0.23	大理石	アントニヌス・ピウス帝後期
8	I.XVI.2	開口部遺構を縁取る角柱うちの2番目の内面	枠のみ	0.22 × 0.44	不明	2世紀後半?
9	III.I.2	デクマヌス･マキシムスに面するタベルナの脇口を埋めるための再利用	園芸, 果実あるいは蔓植物用の小鎌	0.27 × 0.35	テラコッタ	2世紀後半?
10	III.V.1	III.IV.1 に面する側道の正面壁	頭形のみ	0.23 × 0.23*	テラコッタ, はめ込まれていた図像部分は不明	116年頃
11	III.IX.9–10	出入口に架かるアーチの要石の一部	ヘラクレスのこん棒	約0.55 × 0.05	テラコッタ	125年頃
12a	III.XIV.4	アンニオ通りに面する遺構の正面壁	ドリアとカウンターの間に男性像を描いた室内	0.60 × 0.60	テラコッタ	126年頃
12b	III.XIV.4	アンニオ通りに面する遺構の正面壁	ドリアを積んだ船	0.60 × 0.60	テラコッタ	126年頃
12c	III.XIV.4	アンニオ通りに面する遺構の正面壁	枠のみ	0.61 × 0.60*		126年頃
13	III.XVI.6	フォーチェ通りに面するポルティコの正面壁	アピス神または花綵の下の雄牛	0.49 × 0.60	テラコッタ, スコリア(多孔質溶岩)	127年頃
14	III.XVII.5	タベルナの発掘から出土	野菜や鳥肉の売り台	0.21 × 0.54	大理石	2世紀後半?
15	IV.II.2	ラウレンティーナ通りに面するポルティコの発掘から破片として出土	ヘラクレス	0.41 × 0.25	凝灰岩	1世紀?

分類番号	番地[1)]	所　在	主　題	大きさ(m)[2)](高さ×幅)	材　質	年代(すべて紀元後)
16	V.V.2	うらやましがり屋通りに面する外壁	二股？の男根（ファルス）と下げ振り	0.265 × 0.275	テラコッタ	1世紀中頃？
17	I.III. 3–4?	「ディアナの家」で発掘された絵模様の残る漆喰や上塗り漆喰の廃棄物層からばらばらの状態で発見	何らかの儀式	約0.6 × 0.6	テラコッタ	2世紀頃
18	カルド・マキシムス	不明	6つ？のランプのレリーフ	>0.34 × 0.46	大理石	フラウィウス朝時代
19	不明(III. XIV. 4?)	不明	エポナ神	>0.37 × 0.57	テラコッタ	120年代？
20	不明	不明	四足の動物（馬？）	>0.15 ×>0.16	テラコッタ	？
21	デクマヌス・マキシムス II. III–IV.1	不明	農作業風景	0.265 × 0.24	大理石	？3世紀

1）本表は，区域，街区，建物の順に番号を付して番地を示すという表記に従っているが，その由来ははっきりしない。以下を参照。J. DeLaine, “Street Plaques（and Other Signs）at Ostia”, in C. M. Draycott, R. Raj, K. Welch, W. Wootton eds., *Visual Histories: Essays in Honour of R. R. R. Smith*, Turnhout, 2018, pp. 331–343 の Table 27.1 に付した注。

2）大きさは枠の内側の寸法。＊を付したものは堀賀貴から提供されたもの。他はオスティア遺跡公園の出土品目録に残るもの。

モリーニ通り沿いの飾板

見すると他の例は単なる仕事の様子のようである（12aと12bおよび14）。その他は道具や商品に関わる仕事の光景である（2、3、4b、9および18）。大半は護符や信仰心の表れとしてよく見かける図だが、六枚が神々の図像（1a、4a、4c、11、13、15）、あるいはその象徴（19）、また一枚は儀式の光景（17）、そして三枚のファルスレリーフである（7aと7b、そして16）。

飾板に表現されている神々はフォルトゥーナ、ゲニウス〔守護霊〕、そしてアピス神〔古代エジプトのメンフィスで信仰された聖なる牛〕に加えてエポナ神が出所のわからない飾板に描かれている（あとで参照する）。最初の二つは守護神の役割としては似つかわしいものであり、1aのゲニウスもコルヌコピアイ〔豊穣の角〕を携えているためフォルトゥーナと関連づけられ、さらにもう一つの手にはパテラ〔献酒用の皿〕があり一匹の蛇が餌を求めて巻きついている。他の神々と同じように、アピス神にも守護の役割が求められていたとしてもおかしくない。また、ヘラクレスの図像が三つの異なる建物に登場しており、すべてアーチの要石（キーストーン）に描かれている。そのうちの一つではひげのない若い男性として全身が描かれており、「ファロ（灯台）の浴場」の近くカルドの南端で見つかったといわれている（15）。ポルティコの柱の修築にともなって、それらの一つに付けられていた。他のすべての飾板と違って、材質も火山性凝灰岩で様式的な見地から見ても周辺のインスラより早い時期の製作

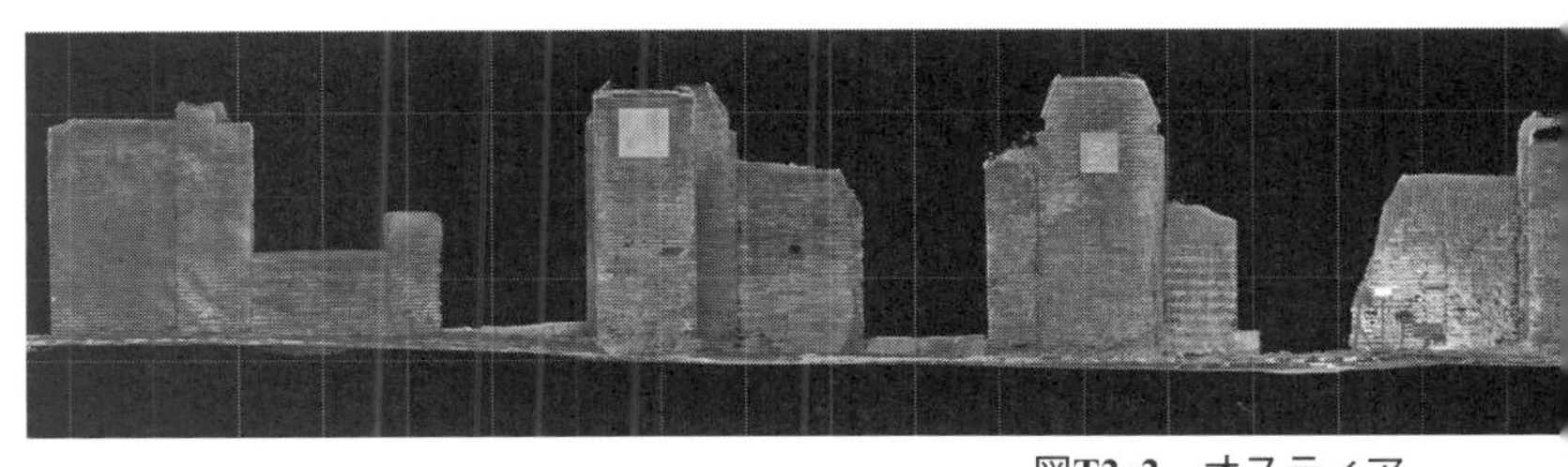

図T2-2　オスティア，

といえる。つまり、もともとはラウレンティーナ門の要石で、門を飾る象徴であったと考えるのは不可能ではない。ただし、それにしてはやや小さいことから、メインのアーチではなく脇のアーチを飾っていたのではないかと思われる。ヘラクレスに関わる他の二例では、アーチの中央のレンガにヘラクレスのこん棒だけが登場している（4cと11）。ヘラクレスは神々の中でもっとも好まれる図像の一つである。オスティアの街でも主役となる神様の一人で、あらゆる種類の災厄を除く力があるとして知られていて、商売人には人気の神様となっていた。

他に飾板に描かれた神と出所がわかりそうな例が二つがある。「絵のあるヴォールト天井の共同住宅」の正面の飾板である（10）。そこでは、粗く削り取られた跡からかつてはレリーフの頭部があり、神々の誰かが描かれていたようである。もう一つは花々や果実、そして三日月状の小鎌が描かれているように見えるちょっと変わったレリーフである（9）。M・F・スカルシャピノによれば、その三日月形の小鎌は田舎の森の守護神シルウァヌスへの奉納品として解釈できる。[10] オスティアでは他にも見られる神様である。これは現在では失われてしまったシルウァヌスのテラコッタ・レリーフも含まれる。皇帝のパラッツォ（都市住宅、あるいは大邸宅）と呼ばれる住宅の第一中庭、報告書では「ララリウム」とすぐ傍らに噴水があったと説明されている場所で見つかっている。[11]

ある飾板は神様というよりは田園を表現している。それはばらばらになっているが、生け贄の儀式の光景である（17）。そこでは、一人の男性と思われるトーガを着た人物がパテラを祭壇に向かって捧げている。若者を従えているが、おそらく短いチュニック〔二枚の布を縫い合わせた膝くらいまでの古代ギリシア・ローマの着衣〕を着ていることから奴隷と思われる。この他に例のないレリーフは「ディアナの家」の周辺のどこからか見つかっているが、あまりにもばらばらに出土してるため、それ以上場所を特定することはできない。スカルシャピノはこれと関連する例が「ディアナの家」の内部にあるとするが[12]、中央の中庭という以上は場所を特定できない。また、この建物では他に正面を含めて何らかのパネルが見つかった記録はない。もしかすると構造体のすぐ側から見つかったのかもしれない。例えば、「ディアナの家」の東側の「I.III.1 のインスラ」の東正面に増設された角付柱、あるいはバルコーニ通りを隔てた「I.IV.1 のインスラ」である。ともにこのサイズの飾板が付けられている。

これらすべてが神々のご加護を請うものだと読める一方で、厄除けの役割も担っていたことは明白で、ほとんどの飾板にはファルスが描かれている。ポンペイに比べるとこの種の飾板はオスティアでは断然少ないが、たくさんの類似点をもっている。エパガシアーナ通りの終端にある「I.XIV.2 のポルティコ」から見つかった一対の大理石レリーフ（7aと7b）は翼のあるファルスが表現されている。これは帝政期中頃に共通する描写である。他方、「うらやましがり屋の浴場」の長い外壁に据えられたテラコッタのレリーフには建設業者が使う重り（錘重）付きの糸と物差がある。一般的にこれらは石工がもつ水準器や紡錘糸とのつながりと見なすことができる。もちろん脇のファルスは厄除けとしての機能を共有している。こうした点から、これらオスティアで発見された二つのレリーフ（2と3）は建設業者あるいは大工の道具と見なすことができる。[13] これらはポンペイの街路沿いで見つかった二枚のレリーフと大変似ているからである。ともに道具類の中にファルスが組み込まれている。オスティアで見つかった他の二例には重要な部分に欠落があるが、かつてはファルスが描かれていた可能性はある。石工の水準器あるいは紡錘糸と厄除けのファルスとの間の特別な関係はポンペイとオスティアを通して一貫したものに思える。オスティアのラウレンティーナ通りにあるネクロポリスには、ほとんどすべての図像が揃う飾板が見つかっているが、やはり翼の生えたファルスも描かれている。ただ、まれな例外だが石工の水準器が描かれていない。付け加えると、イゾラ・サクラのオペラ・ナチオナーレ・コンバッテンティ（O・N・C）〔第一次世界大戦の退役軍人を支援するために設立された慈善団体〕の敷地内にあるI号墳墓の正面にレンガ製の石工のハンマー（玄能）がはめ込まれている。したがって、ここではあくまで試みとしてだが、オスティアにおいては石工の道具類を含むレリーフに厄除けの側面があったと判断できると思われる。おそらく建設の専門性とも深く関わっていたのではないだろうか。

実際の事例：アンニオのカセジャート

さて、ここから個別の表現について詳しく見てきたい。このトピックで意図したいくつかの疑問に関してさらに掘り下げていくことになる。これらの実例によってさらに建物との物理的な関係についてより詳しいことがいえるはずである。個々の建物との関係において、飾板において何がどのように表現されているのか、を知る上でもっともふさわしい例が「アンニオのカセジャート」である（図T2-3）。この小規模なインスラはレンガの刻印から後一二七年の建設とわかっており、アウリーギ通りにつながる側道に面

図T2-3　オスティア，「アンニオのカセジャート」に残る飾板

している。そしてその側道はフォーチェ通り、その先のオスティアの河岸港につながっている。北と西に面するこのインスラを含めて、この地区は商業のたいへん盛んな場所で、いくつかの大規模な倉庫群や一～二部屋構成のタベルナエが並ぶ地区である。

「アンニオのカセジャート」の正面にはもともと三枚の飾板があり、ちょうどタベルナエの広い開口部の間の壁の部分である。他の場合と同様、普通であれば「店舗の看板」の例、つまりアンニウスの商売を意味するものと見なされる。一つにはドリア〔ドリウムの複数形〕という大きな容器あるいは輸送用のコンテナと呼べるものを積み込んだ一艘の船が描かれている（12b）。そして、もう一つでは、短いチュニックを着た一人の男が二つのドリアの脇に立っている。そこには第二の人物がテーブルの奥に正面を向いて座っており、商売の様子を描いているように見える（12a）。第三の飾板は失われている（12c）。残された二枚の飾板は、ビペダレス〔あるいはバイペダレス、古代ローマのレンガのサイズ〕、すなわち二フィートの正方形レンガを削って作られている。それはまったくといっていいほど凹凸がなく、細かい部分は彩色で表現されていた。発掘されたときに彩色の痕跡が船の帆先の部分に残っていた。好都合なことに、その船の飾板には刻印が残っており、後一二六年と年代判定できる。したがって、建設と同時に建物の重要な構成要素としてはめ込まれたようである。さらに正面右端にあった三枚目について、現在ははがれて抜けているが、出所のわからないエポナ神を描いた飾板の破片が該当する可能性がある（19）。このめずらしい図案では、女神が一対の馬の間に座っていて、まるで紋章のような形式をもっており、東部ガリアからマケドニアの広い地域に限定して見られるもので、とくに交易と輸送に関わる図案と考えられている。まさに他の二つの飾板に描かれた商売にぴったりの守護神ではないだろうか。

図像付きの飾板の上の方、浅いヴォールトの内面に三枚のもっと小さな板がはめ込まれているが、タブラエ・アンサタエ〔tabulae ansatae、単数は tabula ansata、ドーバーテイル（鳩尾）型の飾りが両端にある銘板〕という古代ローマの銘文ではお馴染みのものである。向かって右手には暗色のパーミス（軽石）がはめ込まれ読みやすくなっている。その銘板は“OMNIA FELICIA ANNI”「アンニウスが関わることすべてに成功がもたらされんことを！」といっている。[14] 加えて、インスラの角には、大事なアウリーギ通りに向かって、街路面からおよそ二・五メートルの高さに壁がんが残っている。おそらく、かつては一柱あるいは複数の神々の小像あるいは壁画があった、つまりララリウムの役割を果たしていたと思われる。とすると、その銘文は飾板に描かれた願いと同じように単純にアンニウス家の家業が繁栄するように願ったものと見なせる。これらを総合すると、これらの装飾要素はインスラの持主の明確な意図、すなわち彼の家業である商売への神様のご加護の祈願、とりわけ女神エポナへの祈りといえるだろう。

建物へのご加護

これらの飾板が何かに対するご加護を意味していることは間違いないが、まだ疑問が残る。彼らはいったい具体的にどのようなものから何を守りたかったのであろうか。まずは、ここから誰が意図してこれらを設置したのかに焦点を絞って解明していきたい。まず簡単に気付くのは、出入口開口部の真上に位置している場合である（4c、10、11、15）。つまり内部から外部へつながる開口である境界線上にある例である。それはローマ人の感覚でいえば、まさに神々によってとくに守ってもらいたい、あるいは守ってくれなくても災厄を防ぐための境界である。これは共和政中期の市門に見られる感覚で、例えばファレリイ・ノウィ（エトルリア）にある前三世紀の市門やアウグストゥス帝時代のサエピヌム（モリセ）のボイアノ門のように、三つすべてにおいてキーストーンにヘラクレスが飾られている点はとても重要である。先のオスティアの三例が飾られているのは、一般的な出入口のまぐさ（リンテル）というよりも、今にも落ちてきそうなくらい広い開口部の上である[15]。

残されている例の中でもっと多いのは、「アンニオのカセジャート」で取り上げたような商業用インスラの開口に挟まれた幕壁に取り付けられた飾板である。もっとも長く連なっている例は「I.III.1のインスラ」（図T2-2）である。ここでは四枚の飾板、あるいは飾板の取り付き跡がオリジナルの正面壁に残っている。そのうち、三つはモリーニ通り、四つ目はディアナ通りに面している（1a〜1d）。モリーニ通り沿いにはさらに二つあった可能性もあるが、後に敷設された付柱によって隠れてしまっている（そのうちの一つには飾板があることがわかっている）。また、別の二つの付注は飾板を隠す高さまで残っていないので確認できる。さらにもう一つ、もしかするとこの並びの延長かもしれないが、バルコーニ通りに面するタベルナの開口脇の壁にある（3）。ただ、この建物の幕壁の多くは飾板があったかどうか判別できる高さまで残っていないのが残念である。他に残っている例のほとんどはタベルナエの広い開口部の脇であるが、「バシリカ風の家」（5aと5b）では、飾板の外れた跡がタベルナではない入口の枠部分にある（内部が何に使われていたかは不明）、そして隣に階段室への扉があり、インスラの上階へとつながっている。また、「絵のあるヴォールト天井の共同住宅」では、タベルナに通ずる開口ではなく上階の集合住宅へつながる開口にあることは、とくに触れておく価値のある特徴である。

このように、飾板について、インスラエの正面壁にある例のすべてを見てみると、すべてとはいえないが、タベルナエという点に加えて街路に面していることも重要なのかもしれない。こうした傾向はむしろ、これらが単なる「店舗の看板」ではなく、護符の機能もあるという見方を補強する。建設当初から建物に組み込まれていたことから、それは建設主の意向が反映されていなくてはならない。とすれば、個別の商売の繁盛だけというよりは、護符がカバーするのは建物全体、そしてすべての借家人も含まれるはずである。こうした解釈は、推定されているオスティアのインスラエの状況にもピッタリ合う。つまり、すべてでないとしてもほとんどが賃貸用として建設されており、間借り人は長かれ短かれ契約にしたがって入れ替わったのではないかとする推定である。どの神様を選ぶかは建物の持主の特権であり、彼または彼女がひいきの神様から特別に守ってもらえるよう建物をつくることができる。そこで営んでいる商売との特別な関係を考えるよりも、オーナーが個人的に大事な神様を選ぶのは、時代にかかわらず自然な成り行きに思える。[16] ほんの少ない数であるが、オスティアにある建物内部には出所のはっきりしている例がある。それらは「ディアナの家」や「ピッコロ・メルカート」の中庭から出土していて、中庭はセミ・パブリック、つまり完全に個人のためというよりは公共との中間的な場所であった。場所の特性を考えればやはり同様の護符であると考えられる。

他に建物の正面性、つまり街路に直接働きかけるような例を見ていこう。いくつかの飾板（4a、7a、7b、13、15）はポルティコの外側正面にある。すべて、ご加護や厄除けの要素が強くなっている。これらのうちの二例（7aと7b）には翼のあるファルスが見られる。そして、これらはともに大理石製で一対を成していることはほぼ間違いなく、エパガシアーナ通りの終端にある「I.XIV.2のインスラ」の全面ポルティコの廃墟の中からいっしょに発見されている。他に神様を描いた二つはフォルトゥーナ通りに面する「小麦量

図T2-4　オスティア，フォルトゥーナ通りに面する「I.VII のカセジャート」の立面と陶板（口絵 9）

り売りたちのカセジャート」前面のポルティコで見つかったフォルトゥーナの例と、フォーチェ通りに面する「III.XVI.6 のインスラ」のポルティコで見つかったアピス神の例がある。

次に、情報は限られているが、何を守ろうとしたのかについて考えてみよう。これらのレリーフは、ありきたりの正面壁にはりついて単純に建物全体を守っているのであろうか、あるいはポルティコにくっついて特別な構造体を守っているのであろうか？　フォルトゥーナ通りは、ポルティコの広い間口と細い幕壁が高い位置まで残っている唯一の例で、あとから一部に組積造の柱を取り付けて補強されている（口絵９、図T2-4）。「ピッコロ・メルカート」の前にあるポルティコの街路側の幕壁は四面すべてに付け柱が取り付いて補強されている。つまり、これらの柱に重大な問題があったことを示している。もしポルティコの崩壊がそうめずらしいことではないとすると、構造を守るために神様の力を借りることはありえる。そもそも増えたポルティコのスペースが内部の作業空間の拡張なのか、あるいは単なる通路なのか、これは持主にとっても微妙な問題である。こうした持主の態度は二枚の飾板の場合に見られる（2と8）。そこでは、飾板の存在がもともとの構造体の正面に取り付けられた柱の表面に確認できる。これらは街路の反対側にもある付柱と対応するため、ここではアーチあるいはヴォールトが街路をまたいで架けられていて、街路上の拡張された上階を支えていたか、あるいは横断アーチとして上部の構造体を支えていたかもしれない。いずれにせよ、これらのアーチの内径はとても大きく、構造体のための特別なお守りが必要だったのかもしれない。あるいはそれ以前に、拡張によって大きな荷重に耐えなければならず、もともとあった壁体の強度を保証する必要性を感じたはずである。

都市構造に見る飾板の分布

ポルティコの外側正面にご加護を願う表現を施すのであれば、これらのイメージは都市構造という文脈として何らかの意味をもちうるのであろうか。リングはそのような街路標識が古代ローマ社会には存在しないこと、そして不案内な来訪者は何らかの目立つランドマークを頼りに行き先を探したと結論づけた。[17]この結論はポルティコや、あるいはポルティコでなくとも建物の正面に施されていた非常に目立つ存在の飾板そのものがランドマークである可能性は否定しない。飾板が噴水や神殿のようにモニュメンタルな存在として存在することはありうる。アピス神あるいは牛の表現（13）は、目抜き通りであるフォーチェ通りに面していて、「セラピデ神殿（セラペウム）」の正面にぶつかって終わるセラピデ通りにも近い位置にある。残念ながら、「III.XVI.6 のインスラ」にもともと付いていた飾板の位置が構造体として不可欠な部分であったのかはもうわからないが、セラペウムと同時期か少し後であること、またアピス神の飾板がこの建設物の一部を構成しているのははっきりしている。道案内が平易であることはオスティアのような大きな港町ではとても重要なのはいうまでもない。オスティアではかなりの高い割合の人々が訪問者か、移動の途中の短期滞在者であったことは間違いない。

現在にも残る範囲内でランドマークとして機能しそうな遺構を探し出すために、H・シュティーガーが近年まで苦労して作り上げたセグメンタル・スペース・シンタックス（分節空間構造）分析を使い、まずは都市空間を分析し建物の立地を比較しておくべきであろう[18]。この方法では、まず街路を線として認識し、そこから目的地まで曲がる回数を最小にした経路を見つけ出す。これは、人々が目的に至る道筋とほぼ一致する。ここでは、分析するにあたって、その経路の集積度合いに注目することにしたい。この度合いは目的へ到達あるいは近づこうと動き回る人間たちを描き出す。具体的にはすべての街路線上から半径四〇〇メートル内の地点への集積度で、この数字はその一帯を歩き回る人々の動きをもっとも反映しており、図に示した通り、赤がもっとも集積する、つまり人々が行き交っている部分であり、濃い青はもっとも少ない部分である（口絵12）。

アピスの神牛を含む二、三枚の飾板は、まさにデクマヌス・マキシムスやフォーチェ通りなど、大通りに沿っている。もっとも集積した部分、つまり都市の中でもっとも便利な街路群に一致する。さらに興味深いのは、その次に集積した経路（オレンジ色）で、モリーニ通り、大ホレア（倉庫）通り・エパガシアーナ通り、それにちょっと外れたアウリーギ通りにつながるアンニオ通りに飾板があることである。アンニオ通りそのものは中程度の集積の黄色や黄緑色であるが、カルド・マキシムス南部も同じ黄緑色なのである。また、カセッテ・レプブリカ通り、ミトラ浴場通り、そして「庭園住宅」に至る路地にも飾板がある。分節構造を見る限り、都市の道路網の中でもっとも通行者が少ない部分には以下のフォルトゥーナ通りから小麦量り売り通りにつながる街路が含まれる。もちろん、これらの街路とティベリス川をつなぐ部分が失われているのは分節空間分析にとって問題で、都市の街路網の中でティベリス川の存在が欠落している点、とくに川の反対側にある都市エリアとつなぐ渡船の可能性が無視されている点は重要で、それらは集積度をさらに高めたに違いない。興味深いことに、フォルトゥーナの飾板は、この街路が交わる角にちょうど都合よく見下ろす位置にあり、まさにランドマークがありそうなロケーションである。しかしながらまったく根拠がない状況ではこれは想像に過ぎない。

総合的にいえば、主要な街路にそった大きなスケールの都市の動態よりも、どこかに向かう歩行者の動きに関わる現象を見なければならない。本トピックの分析では、すべてのレリーフが同じような働きをもっていたとを考えることから離れて、飾板と建物が結びつくことによって何かしら機能していたことだけでも立証はできた。しかしながら、やはり標識あるいは行先案内のような広い意味での意図された計画性を担っていたとは考えにくいところであろう。

まとめ

以上、このトピックでは、すべてではないが、オスティアで確認できるほとんどの街路飾板が、何らかの神々のご加護を祈願したものであったことを示してきた。しかし、それらのうち、いくつかは「店舗の看板」として、あるいは数は限られているが、この巨大でちょっと変わった構造をもつ都市の居住者や訪問者への行先案内としても機能していた。ポンペイにおける正面装飾の大規模な集成から導かれる類推によって、単なる「店舗の看板」として解釈された例と、それがファルスであろうとお気に入りの神々であろうと建物を守るための厄除け祈願であった例には強力な関係性が判明している。そもそも財産として所有する者と生活や生業の場として生活する者がいれば、そこでの祈りは商売繁盛に限ったことではない。オスティアではポンペイに比べて情報を与えてくれるだけの十分に保存状況のよい正面壁体自体が少ないが、肯定的だろうが否定的だろうが、ポンペイからオスティアへの現象の広がりは認められる。つまり、ここで取り上げた証拠からポンペイと共通する潜在的な危機感があったことはうかがえる。そして彼らには災厄を防ぐための加護が必要であったこと、ポンペイと同じく、その願いはオスティアに住まう人々あるいは訪れた人々にも容易にわかるような方法で示されていたのである。

（1）以下、〔　〕は訳者による注である。
（2）この種の資料について、最初に体系的に収集されたのは以下である。G. K. Boyce, "Corpus of the Lararia of Pompeii", *Memoirs of the American Academy in Rome* 14, Rome, 1937. また、その後、以下によって内容が更新されている。M.-O. Laforge, *La religion privée à Pompéi*, Naples, 2009.
（3）一九二〇年代の発掘によって、壁画の痕跡の残る漆喰が正面壁（ファサード）に発見され、当時は十分に視認できたと思われるが、現在、その詳細はまったく残っていない。
（4）〔彼の運営するＨＰを参照。http://www.ostia-antica.org/index.html〕。
（5）J. T. Bakker, *Living and Working with the Gods. Studies of Evidence for Private Religion and its Material Environment in the City of Ostia (100–500 AD)*, Amsterdam, 1994. 本書の出版以降、彼が例示したいくつかは小祠ではないことが判明している（例えば、pp. 66–67 の「チジアリ（馬車屋）の浴場」は揚水機の関連するものだと判明している）。またいくつ

かの建物の用途には疑問が残る（例えば、「ジョーヴェとガニメデの家」はホテルではないことが判明している）。J. DeLaine, "The Insula of the Paintings at Ostia（I.iv.2–4）: Paradigm for a City in Flux", in T. Cornell, K. Lomas, eds., *Urban Society in Roman Italy*, London, 1995, pp. 79–106.

（6） R. Ling, "Street Plaques at Pompeii", in M. Henig, ed., *Architecture and Architectural Sculpture in the Roman Empire*, Oxford, 1990, pp. 51–66.

（7） T. Fröhlich, "Lararien und Fassadenbilder in den Vesuvstädten. Untersuchungen zur "volkstümlichen" Pompejanischen Malerei", *Mitteilungen des Deutschen Archäologischen Instituts, Römische Abteilung; Ergänzungsheft* 32, 1991, p. 48.

（8） 例えば以下では、ポンペイのIX.7.1–2の店舗におけるファサードに残る絵画には宗教的な意味が含まれると断言している。C. R. Potts, "The Art of Piety and Profit at Pompeii. A New Interpretation of the Painted Shop Façade at IX.7.1–2", *Greece and Rome* 56, 2009, pp. 55–70.

（9） J. DeLaine, "Street Plaques（and Other Signs）at Ostia", in C. M. Draycott, R. Raj, K. Welch, W. Wootton, eds., *Visual Histories: Essays in Honour of R. R. R. Smith*, Turnhout, 2018, pp. 331–343.

（10） M. F. Squarciapino, "Ostia. Lastra fittile con intarsio in pomice", *Notizie degli Scavi*, 1956, pp. 59–61.

（11） Bakker, *op. cit.*, p. 228, cat. No. A60.

（12） M. F. Squarciapino, "Piccolo corpus dei mattoni scolpiti ostiensi II", *Bullettino Comunale* 78, 1962, pp. 112–115.

（13） Ling, *op. cit.*, p. 56, numbers B3（from VII.15.2）and B5（from IX.1.5）.

（14） これらの飾板が、異なる年代に属することは記しておかなければならない。それは"OMINIA"と"FELICIA"の文字の形式・形状が"ANNI"と比べてまったく異なるからである。

（15） 広い間口をもつ入口の例は多くあるが、崩壊を防ぐために間口を狭めなければならなかった。例えば、「ジョーヴェとガニメデの家」。以下を参照。DeLaine, *op. cit.*, 1995.

（16） 「アンニオのカセジャート」はむしろ例外に見える。ここでは建物は商売を行っている人物に所有されている。

（17） R. Ling, "A Stranger in Town: Finding the Way in an Ancient City", *Greece and Rome* 37, 1990, pp. 204–214.

（18） H. Stöger, *Rethinking Ostia: A Spatial Enquiry into the Urban Society of Rome's Imperial Port-Town*, Leiden, 2011. 口絵12で

は、赤いほど人流の密度が高く、青くなるほど低い。四〇〇ローマン・フィートを単位とした階層分析の結果である。使用したのは、ロンドン大学で開発されているスペースシンタックス理論による都市構造解析のためのソフトウェア、UCL Depthmap Version 7.12.00d である。

（堀　賀貴　訳）

＊本トピックは、オスティアの都市形成に関する一連の研究の一部であり、本研究に援助いただいたレバーヒューム財団に対して感謝申し上げたい。また、調査に対して許可を与えていただいたオスティア・アンティカ遺跡公園、および同公園のマリアロザリア・バルベラ所長には、アーカイブへのアクセス、また出版の許可もいただいた。また本トピックは、オスティアにて調査を進める九州大学大学院人間環境学研究院の堀賀貴教授の協力がなければ実現しなかった。彼には図T２-４の数値・画像データを提供いただいた。

第四章　ポンペイの交通と物流

都市を資産と考えれば、資産（不動産）価値ともっとも連動するのは立地であり、便利な場所、人が集まる場所の資産が、多くの利益を生むのは現代とも変わらない。その点でいえば、都市インフラとしての交通、あるいは物流は、古代ローマ人、あるいはポンペイのような地方の都市民にとっても重要な関心事であったことは想像に難くない。次のトピック3に取り上げる道路管理の法的な側面は、公共性というよりは利害調整の法整備の色合いが強く、ポンペイの人々をはじめとして、古代ローマという都市ネットワークを支えていたのは間違いなく物流であった。古代ローマ全土をカバーする道路網、つまり都市と都市をつなぐ物流についても多くの研究があるが[1]、以下においては都市内の物流について、ポンペイを題材に見ていきたい。

古代ローマ都市にゾーニングは存在しない

グリッドプランに加えて、現代人の我々が誤ったイメージをもちやすい概念にゾーニングがある。近代都市では、工業地帯、居住地区、オフィス地区、商業地区などの機能別のゾーンが発展的に形成されるだけでなく法律としても決まっており、グリッド状あるいは網目状、ときには放射状の街路で区分することによってゾーニングが成立している。

一方、古代ローマ、とくにポンペイやオスティアを見る限り、そうした「機能別」のゾーンはない。ポンペイでは、高級な住宅が集まっている地区はあるが明確なゾーン分けはない。住宅の近くに工房があり、店舗が並ぶ表通りの裏には閑静な住宅が隠れている。逆に、近代ではゾーニングの結果、貧困地区や犯罪が多発する地区が発生しているが、古代ローマにはそうした地域もない。実際に大邸宅の隣に小さな工房や商店が入り込み、例えばVII.12の街区では「ルパナーレ」と呼ばれる売春宿の周りにも瀟洒な住宅があり（図4-1）、また「学校」ではないかとされる建物が同じ街区の北側にある。[2]ポンペイでは、北部や南端には住宅が、物流の幹線街路沿いには店舗や工房が集まる大まかな傾向はあるが、土地の用途にはっきりした区別はない。ローマのスブラ地区のように、自然発生的に（主に地形的な要因で）、スラム街と似た地区が発生することはあったとしても、計画的にゾーニングされることはなかった。

例えば、ポンペイで最大級の「ファウヌスの家」や「アッリアーナ・ポリアーナのインスラ」（これまで「パンサの家」と呼ばれていた）などインスラ全体あるいはほとんどを占める住宅はたしかに東西の幹

図 4-1　ポンペイ，「ルパナーレ」と呼ばれる売春宿

図 4-2　ポンペイ，メルクリオ小路（ヴェッティ小路とラビリント小路の間，左手は「ウェッティの家」の側面）

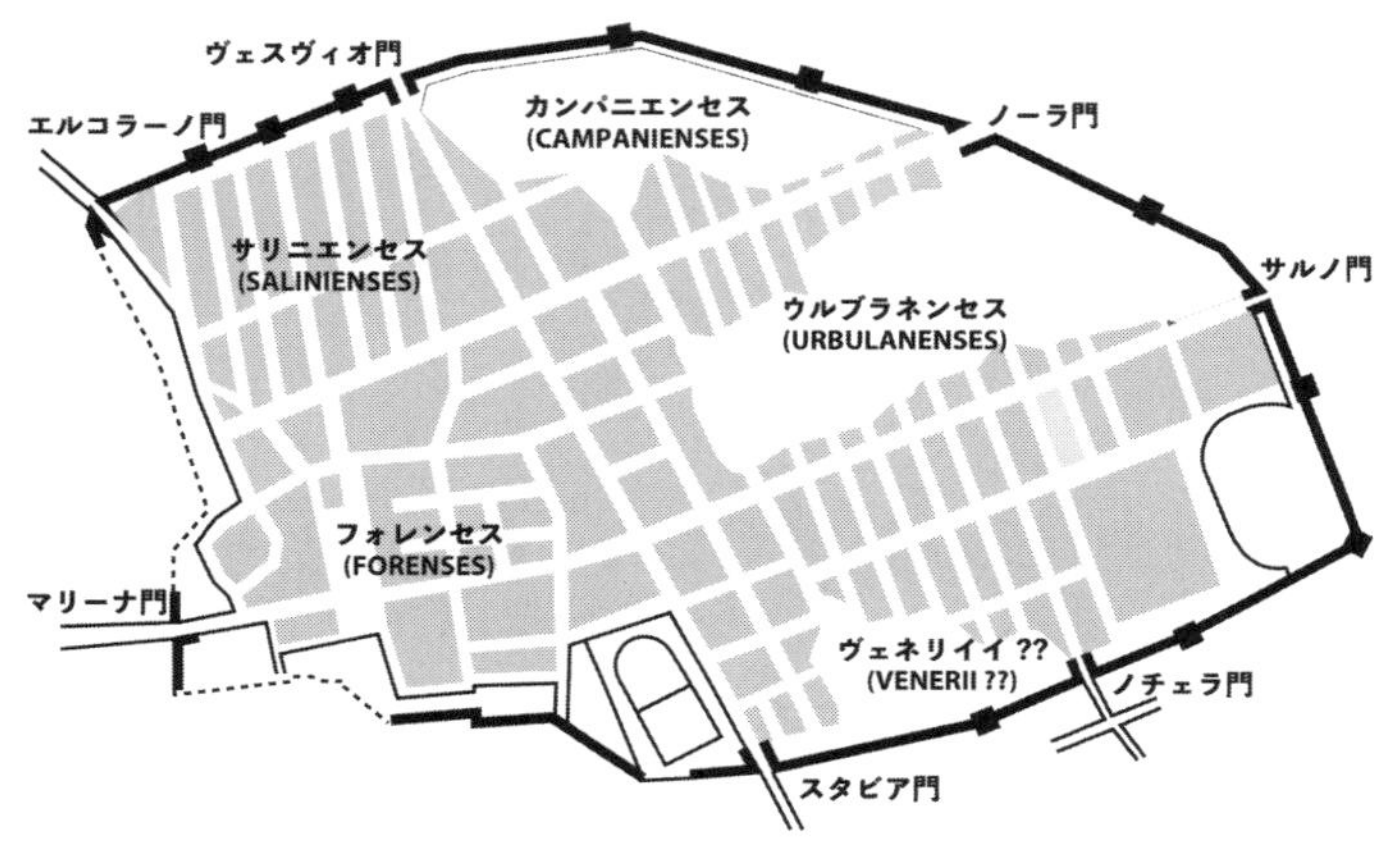

図 4-3　ポンペイに想定される行政区

線街路であるフォルトゥーナ通りに玄関を構え、反対の北面を走るメルクリオ小路には小さな裏口や閉鎖的な住宅の側壁が並ぶ（図4-2）。しかし、よく観察するとメルクリオ小路の北側に並ぶ住宅の多くはこの狭い路地に面して玄関を構え、決して裏通りあつかいをしていない。このようにポンペイでは、道路を挟んで街区の性格が大きく異なることはよくある。まさに街路は骨格ではなく境界であり、それに面する建物によって共有されるというよりは、都市の中における建物が占有する土地以外の余白、まさに余地に近い。だからこそ「中央浴場」が街路の上に拡張し、街路を排水路に変えてしまうこともありうるのである。

もちろん、古代ローマにも現代と似た区割りのようなものはあった。アウグストゥス帝がローマに設けた一四の行政区は有名であるが、ポンペイにも四ないし五つの行政区があった。これらははっきりと区割りが判明しているわけではないが、おおよそに推定されている（図4-3）[3]。この推定には何の根拠もないが、重要なのは四ないし五という点であり、ポンペイの地形的な特徴から見れば合理的な分割と考えられ、南西の「中央広場」周辺、北西の高級住宅街、そしてスタビア通りの谷を越えた東側の三区分である。東側には幹線街路がほぼ平行して東西に二本走っており三分割は納得がいく。まさに街路は境界なのである。あえて他に関連があるとすると、市門が行政区を区切っているようにも見える点であろうか。おおかではあるが行政区が地形あるいは街路網、市門に沿うとすれば、古代においても、街路あるいは交通、物流は都市管理にとって重要な要素であったと想像される。以下において、交通、物流の視点からポンペイを読み解く。(4)

ポンペイの交通規制

「すべての道はローマに通ず」、最後には目的に到達することができるという意味の喩えであるが、実際に古代ローマ時代にはすべての道がローマにつながっていた。とくに戦争に明け暮れた古代ローマの人々が、いつでもどこでも素早く軍隊を派遣するために整備したものだが（十二表法によって道路規格を設定するなど）、平和な時代にはローマ文化を媒介するインフラとしても機能した。一般の人々が往来したことは間違いないが、物流については陸上よりも海上あるいは河川上の交通を利用した方が効率的なのは、考古学や歴史学ではよく知られている。(5) また都市間と都市内の交通・物流は別問題として考えなければならない。(6) 都市間、すなわち街道では中継地や旅程が重要だが、都市内、すなわち街路では集荷・配荷のシステムや交通規則が重要になるからである。

後三世紀初めの法学者ドミティウス・ウルピアーヌスによれば、街道には舗装法などその仕様によって

図 4-4　ポンペイ，アウグスターリ通り
（ルパナーレ小路とストルト小路－エウマキア小路の間）

三種類があったとされる。都市外から都市内への物流については、前四五年に発布されたユリウス・ユリウス・カエサルによって発布されたユリウス法で、特例を除いて日中のローマ市内への荷車の進入が禁止されたことが知られている。この規制は、日中の混雑を避けるために実施されたと考えられるが、規制しなければならないほどの荷車の往来の多さを物語る。古代ローマ文学の世界ではくり返し騒音についての不満が記されている（Juv. 3.232; Mart. *Epigr.* 4.64.18）。ローマの場合、前一世紀から後二世紀まで、大きな建設プロジェクトが絶えることはなく、建設現場に資材や作業員の食料・水を運搬する荷車がひっきりなしに往来していた。ローマなどの大都市における交通渋滞は日常化しており、交通事故の記録も散見される。[7] ポンペイでも後六二年の地震の後、「中央浴場」だけでなく各所で復旧工事が進められたようだが、「中央広場」周辺の市場も大規模に改修されており、[8]

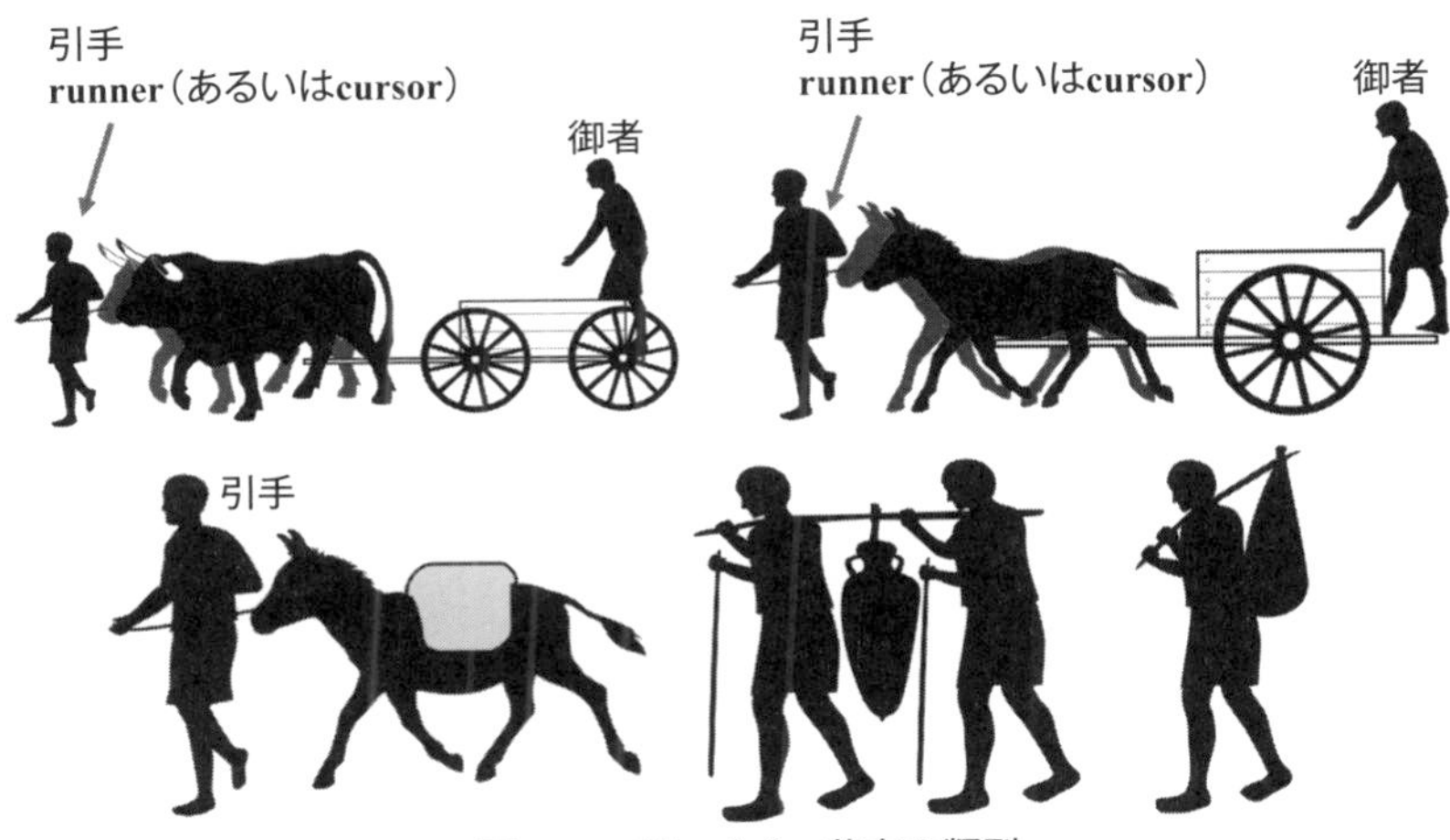

図 4-5　ポンペイ，荷車の類型

まったく同じ車幅の荷車がくり返し走ったように見えるくっきりとした轍がアウグスターリ通りに残り（図4-4）、「中央広場」改築のための資材を運搬した荷車の痕跡と考えられる。あまりにも規格的なので、もしかすると車石と呼ばれる荷車の軌道のような役割を果たしていたのかもしれない。[9]

じつはポンペイの轍と都市内交通の関係について世界ではじめて研究したのは日本人である。[10] 辻村によれば、轍の観察から荷車の車輪間隔について、おおよそ一・四二〜一・五八メートルの間に収まるが、一定しないことがわかっている。つまり、いろんな車幅の荷車が走っていたことになる。古代ローマ全般をあつかう荷車に関する研究では、[11] いろんな荷車を車幅（正確には車輪間の幅）によって分類している。車幅によって必要な牽引力から輓獣（荷物を積載して運ぶ家畜）を想定することもでき、もっとも狭い車幅（一・一五〜一・二〇メートル）では人間（手押し車を含む）あるいはロバの牽引、次に大きなグループ（一・三五〜一・四〇メートル）では一頭立ての馬、次のグループ（一・

図 4-6　ポンペイの街路風景（ソプラスタンティ通りを背景）

四五〜一・五〇メートル）では二頭立ての馬あるいは一頭立ての牛、最大の車幅（一・五〇メートルを超える）では二頭立ての牛が想定される。ポンペイに残る轍の痕跡から荷車の車幅は一・四二〜一・五八メートルと推定されること、さらに筆者が行った実測では一・三五〜一・四六メートルの車幅も見つかることから、先行研究とあわせて一・三五〜一・五八メートルまでの荷車が市内を走っており、少なくとも一頭立てあるいは二頭立ての馬、牛が輓獣として使われていたことになる（図 4-5）。

またより小型の一・二五〜一・二〇メートルの荷車について、轍は残さずとも、実際に利用されていた可能性も完全に否定することはできない。あるいは荷車を使わない運送もありえる。もっとも一般的なのは駄獣（荷車を牽く家畜）で、たくさんの量は無理だが、人では担げないような重さを少しだけ超える程度の荷に適している。また、ポンペイには担ぎ手、つまり人力による運送もある。有名なレリーフが残されており（口絵10）、二人組、あるいは一人の場合でも、彼らは車道に加えて歩道も使ったと思われる。ポンペイの街路では、もちろん一般の歩行者のほか、これらのたくさんの種類の運送業者が行き交っていた（図4-6）。図は遺跡にその多様な姿を描き加えてみたものである。活気ある風景が想像されるが、ポンペイでは引手と御者が必須である理由がある。以下、考察する。

ステッピング・ストーンとブレーキ問題（引手と御者）

第三章の排水の部分で取り上げたように、ポンペイの交差部にはステッピング・ストーンがあり（図2-5・2-6、あるいは図3-2）、歩道橋のような役割があると説明したばかりだが、実際に渡ろうとすると思ったより石の間隔が広い。これは、横断者の歩幅ではなく、一・二〜一・六メートルくらいの車幅の荷車が通過できる間隔だからである。荷車優先の配置であるのは当然であるが、荷車が通過できるにしても、その高さと狭間を考えると、かなり正確な操縦が必要になる。とくに輓獣を使っていれば難しいコントロールが求められ、まずスピードを緩めないと通過はできないであろう。このように、高さ〇・二〜〇・六メートルにも達するステッピング・ストーンと〇・五メートルしかない間隔は、動物にとっては障害物でしかなく、いったん動物が尻込みでもすれば、たちまち渋滞したのではないだろうか。加えて玄武岩による敷石は、公共噴水の余剰水と住宅、工房からの汚水で汚れており、輓獣にとって決して歩きやすい路面とはいえない。また、荷車の車輪も滑ってしまうかもしれない。こうした事情を考えると、おそらくポンペイでは引手（ここでは馬車に乗って馬を操る御者と区別するため引手とする、英語では runner あるいは cursor と呼ばれる）の存在、つまり輓獣の手綱を牽いて前を歩く役目の人間が必須となる（図4-5）。もちろん駄獣を使っても同じである。ローマのサンタ・コスタンツァ霊廟に残るモザイク（口絵11）には、

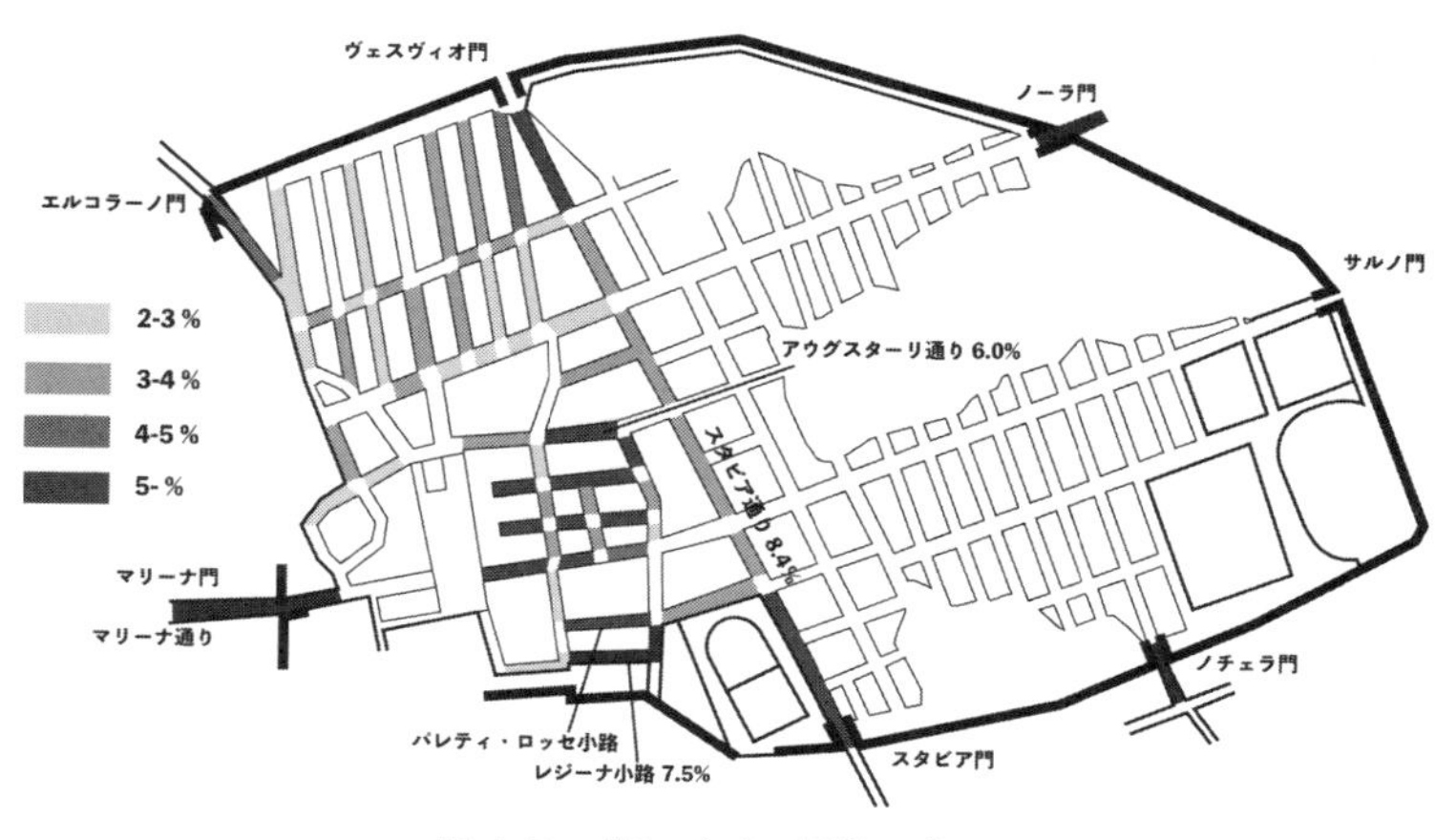

図 4-7　ポンペイ，街路の勾配

先導する引手の存在が確認でき、間違いなく古代ローマ時代にもこの方式は存在した。ただし、引手を使ってしまうと、荷車の速度は人が歩く速度に制限され「速さ」という利点は失われてしまう。もし、荷車も人間が牽いた（あるいは押した）と考えれば、ステッピング・ストーンは大きな障害物とはならないが、モザイクやレリーフを見る限り人力による荷車は確認されず、これ以上は判断材料がない。

次に、御者なしの引手だけの荷車はどうであろうか？　これについても、ポンペイ独特の理由で一般的に走っていたとは考えにくい。それはポンペイの地形である。くり返してきたようにポンペイは急斜面地に立地しており、北から南に向かって平均して四・六パーセントもの勾配がある。あくまでも平均した値で、ポンペイの市門近くでは、坂がより急になる傾向がある（図4-7）。これは、ポンペイの原地形に起因する特徴で、尾根状の台地にあり、周囲を巡る城壁とそれに付随する市門は台地の端部、すなわち傾斜の急な部分に位置することになる。例えば、港があったと考えられる西側から「中央広場」につながるマリーナ門（図4-8）では、勾配が

図 4-8　ポンペイ，マリーナ門

一七・六パーセントもあり、おそらく荷車を牽いて上ることは不可能であろう。ちなみに、現代の日本の道路構造に関する法令では特別の理由がない限りは勾配は一二パーセント程度が限界とされている（もちろん三〇パーセントを超える道路もある）。車椅子の場合は自力では一二分の一（およそ八・三パーセント、理想的には二〇分の一＝五パーセント）、介助者がいても六分の一（およそ一六・七パーセント）が限界で、一般的に八分の一（一二・五パーセント）までとされている。もちろん走る長さも重要であり、平均一七・六パーセントの勾配が五〇メートル以上も続くマリーナ門付近では荷車の通行が無理というのは納得できる数字であろう。実際にここでは、車輪の轍はほとんど検出されない。おそらく可能性があるとすれば人力による荷車だけであろう。また、北東のノーラ門付近でも一三・一パーセントの勾配がある（図4-7・4-9）。しかし、ここではくっきりとした轍が確認される。つまり、一三・一パーセントと一七・六パーセントの間のどこかに輓獣を使うか否かの境界線があったことになる。もちろん距離も関係するため、勾配だけでは判断できないが、ノーラ門付近では約三〇

図 4-9　ポンペイ，ノーラ門

メートルほど急勾配の坂が続く。南側に位置するノチェラ門で九・八パーセント（約二五メートル）（図4-10）、スタビア門で八・四パーセント（全長一〇〇メートルを超える）を示す（口絵13）。いずれも輓獣にはつらい坂道だったと思われるが、深い轍が、それにお構いなしに荷車を走らせたことを物語っている。さて、引手と御者の問題に戻すと、坂道における荷車の通行で危険なのは「下り」である。とくに荷物を積載している場合は、うまく制動しないと荷車が暴走してしまう。引手では「下り」を制御できないため、御者がブレーキを使って制動することになる。古代ローマ時代の荷車についてブレーキの技術はあったと思われるが、すべての荷車にブレーキ・システムが備わっていたとは限らない。ポンペイにおいて発掘された荷車にはブレーキらしき部品が見られるが（図4-11）、残念ながら、それに関する報告は見当たらず、おそらく御者が荷車の尾端部に乗りブレーキシュー（制輪子）らしき部品を足で押しつけていたのではないだろうか。総合的に判断すると、市中に頻在するステッピング・ストーンや急勾配の坂など、この都市を走る荷車には御者と引手の二名が付いていないと走行できない。も

図 4-10　ポンペイ，ノチェラ門

図 4-11　ポンペイで発掘された荷車（復元）

ちろん、人力だけに頼れば、この坂道も通行可能である。ここでポンペイ内での輸送方法についてまとめておくと以下のようになる。

①輓獣による二輪（引手・御者あり）：御者がブレーキを制御、急勾配あるいは長い坂道の区間を走行可能。

②輓獣による二輪（引手のみ）：ブレーキなし、あるいはブレーキを制御しない、ある程度平坦な街路のみ走行可能。

③人力による二輪：牽く場合と手押しの可能性あり、坂道でも走行可能。

④その他、荷車以外：駄獣、人力。

これらの情報から、仮想的にポンペイに荷車を走らせてみたのが図4-6である。もちろん、駄獣や担ぎ手も加え、ポンペイには二輪の他に四輪の荷車（復元）も所蔵されており、図4-5には加えた。

市内交通の規制、ポンペイの街角は障害物だらけ

荷車が走る光景が描けたところで、あらためてその様子を上からも眺めてみたい（図4-12）。じつはポンペイの街路の幅員はほとんど二メートル以下である。つまり、ほとんどの街路ですれ違いも追い越しもできない。ポンペイで三メートルを超える幅員、つまり両側通行可能な幅員をもつのは、一部の主要な街路（テルメ通り-フォルトゥーナ通り、ノーラ通り、スタビア通り、アボンダンツァ通りの四つ）と入口にアーチ門があるメルクリオ通りという名前の街路、ヴェスヴィオ門から斜めに延びるヴェッティ小路の

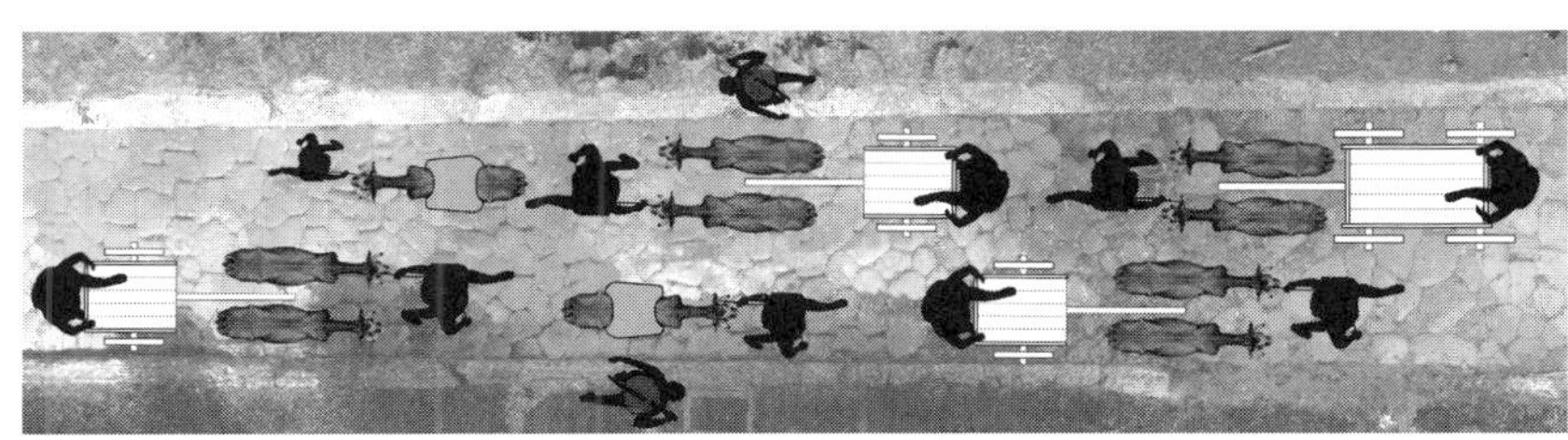

図 4-12　ポンペイを走る荷車
（アボンダンツァ通りのサルノ門付近でのシミュレーション）

計六本（図4-13）、さらにフォロ通りという「中央広場」と北を走るメルクリオ通りをつなぐ短い街路を加えても七本だけである（地図5）。そこで、ポンペイで多数を占める道幅一・五メートル程度の街路の交差部を想像してみると（図4-14）、おそらく大きい荷車は右左折も難しかったように思える。[12]二メートルに満たない幅員の街路では向かい側から荷車が走ってきたら、そこでストップとなる。したがって、一方通行や進入禁止などの規制がなければ車幅一・五メートルを超える四輪の荷車がポンペイ中を縦横に通行していたとは考えられない。こうして見ると、輓獣そのものの存在を疑いたくなるが、ロバなどの駄獣や輓獣の獣骨も出土しており、[13]どう考えても動物の利用は一般的で、存在そのものを否定することはできない。E・E・ポーラーは、歩道の縁石に乗り上げる車輪の摩耗痕から、右折、左折の優位性を割り出し、一方通行と思われる街路と右折前に右寄りに走るという傾向を導き出した。[14]たしかにこうした規制がないとポンペイの街路は完全に麻痺してしまう。

もう一度、図4-13に戻って、荷車の車輪幅を一・四メートル程度と想定して、荷車がすれ違える街路（二車線）とすれ違えない街路（一車線）に塗り分けてみると、中央のスタビア通りと北側のテルメ通り-フォルトゥーナ通り-ノーラ通り、南側のアボンダンツァ通り、そして「中央広場」から延びるフォロ通りとメリクリオ通りが、いわゆる「幹線街路」としての役割を

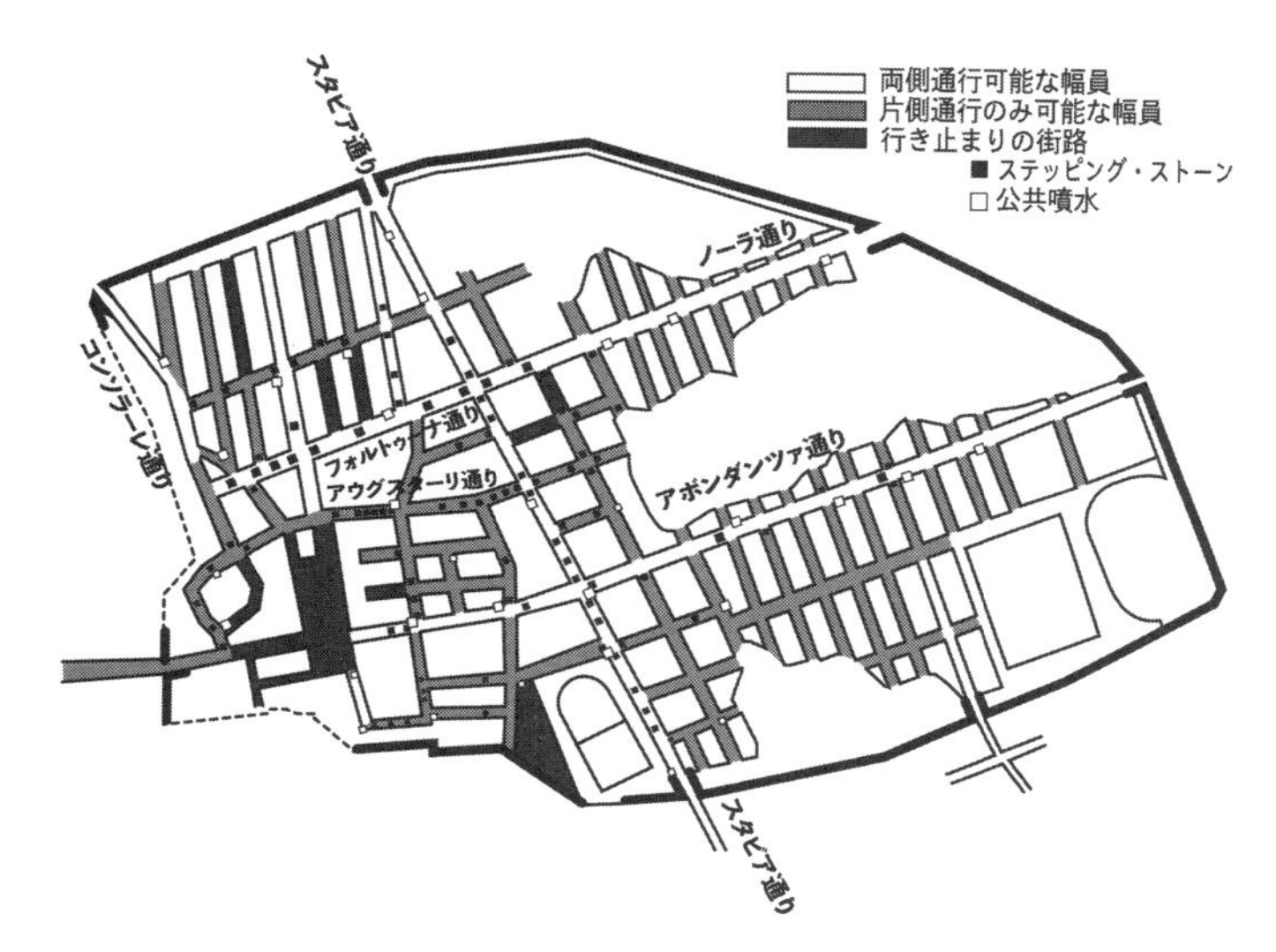

図 4-13　ポンペイの街路幅員

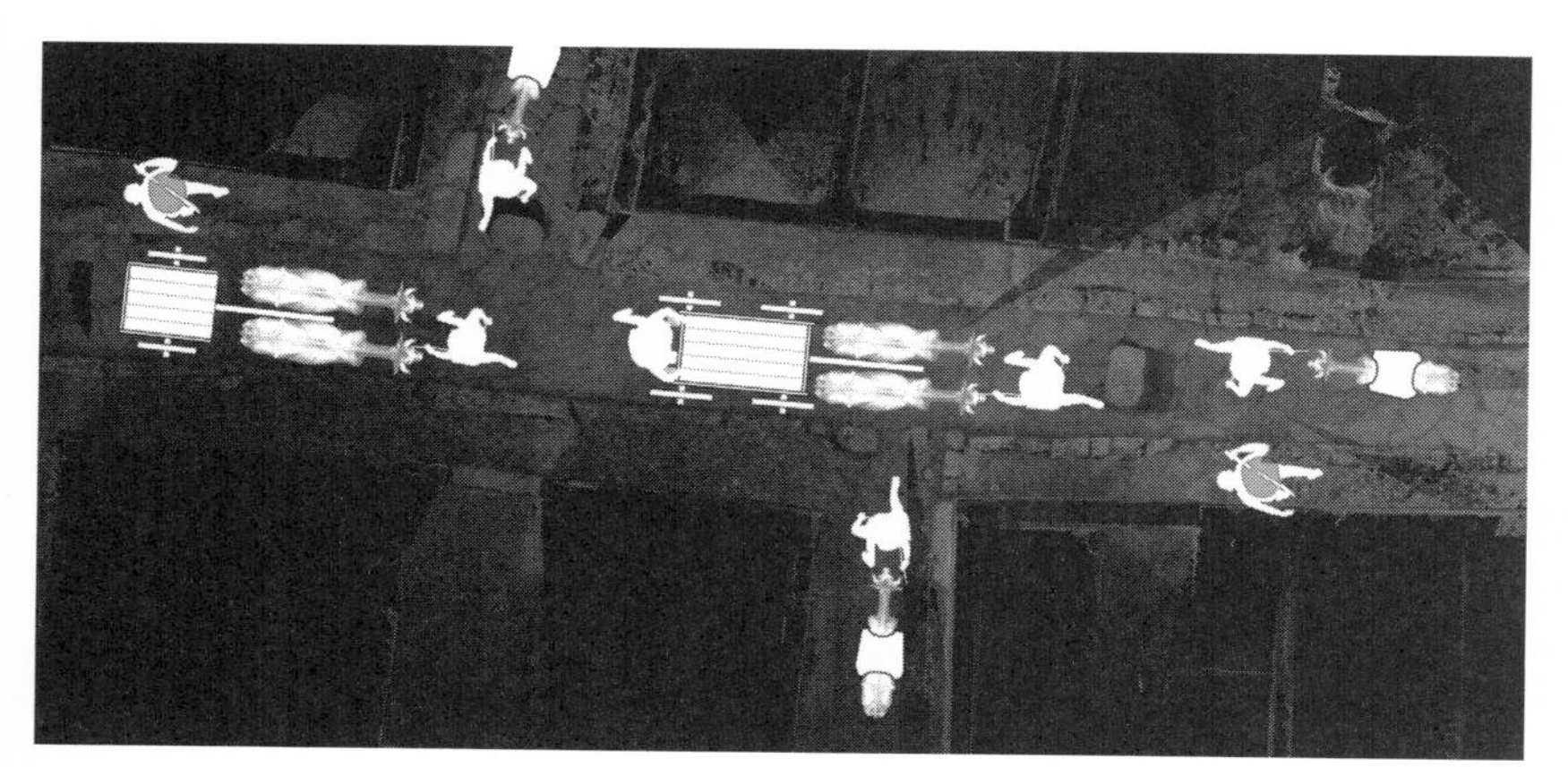

図 4-14　ポンペイ，ソプラスタンティ通りに荷車を走らせる

担っていたように見える。その他の街路は基本的には「一方通行」で、間違って進入すると大変な交通渋滞を巻き起こすことになる。

交通規制の実態

物理的な進入禁止

さて、ここから本題である都市管理の問題である。ポンペイにおいて一方通行や右左折禁止、あるいは進入禁止などの交通規制はどのように機能したのであろうか。例えば、古代に限らずスピード超過や一旦停止不履行、右折禁止違反などの規則を守らずに交通事故を起こしたときのリスクは容易に想像できるが、決して事故はなくならない。危険とわかっていてもリスクを冒す人は後を絶たない。これは古代ローマ人も同じであろう。現代であれば「交通警察」が存在し、違反を発見したら事故を起こす前に停止して注意を与える、あるいは悪質であれば罰を科す。しかし、古代ローマにはそのような警察権力は存在しなかった。どのように交通を管理したのであろうか。

わかりやすい例は、物理的な進入禁止である。ポンペイの北部、「ラビリントスの家」や「ウェッティの家」が建ち並ぶ地区への入口となるところ、ちょうど「ファウヌスの家」の東脇の街路（ラビリント小路）の南端では、荷車が進入できないように石柱が立っている（図4-15）。その西隣りのファウノ小路では、北側の部分で舗装がなくなってしまい、荷車が越えられない段差が設けられている（図4-16）。これらの物理的な進入禁止措置によって、街路は行き止まりになってしまうので、「ファウヌスの家」への搬入業

図 4-15　ポンペイ，「ファウヌスの家」の東脇の街路（ラビリント小路の入口）

者以外は誰もこの道路を使わなくなる、つまり街路を私有化してしまうような力尽くの行為であるが、交通規制には有効であろう。少なくとも「ファウヌスの家」の周辺での交通トラブルは避けられる。こうした障害物による荷車通行禁止は、ポンペイのいたるところに見られる。例えば、第三章で触れた止水のための段差も荷車は乗り越えることができない（図4-17）。ポンペイでもっとも幅員が広い街路はアボンダンツァ通りのホルコニウス交差点の西側部分であるが、止水壁のために荷車は交差部から進入することができない。他にも荷車は通さずに、水だけを流す段差も二箇所ある（図4-18）。そのうちの一つはアウグスターリ通りの西端、ちょうど「中央広場」の北側で段差が荷車の進入を阻んでいる（図3-9右上）。ここでは、街路面の下に排水口があり、広場の北側フォロ通りから「中央広場」に水が流れ込まないようアウグスターリ通りに雨水をうまく逃がす構造になっているが、荷車の逃げ道はない。

話題が少し逆戻りしたが、交通に話を戻すと、進入禁止の石柱で興味深いのは、テスモ小路上にある街路面に突き刺さっているような例である（口絵14）。この三叉路に立つ石柱は絶妙の位置にあり、一・二

図 4-16　ポンペイ，「ファウヌスの家」の西脇街路（ファウノ小路）の荷車の進入を阻止する段差（上），実際にファウノ小路の南端入口には荷車が進入した痕跡（轍）がまったくない（下）

メートル程度の車幅の小型の荷車はギリギリ通過できるが、一・五メートル近い大型の荷車は通過できない。よく観察すると荷車の轍が石柱をまたいで走っていることに気付く。つまり、もとは一・五メートル級の荷車が通過していたのを後から禁止したことがわかる。並行するスタビア通りやアボンダンツァ通りに大きい荷車を誘導しようとしたのであろう。この例はあてはまらないが、こうした進入禁止の障害物の多くは街路を袋小路にしている。袋小路は荷車にとっては難所である。街路幅は狭く転回は難しいの

図 4-17　ポンペイ，アウグスターリ通りとルパナーレ小路の交差部

図 4-18　ポンペイ，アウグスターリ通りの段差

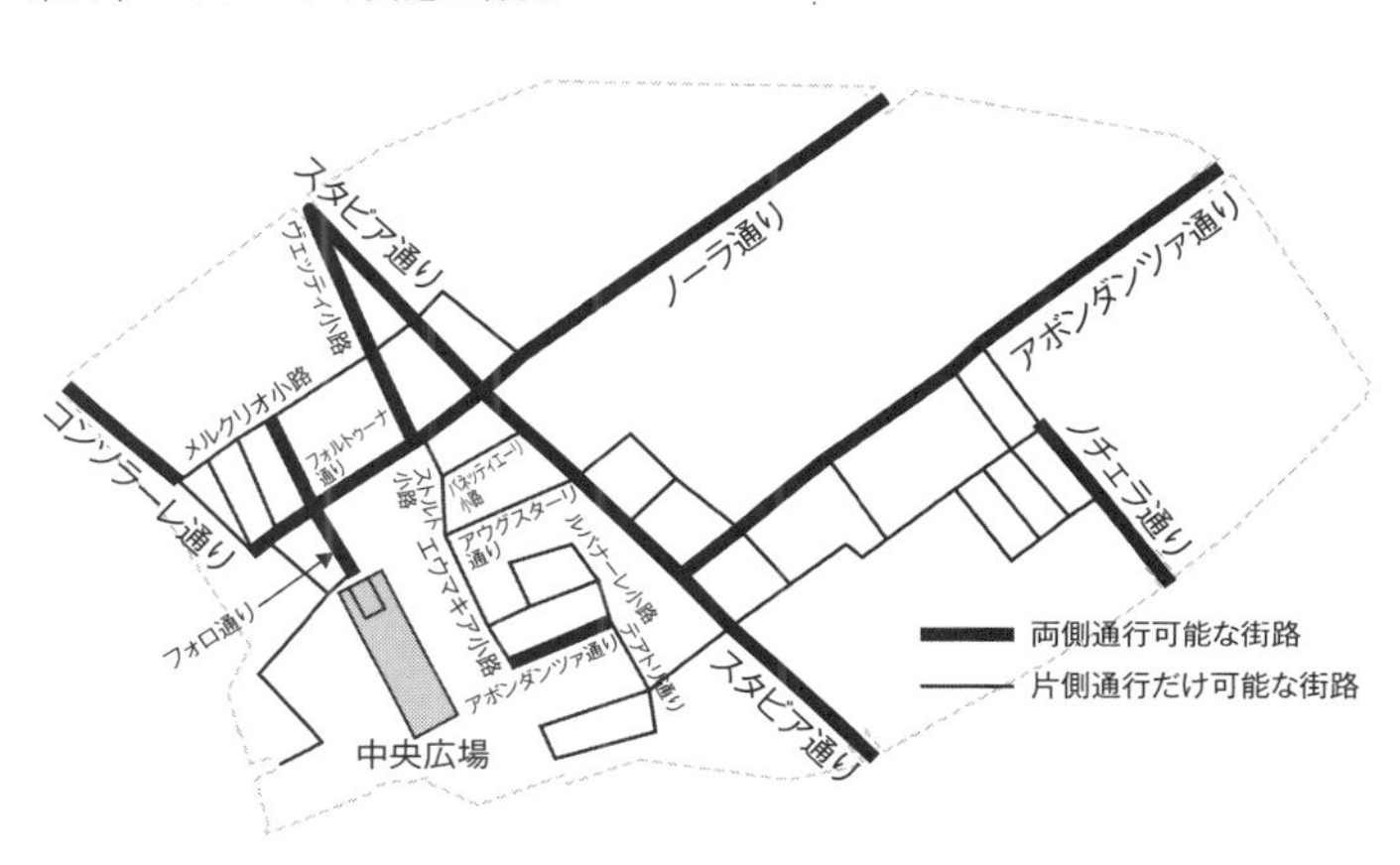

図 4-19　ポンペイ，袋小路を除いた街路網

で逆行して戻るほかなく、御者にとってはできれば入りたくない街路となる。ポンペイは三割程度が未発掘で、とくにスタビア通り以東の地区の街路は、ノーラ通り、アボンダンツァ通りを除いて不明のため、詳細がわかるのは西側だけであるが、大胆に袋小路の街路を消してみた（図4-19）。まず、「中央広場」周辺では「中央広場」に荷車は進入できない。「中央広場」に接続する街路はすべて段差でブロックされており、進入禁止の石板まで立っている（口絵15）。「中央広場」に面して肉、野菜などの市場があり日々品物が搬入されていたはずだが、入口に荷車を横付けすることもできない（もちろん搬入口もない）。先の汚水問題に関連づければ、「中央広場」には公共噴水はなくドライエリアであった。つまり流水で掃除する必要がないということは、輓獣や駄獣の排泄物で汚れない仕組みであったことを意味する（もちろん毎日奴隷がきれいに掃除した可能性は否定しない）。ちなみに「中央広場」には北の端にポンペイではめずらしい「公共トイレ」があり、広場内での人間の排泄行為は禁止されていた可能性が高い[15]（口絵18）。

「中央広場」が荷車交通から完全に独立していたことは大変

興味深いが、図4-19を眺めると、「中央広場」の東側、スタビア通りとの間に独立した街路網（バイパス）があることがわかる。この辺りは、かつてドイツ語でアルトシュタット（古都市）と呼ばれた地区で、アウグスターリ通りとルパナーレ小路、さらにテアトリ通りをつなげると周回街路のように見えるため、公共噴水でも紹介したエッシェバッハがこの地区に古いポンペイ（城壁）があると主張した部分である[16]（この説はその後の発掘によって否定されている）[17]。この地区には、工房や店舗、有名な「ルパナーレ」と呼ばれる売春宿、さらに南には立派な邸宅もあることから活発な経済活動が予想されるが、この地区に荷車で入る道は二つしかない。北のエウマキア小路と南のイシス神殿通りである。よく観察するとこのルートはよくできた計画で搬入だけを考えてみると、北の門すなわちエルコラーノ門、ヴェスヴィオ門から古都市地区に荷物を運ぶには荷車はエウマキア小路を目指すことになるため、コンソラーレ通りあるいはヴェッティ小路を抜けて、フォルトゥーナ通りからストルト小路に入る。南のスタビア門からは、二〇〇メートルほどスタビア通りを北上して劇場の裏のイシス神殿通りとの交差部を左に曲がることになる。つまり、もっとも混雑しそうなオルフェウス交差点（スタビア通りとフォルトゥーナ通り）とホルコニウス交差点（スタビア通りとアボンダンツァ通り）を通過せずに搬入できるのである。もちろん搬出は逆となる。さらに古都市地区内では、街路がループになっているので、一車線であっても、一方通行や右折、左折の規制を設ければ、スムーズに流すことができる。エウマキア小路やストルト小路は一車線の道幅、もしかすると南向きの一方通行だったかもしれない（緩やかな下りの坂道となる）。しかも、街路勾配の図（図4-7）で示したように、このルートは勾配が一定で緩く、荷車の走行には便利である。理想的にはエルコラーノ門やヴェスヴィオ門から入って、荷物を届けたあと、おそらく工房から品物を受け取ってイシス神殿通りを下り、スタビア門から出市するのがもっとも楽なルートとなる。その点でイシス神殿通りは三メートル以上の幅員もあり（図4-13）、一・五メートルクラスの荷車がすれ違える幅をもっており、搬出、搬入の荷車が同時に往来することができる。

一車線と二車線

図4-19について、一見するとポンペイの街路網は非効率に見えるかもしれないが、見方を「効率」から「抑制・規制」に変えてみると、じつはよくできているように思える。すべての街路が二車線街路あるいはループ（円環）街路からの枝線として設計されている。例えば「中央広場」南側の袋小路のスクオレ通り（両側にたくさんの高級住宅が面している）に荷車が到達するには、一番近いスタビア門から入市したとしてもレジーナ小路、あるいはパレティ・ロッセ小路という急勾配の街路を上ることになる（轍が残る、図4-7）。しかも往復であり、おそらく輓獣による通行は難しく奴隷が牽いた可能性も考えるべきであろう。これらの街路はすれ違いが不可能な道幅のため、もし対向車と出くわした場合には、どちらかがスクオレ通りかイシス神殿通りまで戻って道を譲らなければならない。往復を考えると、少なくともレジーナ小路は片側交互通行でないと機能しない（時間規制もあるが、守られる保証はない。パレティ・ロッセ小路とレジーナ小路をそれぞれ逆方向の一方通行、あるいは循環道路と考えると、この地区のループは理解できるが証拠はない）。このようにこのルートにおいては、少なくとも、いくつかの条件を確実に満たすことによってはじめて荷車が到達可能な構造になっている。しかも、行程の途中には長い急勾配が控えているため、スクオレ通りやレジーナ小路に配荷する荷車、あるいはあとで記すように「中央広

場」に荷物を搬入する荷車だけが、難所を覚悟した上で進入することになる。地図上では、スタビア門から「中央広場」、あるいは南側の風光明媚な住宅群に至る最短ルートに思えるが、もしかすると多くの荷車はかなり遠回りでも北側のアウグスターリ通り、フォルトゥーナ通りを選択するかもしれない。このように、むしろ多すぎる荷車の通行をコントロールするため、うまく地形を利用して難所をつくったり、袋小路や一車線の狭い幅の街路が設定されたのではないだろうか。ただし、これはあくまでも結果論であり、こうした計画を意図的に行うことは考えられないが、奇妙なバランスの上に不便と抑制が均衡している。

さらに、この袋小路を除いた街路網を眺めていると、二車線の幹線街路には必ずバイパスがあることに気付く。先に記した「中央浴場」の建設によって、一部のバイパスは塞がれてしまうが、その他では渋滞や事故の発生に応じて迂回することができる構造になっている。これもよく練られた構造である。ここでも計画されたという意味ではなく、長い時間を経てバランスされたように見える。ただ、交通には必ず双方向あるので、一台分の幅員しかない街路では、一方通行の規制が完全でなければ、必ず向き合う荷車によって塞がれてしまう可能性はある。現実的に考えると時間帯による通行制限が渋滞回避に効果的であるが、それを示す証拠はなく、たとえあったとしても守られる保証もなく、ここでは可能性の指摘にとどめておきたい。

街路の狭幅部

さて、さらに細かい話となるが、先の説明でイシス神殿通りを二車線としていた。しかし、その前の分類図（図4-13）に戻ると、イシス神殿通りは一車線と分類している。これは間違いではなく、ここに古

図 4-20　ポンペイ，イシス神殿通り（上），実測図（丸い黒い穴はレーザースキャナーの直下で計測できない部分）（下）

代ローマ人のさらなる仕掛けが隠されている。イシス神殿通りを精密に実測すると（図4-20下）、ほとんどの部分で幅員は四メートルを超え、一・五メートルクラスの荷車でも二車線を確保することができそうである（しかも、ステッピング・ストーンもない）。しかしよく見ると部分的に中央がくびれるように狭くなっており、もっとも狭い部分では三・〇二メートルの幅しかない。この数字は絶妙で、一・五メートルクラスの荷車がギリギリすれ違える幅である（車軸がぶつかるかもしれないが）。一・四メートルクラスであればほんの少し余裕があるかもしれない。つまり、大きい荷車がすれ違うためには徐行しなければならないのである（図4－20下、中央やや右寄りの狭部）。これを意図的な設計というつもりはないが、結果としてうまくスピードを抑える形状になっているのは間違いない。西から緩やかに下るイシス神殿通りは見通しも良く（図4－20上）、おそらくスピード違反するドライバーも多かったのではないだろうか。そこに一種の難所を設けることでスピード違反を防ごうとしたのかもしれない。

こうした見方をすると、メルクリオ通りやヴェッティ小路にもおもしろい特徴が見えてくる。まず、メルクリオ通り南側のフォルトゥーナ通りとの接続である。メルクリオ通りの入口にはカリグラ門と呼ばれる大きなアーチが立っており、その間口は約二メートルしかなく（図4－21）、荷車は入口ですれ違うことができない。次にヴェッティ小路とメルクリオ小路との交差部でも、よく見ると公共噴水が荷車の幅ギリギリに中央に迫り出し（図4－22）、スピードを落とさなければ通過するのは難しそうである。

このように、街路の途中に狭い部分をつくったり、街路の入口を狭くしたり、あの手この手で荷車のスピードを遅くしようとする仕掛けが見られるのは興味深いところである。とくに街路の入口で狭くなっているのは、いわゆる出会い頭の正面衝突を避けようとする工夫かもしれない。ただ、御者に周知徹底されていなければ、この工夫は機能せず、もしそういった事情を知らない御者が進入しようとすれば大事故になったかもしれない。ポンペイを走ろうとする御者はまずはポンペイの街路を熟知しておかないとひどい目に遭うことになりそうである。

図 **4-21**　ポンペイ，カリグラ門

図 **4-22**　ポンペイ，ラビリント小路とメルクリオ小路の交差部

あらためてステッピング・ストーン、公共噴水の役割を考えてみる

荷車を強制的に減速させる

ポンペイの街路ネットワークを見ると、スタビア通りの重要性が浮き彫りになる。南北を貫通する唯一の道路で、しかもほぼ一直線に走り、道幅も二車線分ある。これを見る限り都市高速道路のような印象をもってしまうかもしれない。しかし、ここでステッピング・ストーンのことを思い出さなければならない（口絵4および図4-13）。汚水の排水路でもある街路を渡るための橋と説明したが、荷車はその橋を乗り越えていかなければならない。しかも、駄獣や輓獣あるいは人力でも、ステッピング・ストーンの間を駆け抜けるには熟練ともいえる操作術が必要だろう。おそらく、ステッピング・ストーンの手前でスピードダウンすることになるのは間違いない。このようにステッピング・ストーンには障害物となって荷車を減速させる機能が期待できる。

例えば街路幅いっぱいに四つのステッピング・ストーンが並んでいたとして（図4-23上、なおポンペイにはステッピング・ストーンが四つ並ぶ例が四箇所だけある。また図4-23下は、ホルコニウス交差点の東面アボンダンツァ通りとの交差部で、ステッピング・ストーンのような縁石の例。もともと四石のステッピング・ストーンだったのかは不明）、全部で五つの隙間のうち二つを選んで、荷車の車輪を通さなければならない（隙間が同じ間隔とも限らない）。減速は当然として、対面通行だとすると近づいてくる対向車がどの隙間を選ぶのかも、あらかじめ予測しておかなければならない。その結果、ステッピング・ストーン

図 4-23　ポンペイ，ホルコニウス交差点南側のスタビア通りに並ぶ 4 つのステッピング・ストーン（上），同じホルコニウス交差点の東側，アボンダンツァ通りにはもともと 4 つであったように見えるステッピング・ストーンがある（下）

の近くでは荷車の車輪がいつも同じ場所を走るので、より深い轍が残る（口絵4および図3-11）。口絵16はオルフェウス交差点の実測図である。実測箇所はとくに深い轍が残っている箇所を選び、わかりやすくするために、深さに応じて色彩を施した。これらの街路では、荷車が中央の隙間を狙って走っている様子がはっきり見える。ポーラーは、荷車が右折する際に右に寄って走ったと説明するが[18]、少なくともこれら交差部では、その傾向はない。残念ながらどちら向きに走ったかまでは不明だが、いずれにせよ堂々と街路の真ん中を走っている。

フォルトゥーナ通り沿いでは他にも深い轍が残る箇所がある。フォルトゥーナ通りの西端、テルメ通りと名前を変える部分、フォロ通りとの交差部である。ここでは実測するまでもなく、荷車は中央の隙間を狙って走り抜けていることが写真ではっきりわかる（口絵17上）。さらに、テルメ通りの西、コンソラーレ通りとの交差部では、ステッピング・ストーンはないが、テルメ通りの中央から、あるいはテルメ通りの中央へ、コンソラーレ通りに向かって、あるいはコンソラーレ通りから、荷車が走る様子が目に浮かぶ（図4-24下）。また、スタビア通りとイシス神殿通りが交差する部分でも、ステッピング・ストーンの中央の隙間を通り抜けて走る荷車の様子が観察される（図4-24上）。これらは、もちろん轍から見た傾向に過ぎず、あくまでも深い轍を残すだけの交通量の荷車が街路中央を走っていたという意味である。対向車がなければ中央を走り、あれば右に寄るという慣習のように思える。ステッピング・ストーンを通過するためのいくつかの選択肢の中で中央が選ばれる確率が明らかに高いということは、引っ切りなしに荷車がすれ違っていたというわけでもなさそうである。荷車にとって、決して高速道路のように快適に走れる街路ではなかったことは確かであろう。

ポンペイの街路には、ステッピング・ストーンだけでなく、それらと同じくらいやっかいなものがある。それは公共噴水である。ポンペイの公共噴水は、これまでもいくつか紹介してきたように（図3-10・3-11）、街路に向かって大きく突き出したものが多く、荷車の進入を完全に塞いでいるものまである。図4-25はスタビア通りにある噴水の周りの轍を実測したものである。右から左へ走る場合を想定してみよう。街路の中央を走ってきた荷車は、噴水の手前でやや進路を変えているのがわかる。ポンペイでは、ほ

図 4-24　ポンペイ，スタビア通りとイシス神殿通りの交差部の実測図（中央のグレーの円はレーザースキャニングにともなうノイズ，また画面下（南側）のステッピング・ストーン間の棒状の石は観光客の安全のために後補された現代の石材）（上），コンソラーレ通りの南端，テルメ通りに合流する部分（下）

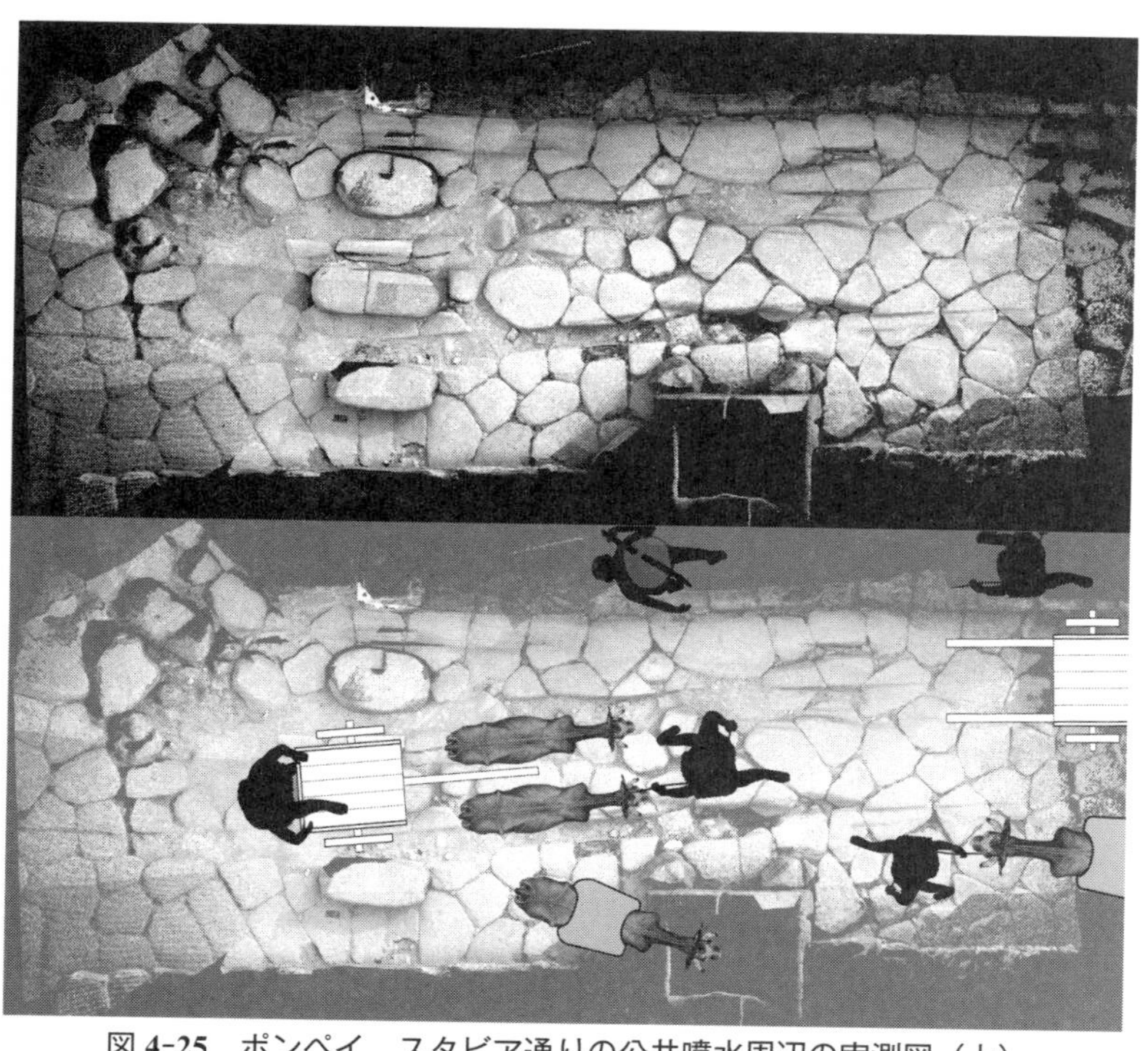

図 4-25　ポンペイ，スタビア通りの公共噴水周辺の実測図（上），実際に荷車を走らせてみたもの（下）

とんどの噴水がなぜか街路側を向いており（おそらく駄獣や輓獣が水を飲めるように）、水汲みをする人は、やや不便を感じたかもしれない。イメージしやすいよう街路に荷車も描き加えてみた。少し話はそれるが、一九七〇年代にオランダではじまったボンエルフという道路設計法がある。あえて車道を蛇行させることによって自動車の速度を落とすという強引な手法であるが、自動車と歩行者を共存させる試みとして、日本でも多く採用された。ポンペイの公共噴水は荷車に蛇行を強いるという点で、この手法によく似ている。さらに、道路上に突起物（バンプ）や隆起（ハンプ）をつくって強制的に自動車を減速させることもよく行われているが、ステッピング・ストーンも見方によっては、これらと同じ手法である。ポンペイにも近代に似た減速装置が存在したのである。

ガイドラインとしての轍

ネロ帝の時代の修辞学者クインティィリアヌスは、轍を喩えとして以下のように述べている。
「目の前に真っ直ぐに続く轍が示されれば、若い御者にとってはガイドラインのようなもので、それは助けになる。一本ではなく対になっていればなおさらである。その轍からあえて外れることは卑怯者の罪深い行いで、結局は綱渡りのようにゆっくり進むはめになってしまうのだ。」(Quint. *Inst.* 2.13.16)
轍が人生の行方に喩えられるほど、実際の轍は御者にとって荷車を走らせるための重要なガイドラインであり、まさに人生の道標のように、轍は様々な難所や障害物を乗り越えて荷車が進むための重要な情報源と見なされていたことを示している。

しかしステッピング・ストーンや公共噴水は、荷車にとって障害物でしかない。現代の我々は荷車や輓獣、駄獣を使う理由を当たり前のように、「より多く積載するため」と「より速く運ぶため」、つまり効率的に運ぶためと考えてしまう。しかし観察してきたように、ステッピング・ストーンの高さと狭間、また公共噴水の出っ張りは、荷車が通過するには正確な操縦とかなりのスピードダウンを要求する。また、水に濡れると滑りやすい玄武岩による敷石の表面には、汚水や公共噴水からの余剰水が常に流れていた。さらに引手による駄獣の先導が不可欠とすると荷車の速度は人の歩行速度に制限され、「速さ」という利点は失われてしまう。獣に頼らず、積載・運搬効率は劣るもののレリーフに残る人力による運搬が一般的な手段であったのもうなずける。なお、駄獣について、参考になるのは「マリウスのロバ」と呼ばれる、共和政末期の軍人ガイウス・マリウスが訓練したとされる歩兵の行軍の方法である（Plut. *Vit. Mar.* 13.1）。歩兵が武具や工具、また食料袋などすべてまとめて背負って移動するが、駄獣としてロバあるいはラバを使っていたはずで、当然、悪路の行軍も想定されていた。幅員も狭く、ステッピング・ストーンや公共噴水などの障害物が点在するポンペイでも、駄獣を使った輸送が、機動性や効率を勘案すると最良の解決策であったかもしれない。

ステッピング・ストーンや公共噴水の分布が示すもの

さて、ステッピング・ストーンや公共噴水に「荷車の速度を遅くさせる」というもう一つの機能があったとすると、ポンペイ全体の分布はどうであろうか（図4-13、二車線と一車線、袋小路も描き加えている）。ステッピング・ストーンが密に配されているのは、なんといってもスタビア通りで、他に公共噴水も六基設置されている。次に、テルメ通り-フォルトゥーナ通りで、公共噴水は一基しかないが、ステッピング・ストーンの密度はスタビア通りと同じくらいである。他にアウグスターリ通りのステッピング・ストーンの多さが目立ち、やや偏在の印象さえある。もちろん、スタビア通りは南北の幹線街路、つまり都市内物流の動脈かつ街路排水のメインルートでもあり、表面に汚水が流れ込んでいる上に障害物も多く、御者にとっては気を遣う箇所であり、とてもスピードを上げて走り抜けられるような街路とは思えない。テルメ通り-フォルトゥーナ通りもほぼ同じだったであろう。対照的にノーラ通り、アボンダンツァ通りは、ステッピング・ストーンや公共噴水もまばらで、荷車は比較的スピードを出しながらすれ違うこともできた

図 4-26　ポンペイ，ヴェッティ小路，北側の城壁上から眺める

かもしれない。ただ、ポンペイの東半分は未発掘地区が多く、はっきりしたことはわからないが、西半分のように、巨大な市場や工房の集中地区があったとは考えにくく、「円形闘技場」や「大パレストラ」周辺の住宅を見る限り、経済活動も控えめで、むしろ東の三門（ノーラ、サルノ、ノチェラ）への通過交通という側面が強い。

アメとムチで荷車を誘導する

スタビア通りを詳しく見てみると、北のヴェスヴィオ門の近く、あるいはヴェッティ小路のヴェスヴィオ門近くにステッピング・ストーンが少ない（図4-26）。もちろん、北部でおしなべてステッピング・ストーンが少ないのは街路排水が北から南に向かって集まってくるためもあるが、同じく北西の端、コンソラーレ通りに目を向けてみると、この街路にはまったくステッピング・ストーンがないことに気付く。西の端を走るコンソラーレ通りでは両側に住宅が建ち並び（図T1-5、4-27）、決して人口密度が低い場所ではなく、経済活動もとくに低いとは思えない。ちなみにポンペイで最古といわれる「外科医の

図 **4-27**　ポンペイ，コンソラーレ通りを北から眺める，エルコラーノ門からナルキソ小路の間（上），ナルキソ小路とメルクリオ小路の間（下）

図 4-28　ポンペイ，VI.4 の街区（実測図），図 4-31 をあわせて参照

家」はこの街路沿い、エルコラーノ門近くにある。このコンソラーレ通りは、ほぼグリッド状に走っているポンペイの街路の中では異質な存在で、地形を勘案するとポンペイの地盤をつくっている舌状の台地の西の縁に位置し、おそらくポンペイができる前、あるいはポンペイが小さな集落であったころに走っていた街道筋に対応するのではないかと考えられている。[19] 近代でいえばニューヨーク、マンハッタン島のブロードウェイにも似ている。さてコンソラーレ通りの南の終着点では、この斜めに走る街道のために、VI.4 という小さな三角形の街区ができてしまっている（図 4-28）。古代ローマの土木技術を持ち出すまでもなく、テルメ通りに直交させた街路への改修は簡単であろうが何らかの理由で街道筋が保存された。普通であれば何らかの聖域、あるいは権力者の家があって立ち退きに応じなかったなどと考えもするが、この三角の街区にはそうした聖域や立派な家は見当たらず、ここではこのカーブする街路が、荷車の通行にとって思いのほか便利だったのではないか？と考えてみたい。

先の分類の中で、コンソラーレ通りは三メートル以上の幅員をもつ二車線としたが、その幅員は一定ではなく、一番狭い場所では二・七メートルしかない。中型から小型すなわち一・三メートル程度の荷車はなんとかすれ違えるが、一・四〜一・五メートル幅の大型の荷車どうしはすれ違うことができない（イシス神殿通りと同じ）。またエルコラーノ門とテルメ通りの中間でメルクリオ通りとのT字交差部があるが、その周辺では大型がギリギリすれ違えない二・八メートルの道幅をほぼ保っている。このように、ステッピング・ストーンがなく、緩やかなカーブというアメで荷車を誘引しておいて、絶妙な幅員というムチで速度を制限する。このような絶妙なバランス感覚にインフラ整備に長けた古代ローマ人の知恵と工夫が見て取れる。

「いけず」な石

さらに、他の幹線街路にはない特徴がコンソラーレ通りにはある。それは、「保護石」（英語でガード・ストーン、フランス語ではシャッスールー（chasse-roues）、つまり「車輪狩り（ハンティング）」、京都では「いけず石」という）と呼ぶべき石が街路面の端にたくさん並んでいることである（図4-29上）。メルクリオ小路にも見られるが（図4-2）、幹線街路でこれだけ多いのはここだけである（あとであつかうノチェラ通りも同じくらい多く見られる）。これらは、荷車の車輪あるいは車軸がぶつかって縁石や壁面を傷めてしまうことを避けるための石で、荷車が頻繁に走っていたことの証拠になる（図4-29下）。中には保護石というよりは石段のようになっていて、街路から歩道に登るために使われている石もあり街路にしっかりと張り出している。これらはさらに街路幅を狭めるため、絶妙な道幅とあわせてコンソラーレ通りの一部で大型

図 4-29　ポンペイ，コンソラーレ通り東側に並ぶ「保護石」（メルクリオ小路とファルマシスタ小路の間），ともに北から南を望む

図 4-30　ポンペイ，コンソラーレ通りでの荷車の待避，北側ナルキソ小路との Y 字交差部（左），中間モデスト小路との Y 字交差部（右）

荷車は強制的な片側交互通行、中型でもかなりスピードを落とさないとすれ違えない構造になっていたと思われる。このあとのローマ法についてのトピック3を参考にすると、こうした街路の一部占有は訴えられる可能性もあるが、荷車がすれ違うよりも片側交互通行にする方が公共の利益が大きかったのかもしれない。

Y字型の交差部

もう一つ、この街路の特徴として、交差部がY字型になっていることがある。コンソラーレ通りは斜めにグリッド状街路と交わるので南北の街路との交差部ではどうしてもY字になってしまう。ポンペイの人々はこれら二つの交差部に公共噴水を置いた。その結果、噴水の水槽が街路に突出することがなくなり、道幅は狭くても、公共噴水を避けたり、ステッピング・ストーンに合わせて蛇行する必要はなくなる。さらに、このY字路を荷車の「待避場」として使うことが可能となる（図T1-5、4-30）。仮に右寄り通行の慣行が

図 4-31　ポンペイ，ファルマシスタ通り

あるとすると、テルメ通りから北上する荷車はちょうど噴水の前で対向車が過ぎるのを待機できる。逆に南下する荷車は、一番細いフォルトゥーナ通りへの接続部の手前で待避することができる。なお、コンソラーレ通りは南に向かって緩やかに下っており、右寄り通行と待避場所の配置を考え合わせれば下り優先もありうる。また、ファルマシスタ小路を抜けてテルメ通りに出ることも可能だが、ファルマシスタ小路は道幅が一メートル程度しかなく荷車は通行できない（図4-31）。このようにコンソラーレ通りは一部に片側交互通行の部分をもつが、荷車にとってはスタビア通りと比べ走りやすい街路だと見なせる。仮に筆者が御者であれば、蛇行をくり返さなければならないスタビア通りを避け、見通しがよく待避場もあるコンソラーレ通りを使う。とくに「中央広場」の市場に商品を搬入するのであれば断然、コンソラーレ通りが便利である。あるいは、ヴェスヴィオ門から入市して、「配水棟」前の広場からヴェッティ小路に入り左折して、フォルトゥーナ通りから「中央広場」へ向かうのも候補になろう。付け加えておくと、ヴェッティ小路の南端、フォルトゥーナ通りへの接続点もなかなか巧みなつくり

（高さを強調するために高さ方向だけを **2** 倍に拡大）

になっており（口絵19）、街路に突出した公共噴水によってどうしても片側交互通行となるため直進する荷車のスピードが落ち、右左折がスムーズにできるようになっている。もう一つ、コンソラーレ通りを選ぶ理由に緩やかな勾配がある。エルコラーノ門とサルノ門を除いて、ポンペイの門に接続する街路は五パーセント以上の勾配をもつ坂道である。これは荷車通行にとってはやっかいな街路で、その点、エルコラーノ門付近がちょうど頂上となり平坦部に位置する（図4－32）。荷車を停めて入市税を払ったり、すれ違うために一旦停止するには理想的な地形である。まさに荷車用に設計された街路といえるだろう。このように荷車目線で観察すると、コンソラーレ通り－テルメ通り－フォルトゥーナ通りのルートは細い部分もあるが荷車通行に十分に配慮した設計で、スタビア通りやノーラ通り、アボンダンツァ通りと同等の幹線街路と見なせるだろう。

もう一つ、あらためて門の役割とは

城壁と市門には、どうしても軍事的な役割を考えがちである。も

図 4-32　ポンペイ，エルコラーノ門付近の断面図

ちろん建設時には軍事的な機能が期待されて設計されたのは間違いないが、前一世紀末以降、ポンペイを含めイタリア半島は平和な時代を迎え、やがて物流や人流の管理を担うことになる。戦乱の時代は過ぎ去り、新しく都市管理の役割が求められるようになったのである。ここでは都市管理の側面から門の役割を見ていきたい。ポンペイには七つの門（図4-3）が確認されているが、平和な時代が訪れると軍事的な機能は不要になっていく。例えばエルコラーノ門の場合（図4-33）、交互積みと呼ばれるレンガと小さな石材ブロックを交互に整層に積んだ技法が使われており、ポンペイでは一般的に後六二年の地震後、とくに修復に使われた技法と見なされているが、[20]もう少しさかのぼり後一世紀のはじめと考えられている。[21]この門は、中央に舗装路をまたぐ大アーチ、両脇に歩道用の小アーチ（ヴォールト）を備える三連アーチの門であった。現在では中央のアーチは失われているものの左右対称の美しい門である。この門には扉を留める石（留石という、図4-34）が見当たらず、また両脇の壁に扉が取り付いていた痕跡もなく、おそらく扉のない門だったと思われる。マリーナ門、ノチェラ門、スタビア門には留石が確認でき扉は存在したが、エルコラーノ門では軍事機能どころか門扉す

図 4-33　ポンペイ，エルコラーノ門（上），実測図（下）

図 4-34　ポンペイ，マリーナ門の留石

らも失われ、いわゆる人々の移動や物流をコントロールする施設に変わっていた。帝政期がはじまると、古代ローマ都市の門は、まさに関門として、入出市時刻が扉によって規制されたり、市税や物品税が課されるなどの交通の要所になる。求められる機能が都市管理へとまったく変質するのである。

コンソラーレ通りはエルコラーノ門に向かって道幅を徐々に広げていくが（図4-35）、ここでは門の機能と交通規制の関連から、接続する街路を含めて細かく見てみる。まず門内の舗装街路の幅員は約三・四メートルで、車軸の突起を含め一・七メートルまでの荷車であれば、ギリギリすれ違うことが可能である。ポンペイ以外では一・七メートルを超える車幅の荷車もあるようだが[22]、少なくともポンペイで発見された荷車であればなんとかすれ違うことができる。とりあえず対面通行を想定すると、またしてもこの幅は単に「通行できる」という広さではなく、すれ違い「ギリギリ」の数値が設定されていることがポイントとなる。仮に設計者が対面通行可能な市門を設計したのであれば、もっと余裕のある幅員を設定したはずで、周囲の状況を見ても、もっと広い門をつくることは難しくない。おそらく

図 4-35　ポンペイ，エルコラーノ門および同門付近のコンソラーレ通り，北から南を眺める

これまで観察してきた街路の狭小部と同じく「対面通行可能であるが、ゆっくり走らないとぶつかる」という距離感を狙って設計したのではないだろうか？ もちろん轍を観察すれば荷車は堂々と中央を走っており、対向車がやってきた場合のみ、速度を落とし端に寄ってゆっくりすれ違ったのだろうと想像できる。また、現在の道路工事のように、時間を決めて片側交互通行にし進行方向を規制していた可能性もある。このように、門は街路と異なり「狙って」設計されたような工夫が見られ、より計画的な都市管理がうかがえる。

待避場とワンセットで

エルコラーノ門の外側には、広場のような空間があり車両の待機場として使うことができる（図4-36）。門外では入市のための税金が徴収されていたはずで、多くの荷車や搬送人が順番待ちをしていたかもしれない。他の門にも待避場を有する例があり、門と待避場を一体として機能を評価してみたい。加えて、ポンペイの門には、市外だけでなく市内にも小

図 4-36　ポンペイ，エルコラーノ門外の待避場

さな待避場として使える場所が設けられている。はっきりわかるエルコラーノ門の場合、門の内側に向かって右側、さらに外側にも門の正面に向かって右側にスペースがある（図4-35、他の門もあとで取り上げる）。つまり片側交互通行であろうと対面通行であろうと、門に進入する前に右に寄って対向する荷車がないかを確認したと想定される。もちろん無理に進入してもすれ違うことは可能だが、前もって対向車の有無を確認できるのは安全性の確保だけでなく、無理に進入して起こる渋滞や事故の責任を相手側に転嫁することもできる。この待避場の位置を見ると、ポンペイでの車両通行は対向車があれば右側に寄る、つまり右側通行が慣行として存在したのではないかと思われる。これは先に少し触れた縁石の摩耗痕から荷車の右左折の傾向を分析したポーラーによる研究の結果とも一致する[23]。さらに想像を膨らませれば、待避場の存在がスピードを抑制させるサインのように機能していたのかもしれない。

ポンペイの七つの門の通路幅は狭く三・二メートルを超えているのはエルコラーノ門だけである。これを除く六門では幅員が三メートル未満で片側交互通行だったと見てよい。これを見

図 4-37　ポンペイ，ヴェスヴィオ門（上），ノーラ門（中），ノチェラ門（下）外の広場のような空間

図 4-38　ポンペイ，エルコラーノ門に続く門外の街道

てもエルコラーノ門が別格なのは明らかであるが、他の門についても待機場および待避場を含め観察してみる。

まず入市税を徴収するとすれば、入市待ちの列が門の外側にできるため待機場が必要になる。サルノ門だけは遺跡の外側を今も走る鉄道の高架軌道のため確認できない。また荷車が走ったとは考えにくいマリーナ門も除き、エルコラーノ門、ヴェスヴィオ門（図4-37上）、ノーラ門（図4-37中）、ノチェラ門（図4-37下）、スタビア門の五門の外側には広場のような待機場が確認できる。なおエルコラーノ門外では、門に向かってなだらかな上り勾配が続くまっすぐな広い道が接続している（図4-32・4-38）。ここで停車するのは、車止めなどが必要かもしれないが徴税であればやむをえなかったであろう。もしかすると街路面に突き出た石柱に手綱を巻くこともできたかもしれない（ただし、石柱の表面に摩耗痕はなく、常時このような目的で使われたとは考えにくい）。このように、ポンペイの門の外側では、荷車あるいは入市待ちの運搬人が列をなして待機していたはずで、その間をぬって出市する荷車が走っていた。したがって門の内側にも出市待ち荷車の「待避場」が必要となる。

図 **4-39**　ポンペイ，マリーナ門，エルコラーノ門を除く **5** 門の門内のスペース（右上から，ヴェスヴィオ門，ノーラ門，サルノ門，ノチェラ門，スタビア門）

図 4-40　ポンペイ，カストリチオ通りの段差

エルコラーノ門では門の内外ではっきり確認できるが、マリーナ門を除く他の門の内側にも待機（待避）できるスペースをとることはできる（図4-39）。やや小さめなので待避スペースと呼ぶことにすると、ノチェラ門ではやや狭く、本当に待避できたかどうかは判断に苦しむがここにスペースがなければ、以下に説明するように入市専用でなければ渋滞が頻発することになる。

ノチェラ門は九・八パーセント、またノーラ門は一三・一パーセントの勾配があり、上り（入市）の荷車は一旦停止する余裕はない。もし止まってしまえば強力なブレーキがないと逆走して事故になるか、ブレーキがあっても止まってしまうと再び上り出すのはかなり厳しい。下りの荷車が上る荷車に道を譲るのがもっとも合理的であろう。加えてノチェラ門では、この門に至るノチェラ通りの幅員が二・五～二・七メートルと狭く、小型の荷車はすれ違えるが、中・大型の対面通行は難しい。もともと街の中心がある西方からノチェラ通りにつながるコンチアペッレ小路やカストリチオ通りは、重い荷車の通行に適さないタタキ（土を固めた表面）の路面であることや、カストリチオ通りには荷車では乗り越えられない段差があるため（図4−40）、遠いノーラ通りまで迂回に適した経路がない。こうした特徴を勘案する限りにおいて大きな荷車の通行は想定されていない、あるいは無理に進入すると渋滞や事故を引き起こすといってよい。他方、ノチェラ門に残るはっきりした轍を見ると（図4−41）、やはり一・四メートル程度の小型の荷車と判断される。門の外側でも、幅員二・七メートル程度を保ったまま一〇パーセント近い下り坂が一五メートル以上続くため、やはり通過中に荷車を止めるのは危険となる。ここでは一方通行の慣行がなければかなりの混乱が予想される。渋滞や事故を避けるためには、一方通行が原則であり門内のやや広がった場所はこの慣行を破って通行した荷車に対応する緊急避難的な余空間なのかもしれない。こうした待避スペースは、すでに見てきたようにエルコラーノ門では門に向かって右側（図4−35・4−36）、ノーラ門、サルノ門、ノチェラ門では左側、スタビア門では右側（図4−39）である。待避場の配置を見る限り、右寄りが主流ではあるが右寄り通行のみとは断定できない。なお、スタビア門の待避場には深い轍が残っており、それを見ると付設された公共噴水で駄獣、輓獣に水を飲ませることもでき

図4-41　ポンペイ，ノチェラ門に残る轍

たようである（口絵20）。

このように、荷車交通に限っていえば、たとえ門に接続する街路に二車線分の幅員があったとしても、エルコラーノ門を除けば、荷車は片側交互通行でほとんど余裕のない幅員になっている。別格といえるエルコラーノ門でも、ほとんど数センチの余裕しかないギリギリの幅での対面通行が許される状態であった。古代ローマでは、思いのほか荷車の車輪幅にはばらつきがあり、現代のような厳密な規格があったとは思えない。おそらく車輪幅一・五メートルを超えるような大型の荷車の市内への進入を阻むとともに、市内のステッピング・ストーンなどを含め、荷車交通に何らかの規格性を誘導するための工夫だったのかもしれない。

まとめると、街路の幅員、ステッピング・ストーンや公共噴水、また門を細かく観察すると一方通行などの進行方向の規制については、無理に進入すると取り返しのつかない渋滞を引き起こすというはっきりした「不都合」や「不便」というマイナスの要素で御者をコントロールしている。さらにポンペイにおける交通規制の原則は速度規制にある。市内には多くの障害物が待ち構え、すれ違うにも苦労する、こういった「不便さ」を利用して荷車のスピードを抑え込んでいる。荷車や輓獣がもつ「速さ」や「積載量の大きさ」という効率を犠牲にしてでも交通を規制・制御したのである。とはいえ、ほとんどの轍は街路の中央を堂々と走っており、荷車の数が少なければ、こうした「規制」は機能しなくなってしまうので、できるだけ荷車が集中しない時間帯を狙って搬入、搬出するようになるかもしれない。集中と分散は交通渋滞を防ぐための基本であるが、まさにポンペイの人々は驚くべき巧妙さで交通をコントロールしていたといえる。

市内の物流

歩道縁石の穴の謎

交通規制を物流と結びつけた場合、都市外からの物資の搬入と都市内での配達とはやや様相が異なる。それは都市間交通と都市内交通の違いと同じで、現代に例えると都市外では大型トラックや船舶を用いた大規模な輸送、都市内では、ルート設定や荷物の分配など機動性を考慮した配達が重要となる。以下では、ポンペイにおける現代の都市内配達のような物流について考察したい。

ポンペイの歩道縁石には、図4－42右下のような縄を通したと思われる穴が随所に残されていて、輓獣あるいは駄獣をつないでおくための綱を通す穴（以後、係留穴とする）と考えられてきた。[24] つまり、輓獣、駄獣のパーキングである。荷物を積み降ろしするとき、荷車は街路に駐車されたはずで、街路交通の考察では無視したが、ポンペイの街路では、それらも交通を阻害する要素として働いていたに違いない。図4－42は係留穴の分布図である。その特徴をまとめると、

①調査対象としたほぼすべての街路で確認される。ただし例外として、スタビア通りの南端スタビア門付近とアボンダンツァ通りの東端サルノ門付近にはまったく確認されない。
②門外ではまったく発見されない。ただしノーラ門外では未確認のため、存在する可能性はある。
③偏在はあるものの街路の両側に分布する。ただし、メルクリオ通りの北半分とノチェラ通りの南半分だけは例外で東側にしか確認されない。

図 4-42　ポンペイ，縁石に残る係留の分布，右下は係留穴の実例

④アボンダンツァ通りに係留穴が集中する。一方でスタビア通り、フォルトゥーナ通り、コンソラーレ通りでは一部に集中する箇所はあるが、アボンダンツァ通りに比べ相対的に少ない。

⑤同じアボンダンツァ通り沿いでも部分的に集中している箇所が見られる（図中角枠内）。

⑥スタビア通り以西は以東に比べ分布数は少ないが、道幅が広い街路にやや集中する傾向がある（図中丸枠内）。

以上から、あらためてこの穴の機能を考えてみる（研究者によっては係留の機能そのものを否定する者もいるが、何か別の機能が提案されているわけではなく謎とされている）[25]。①および②より、この縁石の穴が都市内に限った用途であること、さらに特徴として列記していないが、管状の穴が破断している例も多く見られ、使用にともなう摩耗が原因と考えられることから（図4-42）、紐状あるいはリング状の道具を穴に通して使っていたことは間違いない。研究者によっては、動物の係留穴としては位置が低すぎる、あるいは係留された動物が交通を阻害するという意見もあるが（あるいは、いくつかはペットの係留の可能性もある。壁画からペットが普及していたことは知られている[26]）、そもそもステッピング・ストーンや公共噴水の例もあり、ポンペイの人々は交通の阻害には無頓着である（巧妙な仕掛けが隠されていたが）。動物の係留以外であれば、何らかの工作物や道具（例えば支柱など）を固定した可能性もありうるが、やはり動物の係留穴以外に具体的かつ有力な案は提示されていない。以上、やや回りくどい説明だが、動物の係留のためとして考察を進めていく。

再荷問題

ポンペイにおびただしく見られる係留穴は、街路の幅員に関係なく両側に分布しており、荷車の通行に配慮した計画的な配置はなされていない。両側に荷車、輓獣、駄獣を係留されたら荷車の通行はとても窮屈になりそうであるが、こうした迷惑行為ともいえる駐車（獣）は、ポンペイではあちこちに見られたに違いない。なお、ヘルクラネウムでもポンペイに比べ圧倒的に数は少ないが確認される。悉皆調査によって、係留穴の分布と面する建物の機能、例えば店舗や住宅にとくに強い相関性は認められなかった。係留穴の集中するアボンダンツァ通りでは、たしかに店舗が建ち並んでいるが、逆にVIII.4の街区では、すべての係留穴が住宅に面しているものの周辺の街区と比べて分布が多いとか少ないとかの変化はなく、ポンペイ全体を眺める限り店舗と住宅の区別が係留穴の分布を左右する要因とはいえない。次に、係留穴と

「轍の深さ」にも相関性は認められない。具体的には轍が深く街路に係留穴が多いという傾向はない。轍を残さない駄獣の存在を考えると、係留穴につながれたのは輓獣ではなく駄獣であったとすると、轍が深くなく係留穴の多いアボンダンツァ通りでは、スタビア通り、フォルトゥーナ通りと比べて、駄獣を係留する頻度が高いと仮定すればうまく説明できるかもしれない。なぜアボンダンツァ通りで駄獣の割合が高いのかについてはうまい答えは見つからないが、庭園や農地をもつ田園住宅の多い東部と高級住宅や工房が立地する西部との違いが影響しているのかもしれない。

ここで注目したいのは、物流に関連する五門の近傍に係留穴が「ない」（ヴェスヴィオ門では配水棟の南側に広場があるが、広場の周りには係留穴はない）のに対して、スタビア通りやノチェラ通りでは、門から少し離れて係留穴が集中する現象は何を示すのかという点である。まず門の直近では駐車（獣）していると都市交通そのものを阻害してしまうことは想像できる。しかし、少し離れて集中する部分ではアボンダンツァ通りに比べても店舗・工房の密度はかなり低く、活発な経済活動が行われていたとは考えにくい。あるいは、門の近くには公共噴水があることも多く、駄獣・輓獣を休息させるためかもしれない。ここでやや飛躍を含むかもしれないが、門の近くで荷車から駄獣へ再荷したという可能性はどうであろうか。C・J・ワイスは、やや係留穴が集中するフォロ通りおよびメルクリオ通り南部の街路を、エルコラーノ門から運送された物資を「中央広場」周辺の市場へ搬入するための「パーキング・エリア」と解釈している。[27]「中央広場」には荷車が進入できないため、駄獣あるいは人力によって物資を市場へ運ばなければならない。そのための再荷を行うための場所としては道幅も広く「中央広場」に隣接しており駐車場として便利に使うことができる。再荷場となる場所を「中央広場」周辺で探してみるとスクオレ通り、マリーナ通りも道幅が広く、係留穴が集中する傾向がある。マリーナ通りにはステッピング・ストーンが一箇所だけ、スクオレ通りにはステッピング・ストーンもない。これと同じ作業がヴェスヴィオ門やノチェラ門に隣接する部分でも行われていたと考えられないだろうか。門付近にステッピング・ストーンがないこともうまく説明できる。門を通過した荷車は門の近く都市内交通に影響のない範囲で駐車（獣）し、担ぎ手あるいは駄獣に荷物を再荷、その後、市内から集荷した荷物を積載し出市する。そのような光景が想像できる。ただノチェラ門だけが、少し違った光景だったかもしれない。少しずつ触れてきたように、ノチェラ門では門外の待機場は立派で広いものの、門内の待避所は存在も曖昧で、余裕をもった大型の荷車のすれ違いは難しい。ただし、ノチェラ門につながるノチェラ通りは大型荷車のすれ違いそのものは可能である。

ギリギリの美学

これまでの議論から、ステッピング・ストーンも公共噴水もないノチェラ通りでは、物理的に大型荷車の進入を防ぐ装置はなく、交通規制も効かず御者や引手の判断に任せるしかない。もし駐車（獣）する荷車があれば、たちまちすれ違いは不可能となり、もし不運にも駐車（獣）している荷車に出くわせば大混乱になったであろう。ポンペイの人々はこうした状況を傍観していたのであろうか？　何らかの対策を講じていたかもしれないが、はっきりとはわからない。ただ、よく観察すると係留穴と保護石に少しヒントがある。先に触れたように、ノチェラ通りでは門に近い約五〇メートルの部分に東側の縁石にしか係留穴が存在しない。また、西側の縁石には、先にコンソラーレ通りで解説した「保護石」が並んで縁石を荷車

図 4-43　ポンペイ，ノチェラ通りの保護石

図 4-44　ポンペイ，ノチェラ通りとコンチアペッレ小路との交差部の実測図

の車輪から守っている。片側にしか係留穴がないのは、両側に動物が係留、荷車を駐車されると、荷車自体の走行が不可能になってしまうため、片側だけ係留・駐車禁止にしておき、一車線分だけの走行の余地を残したとも考えられる。その結果、荷車が縁石ギリギリを通行することになり、保護石を並べて縁石を守ったのではないだろうか（図4-43）。ノチェラ通りは三・五〜三・六メートルの道幅があり、係留された駄獣を無視すれば、車幅一・六メートルを超えるような大型の荷車でもやや余裕をもってすれ違える道幅をもっている。しかし、コンチアペッレ小路の手前では、保護石によって三・二〜三・三メートルくらいに狭まっており、この三〇センチ程度の狭幅が荷車にとっては決定的であり、「ギリギリ」でないとすれ違えない幅となる。これは、もし荷車が駐車（獣）していても「ギリギリ」通過できる（もちろん荷車をしっかりと縁石側に寄せて駐車（獣）することが条件）、しかし徐行しなければならないという絶妙な幅設定といえる。そこで、コンチアペッレ小路との交差部の轍も観察してみると（図4-44）、直進よりも右左折の痕跡が深く、多くの荷車はコンチアペッレ小路へと迂回して西側の市域と往き来したようである。コンチアペッレ小路を越えて北では、アボンダンツァ通りまでの間には両側におびただしい数の係留穴が残されているので、係留・駐車を避けて通過するのは大変だったと想像される。ここからは根拠を欠くが、アボンダンツァ通りの手前で駄獣や担ぎ手に再荷した可能性も考えてよいように思える。門外に停車するおびただしい数の小型の荷車と、ノチェラ通りとコンチアペッレ小路から都市の中心地、あるいは中心地との間にある市内の農園を往き来する荷車との間で、あるいはアボンダンツァ通り手前でより大型の荷車との間で、荷物をやり取りする運送業者あるいは農民、職人の姿が目に浮かぶ。

このように、様々に想像をたくましくしてみると、係留穴の存在・分布は再荷の問題を新しく提起する

図 4-45　ポンペイ，サルノ門付近の轍の実測図

とともに、門の機能について違った側面を語りかける。係留穴が計画的に配置されたかどうかは判断できないが、当時のポンペイの街路風景（ストリート・スケープ）の新しいイメージを想起させる。

ポンペイの交通事情と都市管理

ポンペイの荷車交通について、現在の車線のようなものが存在したのか？というのは街路風景を語る上で大きな問題である。いくつかの研究は、道幅と荷車の車幅を比較して、対面通行、両面片側通行と判定している。[28] たしかに対面通行可能な幅員をもつ街路では車線の存在が想定できるだろう。しかし、轍を観察する限り街路上を整然とすれ違う荷車の列は存在しない。ステッピング・ストーンのない場所で街路幅の広い部分、例えば、アボンダンツァ通りの東端、サルノ門近くには、浅いけれどもたくさんの轍が残されている（図 4-45）。このランダムな分布を見ると、整然とした対面通行の存在は考えにくい。もちろん街路の端を走る荷車もあるが、中央を走り抜ける荷車がないとこうした分布にはならない。スタビア通りの南端、スタビア門近くでも、同じ状況である（図 4-46）。また、

図 **4-46**　ポンペイ，スタビア通り南端，スタビア門付近の轍の実測図

図 **4-47**　ポンペイ，スタビア通り北端，ヴェスヴィオ門の南側の轍の実測図（破線はとくに深い轍，グレーの円はレーザースキャナーの直下で計測できない部分）

スタビア通りの北端、ヴェスヴィオ門付近を見ても、荷車は堂々と街路の中央を走っているように見える（図4-47）。このように、好き勝手とまではいかないが、荷車は街路の好きなところを、ただし対向車と衝突しないように気を付けながら走っていたようである。ステッピング・ストーンのある場所ではスピードを落として、駄獣を引手が先導していたはずである。大型の荷車は、門から入ったところで停車し、駄獣や担ぎ手に荷物を再荷、そのあとは市中からの品物を積み込んでUターンするか、幹線街路をたどって荷物を積み込みながら出門した。あるいは空の荷車を門の近くに移動させてから荷物を積載したかもしれない。

このように、ポンペイの街路は輓獣が牽く荷車、振分荷物を運ぶ輓獣、荷物を担ぐ荷夫なども往来する混沌とした場所であった。加えて決して清潔ではなく、汚れた街路を走る荷車は乾燥した日には土埃を上げて、また公共噴水の近くでは泥水を跳ね上げながら走っていた。また輓獣の糞尿も適切に始末されたとは思えない。あるいはゴミの不法投棄などもあったであろう。荷夫が、車道を歩いたのか歩道を歩いたのかは両方あるだろうが、往来の一部を形成していたのは間違いない。また、各所で荷物の積み降ろし作業も行われていた。その間をぬうように、荷車と輓獣が走り抜けていたのである。こうした混沌とした街路風景の中で、管理者が行える対策は荷車交通の規制であった。交通全体への影響を考えると、輸送能力は高いが、もっとも厄介な障害物になるかもしれない荷車をコントロールするのが有効と考えたのかもしれない。具体的には物理的な進入禁止やステッピング・ストーンによる荷車の速度の抑制、またステッピング・ストーンは場所によっては輓獣の通行にも障害になった。さらに公共噴水も対面通行を阻害する要素として加わる。スタビア通りやアボンダンツァ通りは対面通行可能な道路として説明されるが、実際にはスタビア通りの北部やアボンダンツァ通りの東部では連続する公共噴水によって実質は片側「交互」通行となっていた。また、荷車が必ずしも進行方向右側に寄って通行した形跡はなく、街路の幅員にかかわらず中央を走り抜けていた。こうした状況では、おそらく対面通行可能な街路の方が衝突の危険が高いように思えてしまう。とくにノチェラ門付近では、不合理ともとれる交通規制が観察できる。つまり門に接続する街路が数百メートルにわたって片側通行しかできない幅員にもかかわらず待避できる場所もないのである。

ポンペイの荷車交通を「合理的」に観察していくと、いくつかの越えられない矛盾にぶつかる。例えば、他の市門付近には対向車を待避できる場所が用意されているが、ノチェラ門の内側だけは見当たらない。これは先に説明したレジーナ小路と同じく、もし途中で対向車に出くわしたら、かなりの長距離を戻らなければすれ違うことすらできない。これを理由に、ノチェラ通りを一方通行と見ることも可能だが、むしろ荷車の通行を抑制するために、意図的に「不便」を誘発させた、あるいは放置したと考えるべきで、結果として一方通行を守らなければならない状況に誘導している。この不便さによって荷車の交通は抑えられ（もちろん、残された轍は荷車交通の存在の証拠である）、輓獣による輸送、あるいは再荷が促進された可能性もある。古代ローマ人が「便利さ」ではなく「不便さ」を通じて交通を規制しようとしたのは、とても興味深い都市管理といえる。いわば現代とは逆の方向性（ベクトル）によって都市をコントロールしようとした。こうした方法は、一歩間違えると、都市を衰退に向かわせかねない。つまり人々の交流や商業活動そのものが阻害されてしまうからである。当時の古代ローマ帝国は、平和な時代を目前にして急速な発展のまっただ中にあった。そうした社会、経済的な状況が前提となるコントロール法なのかもしれない。

このあと、法的な側面から古代ローマの道路管理を見ておきたい。都市管理において「法」が大きな役割を果たすのはいうまでもない。本書においては、そうした法的な側面を巧みに避けてきたが、これは筆者の能力の限界も含めて、いまだ不明な点が多いからでもある。多くの法令、布告、判例などを実際の遺跡に関連づける試みは、じつは驚くほど少ない。まずは以下のトピック3を紹介して、今後の研究課題としておきたい。

（1）例えば、本書に寄稿いただいたローレンス教授の著作としては、R. Laurence, *The Roads of Roman Italy*, London, 2011があり、観光・旅行の視点が示されている。

（2）中庭に多人数が使えるような大きめのトイレがあることから、学校ではないかとされる。L. Eschebach, ed., *Gebäudeverzeichnis und Stadtplan der Antiken Stadt Pompeji*, Vienna, 1993, pp. 328–329. あるいはM. Della Corte, *Case ed abitanti di Pompei*, Rome, 1954, pp. 183–184. ただし、夏の食事用の中庭という意見もある。W. F. Jashemski, *The Gardens of Pompeii* Volume II, New York, 1993, p. 193.

（3）M. P. Guidobaldi, F. Pesando, *Pompei, Oplontis, Ercolano, Stabiae*, Roma/Bari, 2018, pp.16–18. 資料は、*CIL* 4.470 = *ILS* 6438a, *CIL* 4.783, *CIL* 4.7667.

（4）ポンペイの交通・物流に関する解説は、以下の論文をもとに加筆、修正したものである。堀賀貴「ポンペイにおける道路交通に関する考察（1）ポンペイ・都市機能研究III」『日本建築学会計画系論文集』第七九巻第七〇五号、二〇一四年一一月、二五七一–二五七九頁、および、堀賀貴「ポンペイにおける荷車交通規制に関する考察（2）ポンペイ・都市機能研究IV」『日本建築学会計画系論文集』第八二巻第七四一号、二〇一七年一一月、三〇三一–三〇四〇頁。

（5）例えば、文献史料によっても明らかである。A. N. Sherwood, J. W. Humphrey, J. P. Oleson, *Greek and Roman Technology: A Sourcebook: Annotated Translations of Greek and Latin Texts and Documents*, London, 1998, pp. 409–512.

（6）R. Laurence, *The Roads of Roman Italy: Mobility and Cultural Change*, London, 1999, pp. 148–161.

（7）交通事故の例としては、C. v. Tilburg, *Traffic and Congestion in the Roman Empire*, London, 2007 を参照。オスティアの例は *CIL* 14.1808, cf. p. 482 = *CLE* 1059, カピトリヌスの丘の例は *CIL* 4.29436, cf. pp. 3536, 3919 = *CLE* 1159 = *ILS* 8524.

（8）J. J. Dobbins, "Problems of Chronology, Decoration, and Urban Design in the Forum at Pompeii", *American Journal of Archaeology* 98, 1994, pp. 629–694.

（9）E. Poehler, M. Flohr, K. Cole, eds., *Pompeii: Art, Industry and Infrastructure*, Oxford, 2011, pp. 149–163.

（10）S. Tsujimura, "Ruts in Pompeii: The Traffic System in the Roman City", *Opuscula Pompeiana* 1, Kyoto, 1991, pp. 58–86.

（11）G. Pike, "Pre-Roman Land Transport in the Western Mediterranean Region", *Man* 2/4, pp. 593–605.

（12）もちろん前輪が心皿と呼ばれる回転子によって車軸自体が後輪とは別に回転し、旋回する半径を小さくすることは技術的に可能で、古代ローマ時代にも存在した。ただし、すべての荷車がその機構を装備していたとは考えにくく、街路の設計で重要なのは、回転子をもたない荷車でも通行できるという点であることはいうまでもない。

（13）A. Varone, "Il progetto di scavo e pubblica fruizione dell'insula pompeiana dei Casti Amanti（insula IX 12）", in P. Guzzo, M. P. Guidobaldi, eds., *Nuove ricerche archeologiche a Pompei ed Ercolano*, Napoli, 2005, pp. 191–199.

（14）E. E. Poehler, "The Circulation of Traffic in Pompeii's Regio VI", *Journal of Roman Archaeology* 19, 2006, pp. 53–74.

（15）A. O. Koloski-Ostrow, "Finding Social Meaning in the Public Latrines of Pompeii", in N. de Haan, G. C. M. Jansen, eds., *Cura Aquarum in Campania*, Leiden, 1996, pp. 79–86.

（16）H. Eschebach, "Die Gebrauchswasserversorgung des Antiken Pompeji", *Antike Welt* 10, 1979, pp. 3–24.

（17）A. Maiuri, *Alla ricerca di Pompei preromana*, Napoli, 1973.

（18）Poehler, *op. cit.*

（19）Guidobaldi, Pesando, *op. cit.*, pp. 18–25.

（20）A. Maiuri, *L'ultima fase edilizia di Pompei*, Napoli, 1942.

（21）T. Fröhlich, "La Porta di Ercolano a Pompei e la cronologia dell' opus vittatum mixtum", in *Archäologie und Seismologie. La regione vesuviana dal 62 al 79 d. C.: Problemi archeologici e sismologici（Colloquium Boscoreale 26.–27. November 1993）*,

München, 1995, pp. 153–159.

（22） Pike, *op. cit.*, pp. 593–596.

（23） Poehler, *op. cit.*

（24） C. J. Weiss, "Deteming Function of Pompeian Sidewalk Features through GIS analysis", in B. Frischer, J. Webb Crawford, D. Koller, eds., *Making History Interactive: Computer Applications and Quanitative Methods in Archaeology (CAA): Proceedings of the 37th International Conference, Williamsburg, Virginia, USA March 22–26, 2009 (BAR International Series* 2079), Oxford, 2010, pp. 363–372

（25） この解釈についての疑問は、D. J. Newsome, "Introduction: Making Movement Meaningful", in R. Laurence, D. J. Newsome, eds., *Roma, Ostia, Pompeii Movement and Space*, Oxford, 2011, pp. 1–56 を参照。

（26） 「悲劇詩人の家」の玄関の「猛犬注意」と記された犬のモザイクや、焼け死んだ飼い犬（首輪が残る）の石膏型取りなど、ポンペイでは実例に事欠かない。カール＝ヴィルヘルム・ウェーバー（小竹澄栄訳）『古代ローマ生活事典』みすず書房、一九九五年、四八〇–四八三頁。

（27） Weiss, *op. cit.*

（28） Poehler, *op. cit.* の他、A. Kaiser, "Cart Traffic Flow in Pompeii and Rome", in R. Laurence, D. J. Newsome, eds., *op. cit.*, pp. 174–193 および Tilburg, *op. cit.*, 2007 など。

トピック3　古代ローマの道路管理

佐々木　健

序

「すべての道はローマに通ず」といわれる。ローマ街道は、砂利、粘土、砕石の上に舗装した、帝国各地を結ぶ軍事高速道路であった。兵站を常時確保し、反射的に民生分野でも往来を確保するため、路面は逆Uの字に湾曲し、歩道側で排水する。したがって、不断の補修維持管理が必要となる。

本トピックは、都市国家であったローマが、版図の拡大にともない道路網が長大化し、東地中海も支配するに至った元首政期（帝政前期）、すなわち後一・二世紀に注目する。この時期には、円滑な交通を法的に確保する手段が整備されていた。今日では、道路や高速道路に関する法は、路線計画、敷設、維持といった建築ハード面、予算や料金徴収といった財政面、速度制限や標識、構造など安全な通行確保に関するソフト面など、多岐にわたっており、行政法の一分野を構成している。本トピックでは、このうち、ソフト面に注目する。しかも、迅速な紛争解決のため、正式な裁判で争うのではない途を紹介する。これにより、古代ローマ人の日常生活にとって、移動や輸送に不可欠であった道路をめぐる利害対立が、いかにして法的解決を予定されていたか、その一端を示し、往来に関する都市管理を論じることとする。

ローマの法と行政

一般に、法律や慣習は、一方では訴訟の場で判断を迫られる裁判官を縛る裁判規範という側面を有し、他方ではそうした判断の判決が予測される以上、訴訟になる以前にも、人々の動きを事実上規律する行為規範という側面とを有するとされる。しかも、古代ローマ社会では、市民が集まる民会で、制定法が議決される。ところで、その法を執行する公務員は、初代皇帝アウグストゥスの個人所有奴隷を起源とし、したがってまさに「公僕」と呼ぶにふさわしい。アウグストゥスは、相続税や消費税を導入することで、個人の財布を国庫のように予算化した。それまでは、少なくともイタリア半島では事実上、無税に近い状態であり、「パンとサーカス」は無償で提供された。また、元首政期の間も、基本的には「小さな政府」であり、行政は名望家など市民の協力、分相応の寄与によって成り立っていた[1]。

ところで、紀元前、共和政ローマでは、方式書訴訟と呼ばれる裁判制度が確立された。そこでは、民会選挙で選ばれた将軍でもある法務官が、訴訟を有効に成立させるか否かを判断する第一段階手続の裁判長を務めていた[2]（図T3-1）。これに対し、訴訟要件の具備が確認された上で、法の適用に必要な事実認定は、審判人と呼ばれる法の素人たる市民が担当し、事件ごとに元老院階層など名望家が記された名簿から選任される。これに先立ち、法務官は、歴代の法務官が訴訟として認めてきた法的保護類型を記した告示に照らし、原告の請求に根拠となる前例があるか否かを審査する。前例があれば既存の法的保護メニュー

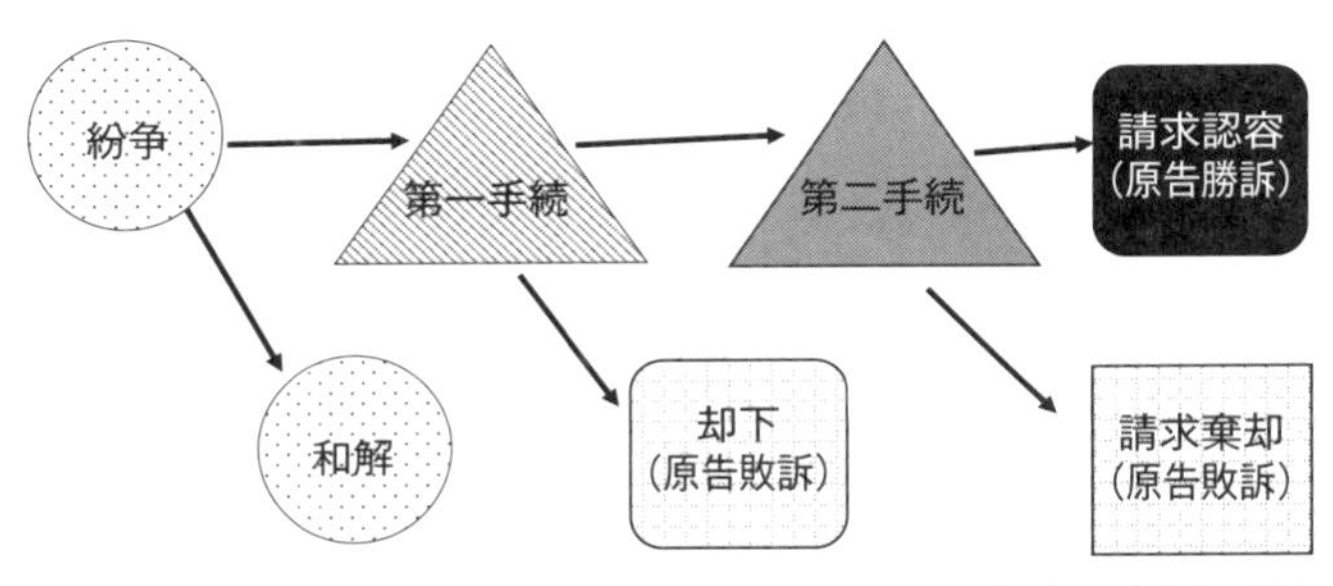

＊民事訴訟は，今日も同様に，二段階に分かれる。紛争が和解に至らない場合，訴訟を受理した上で，実体審理に入るかどうか，第一段階で判断が下される。その必要がない場合，訴訟は却下される。証拠調べをして原告の請求を認めるかどうかは，第二手続で判断される。言い換えれば，原告の敗訴には二種類ある。

図T3-1　訴訟の二段階

に合致するとして訴訟を承認することになる。ただ、具体的事案では結論として不当であると考えれば、訴訟設置を拒絶することは原理的には妨げられない。それは、共和政ローマでは、王政由来の命令権が任期中の法務官に民会で付与されたため、法務官の判断が民主的に是認されたことになるからである。しかし、独断専行は法務官退任後の執政官選挙立候補時、さらにはその退任後に元老院議員となる際に評判を落とすため、現実には社会的に穏当な判断が下されたと目される。しかも、既存の事案に類似した案件が俎上に載せられ、新たに救済を導入すべきと考えられるときは、前述の訴訟拒絶とは逆向きに、法務官が裁量で訴訟を承認する。こうして、後任法務官もまた、問題がない限りその判断を踏襲し、告示が蓄積する。[3] こうした訴訟システムと法実務のための告示とは、共和政の仮面を維持した元首政期にも存続した（ただし、皇帝裁判所としての「特別審理手続」が並置され、やがて二段階制訴訟は一体化し官僚裁判官が登場する）。告示の解釈・適用をめぐって元首政期法学者が数多くの議論を展開し、その痕跡は、

「ローマ法大全」と呼ばれるに至った後六世紀編纂の法典の一つ、『学説彙纂』に部分採録された「告示註解」という文献ジャンルに明らかである。

二段階制では、訴訟設置の是非を審査する前段を経て、後段に進むために、両当事者間に争いのある事実を方式書に記し、法務官は証拠調べを審判人に命じる。その上で、原告主張事実が明白に認められる場合には原告勝訴、明らかでないときには被告勝訴、という判決を下す権限が付与される。この指示に沿い、名望家である審判人は、具体的な事案がはたして保護メニューに該当するか、慎重に判断する。こうした正規の訴訟は、非常に鈍重で、融通の利かない、面倒で時間のかかる手続となる。そこで、この不便を避けるため、道路工事をめぐっては、迅速な、仮処分や行政処分に似た（その起源となった）手続が用いられる。例えば、前述の道路舗装は、不断の維持管理を必要とするにもかかわらず、決して行政機関が発注する訳ではない。そもそも、道路の女王と呼ばれるアッピア街道からして、紀元前に貴族のアッピウス・クラウディウス・カエクスが自身の財力で大改修したことが知られている。しかし、そうした街道に補修の必要が生じた場合、不可避的に往来が阻害される。このときに、以下で見る通り、「公道を行政的な請求で取り戻す[4]」と評される特殊な法的手段が登場する[5]。

道路行政と訴訟

例えば、公道に水があふれ出た場合、それが私有地における建築を原因とするときは、工事をさせた人物が責任を負う、とする史料がある[6]。もっとも、この判断をめぐって、後一・二世紀の法学者間で争いがあったことも史料に明らかであり、当時の社会における責任の所在に関する意識・評価には揺れがあったというべきであろう。しかも、ここにいう「責任」については、訴訟においては裁判長となる法務官が、第一段階として工事の禁止を命じることになっている（なお、元首政期には、法務官は民会選挙で選出された将軍との意味を失い、皇帝の部下ないし顧問といった存在に変化した）。そうして、第一段階として禁止が命じられた工事が、それでもなお継続された場合、命令違反を根拠として正式の裁判が開始される。このように、禁止の発令を受けた第二段階と位置づけられる訴訟において、本来は、損害額が認定された上で、その賠償命令が下されるべきこととなる。ところが、道路の溢水により利用阻害が生じた場合については、損害額の認定は非常に困難となる。したがって、命令を申請した原告による宣誓に基づいて、換言すれば当事者の言い値で、制裁金が決定される。[7] こうして、二段階にわたって、当事者の申請と宣誓というイニシアティブを前提に、往来確保という行政的な作用が確保される制度設計となっている。[8]

他にも、道幅を狭め、[9] 下水道を通し、[10] 悪臭を発生させ、[11] 家畜を放牧し、[12] 暗渠や橋梁を渡し、[13] 伸びた樹木を放置する行為など[14] も規制された。[15] 同様に、暴力的な行為で遮ることも禁止対象とされ、[16] 他方で、公共建築の修理を禁止するためにも市民が命令を申請したが、[17] 同時に都市の美観を保護する観点から、除却を強いるか否かは個別に判断された[18]（図T3-2、T3-3の①と②）。

申請する市民としては、前述のような、禁止命令とその違反に対する制裁金裁判、という二段構えは、それなりに納得できたように思われる。なぜならそれは、以下に見る通り、工事の必要性と阻害の減少という、相反する要請・二律背反を、当事者の主観を尊重しつつ、バランスしていたからである。また、多くの場合、法務官が禁止命令を下した段階、つまり第一段階で、工事者によほどの自信がない限り、工事は一旦中断されたと思われる（図T3-3の①）。というのも、次に論じるように、制裁金支払いの可能性

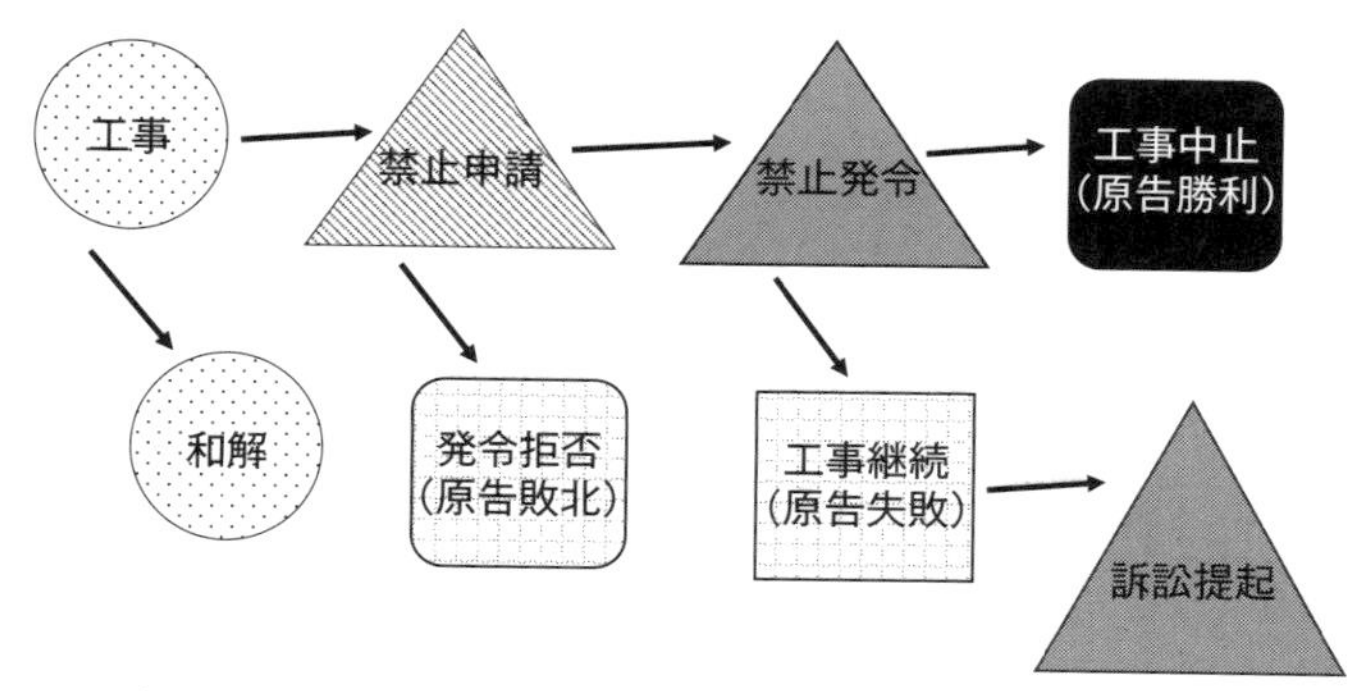

＊工事が紛争となった場合，和解に至れば終息する。和解が調わないときは，工事を差し止めたい原告は，禁止命令を申請する。裁判長が発令を拒絶すれば，原告の敗北である。実際に工事禁止命令が発せられると，制裁金を恐れて工事を中止する事業者もいれば，工事を継続する事業者もいる。訴訟における二種類の敗訴と同様に，命令に反して工事が続けば，原告にとっては別種の失敗である。しかし，ここで，訴訟が提起されるに至る。そしてこの種の訴訟では，工事者の命令違反が許容されるべきかどうかが判断される。

図T3-2　禁止命令と工事

を両当事者が考慮するはずだからである。

ところで、場合によっては、工事の禁止にとどまらず、原状回復命令が下されることもあった（図T3-3の③）。その場合、特に重大問題となるのが、禁止命令と同様、原状回復命令を申請する側は誰かであり、そしてどのような資格で命令を求めるのか、である。元首政ローマでは、道路工事に関する場合、「誰もが」申請可能とされ[19]、市民権が要求されない。その理由は、史料には明示されないが、誰も道路の所有者ではないから、と考えられる[20]。そして、命令と制裁金裁判という先ほど見た二段構えがあるため、第一段階である命令申請と発令の段階では、申請者（原告）の指名で名宛人が決定される。申請者の主張によれば、相手方は損害や利用阻害を発生させるとされる場合に、法務官がその相手方を名宛人として禁止を定型的に発すること

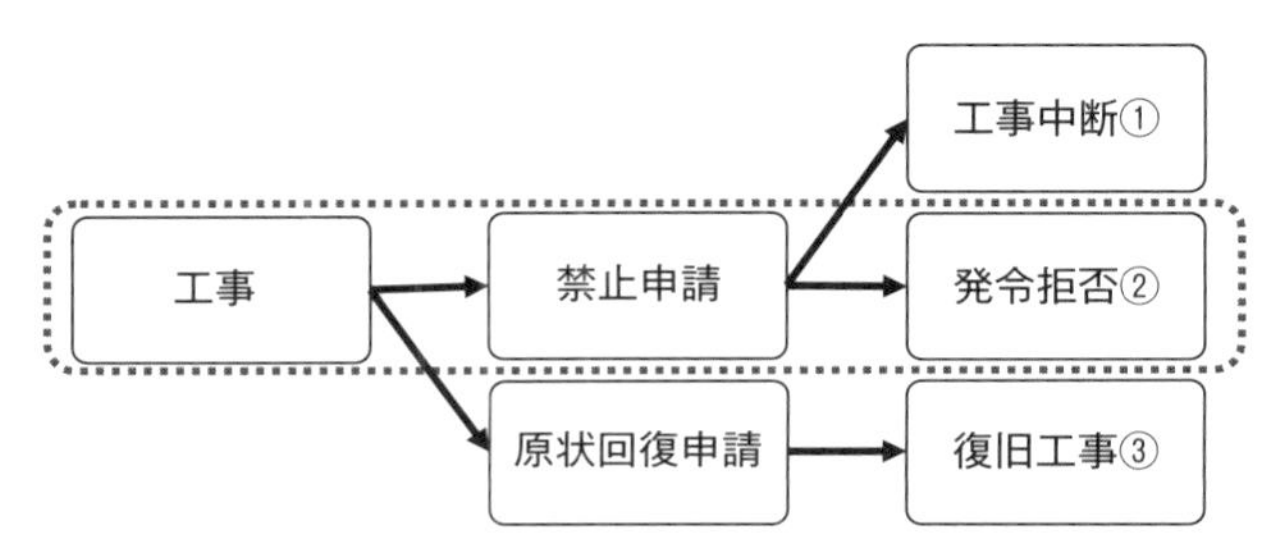

＊工事に対し，禁止が申請されると，工事差止命令が発せられ工事が中断されること（①）もあるが，必要な工事だとして命令が出されないこと（②）もある。工事が進んでおり，原状回復が必要だとの申請があれば，復旧が命じられること（③）もある。

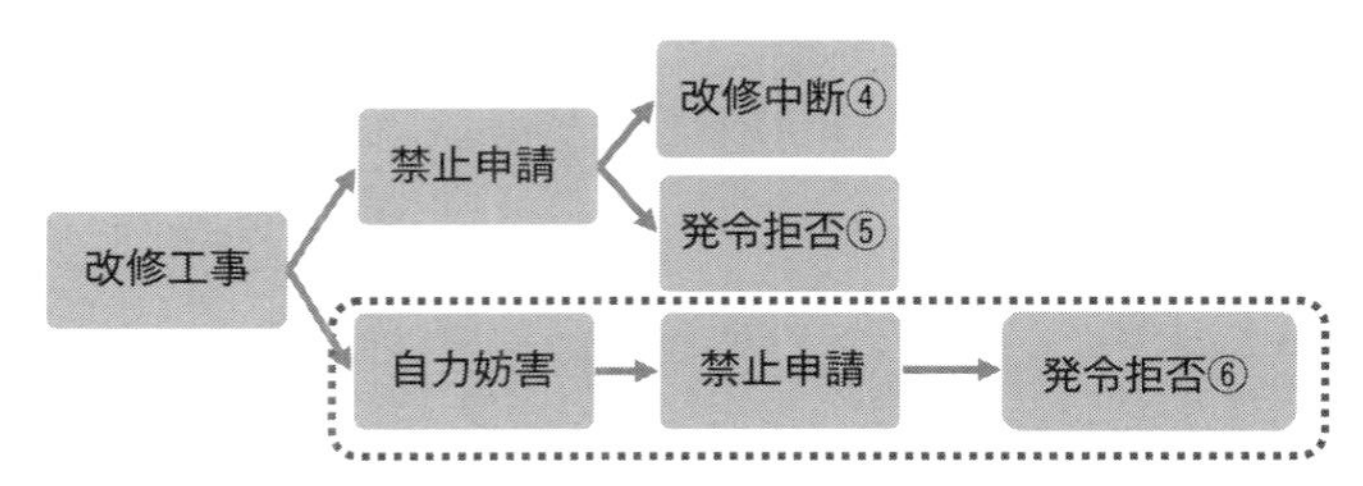

＊劣化に際し必要な改修工事も，禁止命令の対象となる可能性がある。必要な工事であれば，上記②と同様に，禁止命令は発せられない（⑤）。改修に名を借りた不要な工事であれば禁止命令により，改修を中断することになる（④）。改修工事者が，工事を妨害された場合，妨害差止を申請しても，不要な工事であれば禁止の発令は拒否される（⑥）。上記②と同様に（図の点線囲み），必要な改修を妨害した者が工事禁止を申請しても，発令されることはない。

図T3-3　禁止申請と発令の拒否

になっている。すると、工事に無関係な人物を指名しても、第二段階に当たる制裁金裁判では、禁止違反ないし回復義務違反がないと認定され、申請者は敗訴するはずである（以下では、禁止も不作為義務ととらえ、回復義務などと共に義務と呼び、禁止違反も不作為義務違反として義務違反と表現する）。

じつは、第一段階で定型的に発令された命令が、具体的にその名宛人に義務を課しているといえるか否かをめぐる紛争こそ、第二段階たる制裁金裁判の本質である。裁判の場では、命令申請者は名宛人の義務違反を主張し、そのため命令の拘束力が被告におよんでいることを前提とする。しかし、発令が定型的である以上、具体的名宛人には、自己に対する拘束力を争う余地は別途残されている。そこで、裁判の原告となる命令申請者は、自己の訴えが相手方を徒に紛争に巻き込む「濫訴」でない旨の宣誓をして、訴訟開始を求める。これに対し被告は、発令済みである事実は争うべくもないが、禁止違反の事実はない、あるいは回復義務は負わない（すでに果たした）などと主張する。こうして両者は宣誓に際し、自己の主張が偽と認定された際に一定額を支払うことも同時に約束する。しかも、原告が偽誓とされる際の支払額を先に自ら約すため、前述の通り、いわばその「言い値」で制裁金が設定される。被告はその義務を争う以上、偽誓とされる際の制裁金を同額で約すことになる（ただし、一定の制限ないし法務官による上限設定が知られている[21]）。両当事者の宣誓は、両立不能である。被告が義務に違反しているか否かの二択であり、必ず一方が敗訴する。紛争に落としどころを探るのでなく、裁判で決着を付けるため、矛盾する二名の主張を二通の宣誓に転換して、訴訟とするのである。したがって、命令の名宛人にとって、自らにその拘束力がおよぶこと、したがって義務を負うことに心当たりがあれば、訴訟に至った場合の制裁金支払いを恐れ、工事を続行しないと目される。同様に、原状回復命令により、作業前の状態へと復旧が命じられることがあり、その際、工事者でなくても、工作物を所持する人物が名宛人として申請者により指名される[22]。

復旧工事に際しては、誰に費用を負担させるかも問題となる。そもそも、通常の経年劣化についても二種の場合分けが行われていた。すなわち、落札により請負人が受注し公金を支出する場合[23]と、沿道民に自費で修復工事を行わせる場合[24]とが区別された。これと同様に、工事が道路利用を阻害するとして原状回復命令が申請され法務官が発令した場合についても、命令名宛人が自費で原状回復を実現する場合と、差し当たりは命令申請者が自費で復旧し相手方には手出しさせない（受忍させる）ときとが併存したようである[25]。

ところで、道路工事が往来を妨害するとしても、経年劣化などにより必要となる改修工事は、一定の保護を要する。つまり、改修工事・復旧工事に対する妨害行為も、利用阻害行為と同様に、禁止命令の対象となりうる（図T3-3の④と⑤）。もちろん、改修の名を借りて実質的に道路を劣化させる工事は、利用阻害行為と認定される（図T3-3の②（または⑤））。しかし、そうではなく、広さや高さを復元し、障害を除去し、平坦に戻し、あるいは清掃する場合には、必要な工事として保護され、これに対する妨害は禁止される[26]（図T3-3の④）。他方で、路面の素材を土から石、石から土へと変更することは認められず、暴力的工事妨害を甘受すべきとされる[27]（図T3-3の⑤）。また、申請に基づき発令された工事妨害禁止を無視すると、前述の制裁金が課されることとなる[28]。

このように、市民が申請するのを俟って、訴訟では裁判長でもある法務官が禁止・回復命令へと動き出す。しかし同時に、申請者がかつて道路上で行った違法建築にとって、相手方の建築が有害であると主張しても、禁止は発せられない[29]。おそらくはその根拠は、申請者自身がすでに共同利用を阻害していることにあると考えられる。申請に対し法務官は定型的に判断を下すが、その際には名宛人となるべき相手方から適宜、主張や経緯が聴取されたと考えられる。[30] また、工事が複数人により手配された場合、制裁金は各人に重ねて課されたようである。[31]

結

以上の考察から、道路について、利用阻害行為の禁止と、改修工事妨害の禁止とが、併存することが明らかであろう。また、利用阻害工事については、原状回復命令により復旧工事が命じられることもある。しかも、改修工事と称する不当な工事には、工事への妨害禁止を申請しても、発令が拒絶されることになっている（図T3-3の⑥）。すると、市民からの申請を受けた法務官は、事情をある程度、調査することになる。妨害禁止を申請する側が、わざわざ自らの先行工事が不当であったと述べるはずはなく、被告とされた名宛人が、発令手続において、改修工事の不当性を主張したと考えるべきである。このようにして、改修工事を放任した上で後に原状回復命令により復旧を実現させるよりも、工事を妨げる自力救済が認められることとなる。実力行使により妨害された工事者側は、正当な補修・改修であるとの自信があれば、改修妨害禁止を申請するはずである。先行する改修工事を度外視すれば、改修妨害も道路上の建築も、禁止の申請者からは「暴力」と映る。しかしそうした改修や建築が有用であり禁止の必要がないと考えられる場合（図T3-3の②と⑥）、禁止は発令拒否される点で共通する（図T3-3の点線囲み）。また、このように一旦は当事者が命令申請に先立ち工事の当不当を独自に判断し爾後の行動を検討するため、道路の維持管理という点から見れば、迅速で経済的・効率的な行政政策と評価できる。申請者が自費で改修する用意があれば迅速に障害は除去され、事後的に補償を求めることにより利用阻害は最小限にとどまり、工事費も全体として抑えられよう。

加えて、工事の禁止命令が下されると、不作為、つまり工事を継続しないことについて、被告は担保を設定するよう求められ、しかも場合によっては相続人にもその責任がおよぶことがあった。[32] その背景として、古代ローマ社会では、隣地者による建築工事に際し、損害発生に備える担保として契約締結が求められたことを想起すべきである。[33] 道路工事に関しても一般の（敷地内）建築工事に関しても、当事者の宣誓額を基礎とする制裁金をめぐり両者が自己の正当性を主張する。工事が不要で往来を阻害すると考えれば、禁止命令を申請する。名宛人は必要な工事だとの自信があれば、発令拒絶を求める。法務官は差し当たり禁止を発令するが、名宛人は無視しうる。命令申請者は工事中断を求め、自己の正当性を宣誓し制裁金を賭ける。命令の名宛人はそれでもその拘束力を争う場合、義務違反はないと主張し、命令違背と認定された場合には制裁金を支払うと宣誓する。こうして、工事者と相手方（禁止申請者であり訴訟の原告）との間で、いわば度胸試しの様相を呈する。二通の矛盾する宣誓が、必ず一方当事者の敗訴をもたらす訴訟へと姿を変えるからである。

こうして、古代ローマには、現代日本のように「警察が往来阻害活動に注意を与え、改修であっても工事には事前許可を申請させ、改修工事に対し異議申し立てがあれば工事者でなく行政機関が受け付け、行政の下した工事許可が不当であるとして裁判で取消しを求め争う」、という遠回りの姿は見られない。たしかに、その主因は、公務員たる警官が存在しなかったためであるが、あえて喩えるなら、市民が工事者に、工事者が工事妨害者に、反則切符を切るようにして禁止命令を申請している、という形に近い。はたして必要な改修工事なのか、そうだとしても往来を阻害する度合いが高すぎないか、市民が自主的に判断し、当事者が交渉し、決裂すれば命令レベルに移行する。禁止や原状回復が発令されたとしても、それが現実の制裁金支払いに進む前には、裁判という第二レベルを経る必要がある。しかも、裁判の場では、市民が損害相当額を申告し宣誓する。可能な限り迅速に万人による道路利用を保証するには、こうした二段構えが適合的であった。このように、行政活動への市民参加が道路とその維持管理を下支えしていた。換言すれば、市民の自主的参加に基づき道路の都市管理が果たされた、といえよう。

（1）新保良明『古代ローマの帝国官僚と行政：小さな政府と都市』ミネルヴァ書房、二〇一六年、特に一―一二頁参照。

（2）ローマ民事訴訟の二段階制については、木庭顕『新版ローマ法案内』勁草書房、二〇一七年、「2-4　民事訴訟」五七―六二頁、および佐々木健『古代ローマ法における特示命令の研究』日本評論社、二〇一七年、「はじめに」を参照。

（3）告示は、やがてハドリアヌス帝により集成された。オットー・レーネル（吉原達也訳）「永久告示録（上・下）」『法学紀要』五六号、二〇一四年、二七四―二三六頁、同五七号、二〇一五年、七〇―三一頁参照。

（4）J. M. Alburquerque, "Perfil de la orden interdictal ne quid in loco publico fiat (Que nada se haga en lugar público, D. 43.8.2, pr.)", in Derecho y Opinión, *Revista del Departamento de Disciplinas Histórico-Jurídicas y Económico Sociales* 5, 1997, pp. 139–160, 160; J. M. Alburquerque, "Consideraciones en materia de proteccion vial: El interdictum "ne quid in via publica itinereve publico fiat, quo ea via idve iter detenus sit fiat" (D.43.8.2.20)", in R. Lopez-Rosa, F. del Pino-Toscano, eds., *El derecho de familia y los derechos reales en la romanistica espanola (1940–2000): Segundas Jornadas Andaluzas de Derecho Romano*, Huelva, 2000, pp. 259–296, 264.

（5）佐々木、前掲書、九三―九五頁参照。

（6）『学説彙纂』（*Dig.* 43.8.2.28）（ウルピアーヌス『告示註解』（Ulp. 68 *ad ed.*））：「またラベオーが記すには、何ぴとかが、道で集められた水が氾濫するように、自らの土地において建築した場合、彼が特示命令によって責めを負うのではない、なぜなら、彼は水を侵入させたのではなく、水を受容しないからである。しかし一層正しいことにネルウァが記すには、いずれにせよ責めを負い、土地が公道に接しその土地から導出された水が道を一層劣ったものにする場合は明らかであるが、水が隣人の土地からあなたの土地へ来るならばどうかというに、なるほど、あなたがこの水を受容する必要がある場合、あなたの隣人を相手方として特示命令が適用されるものとし、しかしその必要がない場合、あなたの隣人は責めを負わないが、あなたが責めを負い、というのも、自身の水の使用を有する人が、作られたものを有すると見られるからである、と。またネルウァが記すには、あなたを相手方として特示命令によって争われる場合、あなたを相手方として争う人の判断によって隣人を相手方としてあなたが争うこと以上のことを、あなたが行うよう強いられるべきではない。そうではなく、すでにあなたが善意で隣人を相手方として訴えており、そしてあなたが原告としての判断によって隣人を相手方として争わないことがあなたの責任ではない場合、これとは異なり、あなたも責めを負うように、と考察する人々がいる。」

A. Palma, "Le strade romane nelle dottrine giuridiche e gromatiche dell'età del principato", in *Aufstieg und Niedergang der römischen Welt, Geschichte und Kultur Roms im Spiegel der neueren Forschung*, II-14, Berlin, 1982, pp. 850–880, 864; Alburquerque, *op. cit.*, 2000, p. 295も参照。

（7）根拠史料としては、下記の「原告に利害関係のある額 quanti actoris intersit」をあげることができる。『学説彙纂』（*Dig.* 43.8.2.44）（ウルピアーヌス『告示註解』（Ulp. 68 *ad ed.*））：「この特示命令は時限的ではないことが知られるべきである。というのも、公的便益に関わるからである。そして有責判決は、作られたものが除却されることが原告に利害関係のある額に基づいて定められるべきである。」

（8）誓約に基づく訴訟について、佐々木、前掲書、一一一四頁参照。

（9）『学説彙纂』（*Dig.* 43.8.2.25）（ウルピアーヌス『告示註解』（Ulp. 68 *ad ed.*））：「公道の往来が奪われ、または道が狭められた場合、政務官が介入する。」

（10）『学説彙纂』（*Dig.* 43.8.2.26）（ウルピアーヌス『告示註解』（Ulp. 68 *ad ed.*））：「何ぴとかが下水道を公道に侵入させ、そのことに基づいて道が下水道のせいで一層不快となる場合、彼が責めを負う、というのも、彼が侵入させたと見られるからである、とラベオーは記す。」

（11）『学説彙纂』（*Dig.* 43.8.2.29）（ウルピアーヌス『告示註解』（Ulp. 68 *ad ed.*））：「同人〔＝ネルウァ〕がいうには、悪臭のみによってその場所が悪疫をもたらすようになる場合、この事案について特示命令を用いることは不適切でない。」

（12）『学説彙纂』（*Dig.* 43.8.2.30）（ウルピアーヌス『告示註解』（Ulp. 68 *ad ed.*））：「この特示命令は、公道または公的な通りにおいて放牧が行われて道を一層劣ったものにするものにも適用される。」

（13）『学説彙纂』（*Dig.* 43.8.2.33）（ウルピアーヌス『告示註解』（Ulp. 68 *ad ed.*））：「私は、公道を横切って暗渠および橋梁を造ることが許されるべきか否かが、論じられているのを知っている。そして非常に多くの人が、特示命令によって彼が責めを負うことを是認する。というのも、彼は道を一層劣ったものにしてはならないからである。」

（14）『学説彙纂』（*Dig.* 43.8.2.40）（ウルピアーヌス『告示註解』（Ulp. 68 *ad ed.*））：「あなたの土地から樹木が公道へと、通行にとって妨げとなるように落下し、その樹木をあなたが放棄されたものとする場合、責めを負わないとラベオーは記す。他方、彼がいうには、原告が自らの費用で樹木を除却する用意があった場合、あなたを相手方として公道改修についての特示命令によって争おうとするのは正当である。しかし、あなたが放棄されたものとはしていない場合、あなたを相手方としてこの特示命令によって争われるのは正当である。」

（15）佐々木、前掲書、九七–一〇〇頁も参照。

（16）『学説彙纂』（*Dig.* 43.8.2.45）（ウルピアーヌス『告示註解』（Ulp. 68 *ad ed.*））：「法務官は、「公道または公的な通りで、通行し、通過させることが彼にはできなくなるように、暴力が行われることを私は禁じる」という。」

（17）『学説彙纂』（*Dig.* 43.8.2.7）（ウルピアーヌス『告示註解』（Ulp. 68 *ad ed.*））：「何ぴとかが公的な場所に置かれることにしたものを修理しようと望んだ場合、アリストーがいうには、それを修理することを禁じるためにこの特示命令が適用される。」

（18）『学説彙纂』（*Dig.* 43.8.2.17）（ウルピアーヌス『告示註解』（Ulp. 68 *ad ed.*））：「何ぴとかが何らの妨げなく公的な場所に建築した場合、破壊により都市が醜くされないように、そして特示命令が禁止的であって回復的ではないので、彼は取り壊すよう強いられるべきではない。他方で、その建築物が公的な使用を妨げる場合、なるほど公的建築物を管理する人はこれを除却せねばならず、あるいは妨げない場合、彼に地代を課さねばならない。というのも、地租は、土地に対して掛けられることに基づいて、このように地代と呼ばれるからである。」

『学説彙纂』(*Dig.* 43.8.7)(ユーリアーヌス『法学大全』)(Iulian. 48 *Dig.*)):「なるほど、誰も禁じることなく公的な場所に建築した人は、破壊により都市が醜くならないように、取り壊しを強いられるべきではないが、法務官の告示に反して建築した人は、建築物を除却せねばならない。そうでなければ、法務官の命令権が無力で空虚になるであろう。」

(19)『学説彙纂』(*Dig.* 43.8.2.2)(ウルピアーヌス『告示註解』(Ulp. 68 *ad ed.*)):「そして公的な便益にも私人の便益にも、これを通じて配慮されている。というのも、公的な場所は特に私人の使用に供され、すなわち各人固有のものとしてではなく国家の法に基づくものであり、また我々は、人民のうちで誰もが禁じるために有する権利と同じだけ、保持するために権利を有するからである。これにより、もしも私人の損害におよぶ工事が公的な場所で行われる場合、禁止的特示命令により被告とされることが可能であり、この事態のためにこの特示命令が示された。」

(20)間接的には、下記史料で人民が公道を保有する旨が記されたと解される。『学説彙纂』(*Dig.* 43.11.2)(ヤウォレーヌス『カッシウス抄録』(Javol. 10 *ex Cas.*)):「人民は、使用することがないからといって、公道を放棄することはできない。」

(21)提示義務違反の場合に関してではあるが、訴訟物評価とその額について、邦語では佐々木健「古代ローマの提示訴権と評価額減殺」額定其労・佐々木健・髙田久実・丸本由美子編『身分と経済』慈学社、二〇一九年、五三一－五五八頁、註二五対応本文参照。

(22)『学説彙纂』(*Dig.* 43.8.2.35)(ウルピアーヌス『告示註解』(Ulp. 68 *ad ed.*)):「法務官は、「公道または公的な通りにおいて作られたもの、侵入させたものをあなたがもっており、それによりこの道またはこの通りが一層劣ったものとなっており、そうなる元となるものを、あなたは原状回復するように」という。」

(23)Palma, *op. cit.*, pp. 874–875. なお、同頁nt. 86によれば落札された費用は公金簿に記入され、四〇日以内に支払われる。

(24)『学説彙纂』(*Dig.* 43.8.2.22)(ウルピアーヌス『告示註解』(Ulp. 68 *ad ed.*)):「道のうちで、あるものは公的で、あるものは私的で、あるものは集落のものである。我々が公道と呼ぶのは、ギリシア人が王の道(バシリカス)と呼び、我々は法務官の道、あるいは執政官の道と呼ぶものである。私道とは、農道と呼ぶ人々もいる道である。集落の道とは、集落内にある道、または集落に連なる道である。これらも公道であると呼ぶ人々もいる。このことが正しいのは、その通りが私人たちの持ち寄りによらず作られた場合である。これとは異なるのが、私人たちの持ち寄りによって修復される場合である。というのも、私人たちの持ち寄りによって修復される場合には、まったく私的な道ではないからである。というのも、共同の使用および便益を有するがゆえに、修復は共同でなされるからである。」

(25)『学説彙纂』(*Dig.* 43.8.2.43)(ウルピアーヌス『告示註解』(Ulp. 68 *ad ed.*)):「〔法務官は〕「あなたは原状回復するように」という。原状回復すると見られるのは、以前の状態に戻す人である。これが行われるのは、あるいは何びとかが作られたものを除却し、または取り除かれたものを元に戻す場合である。また時には、自らの費用によることもある。というのも、特示命令を得た際の相手方自身が行い、または相手方の指図によって他の人が行い、もしくは他の人が行ったことが追認された場合、相手方自身が自らの費用で原状回復せねばならないからである。これに対し、こうしたことがいずれも生じなかったが、作られたものを相手方が保持する場合、我々は彼が受忍のみを給付せねばならないというものとする。」

(26)『学説彙纂』(*Dig.* 43.11.1.1)(ウルピアーヌス『告示註解』(Ulp. 68 *ad ed.*)):「道を開通させるとは、かつての高さおよび広さにまで回復することである。さらに、清掃することも改修の一部である。他方で、本来清掃することと呼ばれるのは、その上にあったものを取り除くことによって、本来の平坦へと戻すことである。というのも、開通させる人も掃除する人も以前の状態に戻す人も皆、たしかに改修しているからである。」

(27)『学説彙纂』(*Dig.* 43.11.1.2)(ウルピアーヌス『告示註解』(Ulp. 68 *ad ed.*)):「ある人が改修を装って道を一層劣ったものにする場合、暴力を甘受しても罰をともなわないものとする。それゆえに、特示命令を受けた人は、改修の名の許に道を広くも長くも高くも低くもすることはできず、あるいは土の道に砂利を投げ込むこと、土であるべき道を石で覆うこと、もしくは逆に石で舗装された道を土の道にすることはできない。」

(28)史料では、「原告の利害関係額 id quod actoris intererit」と表現される。『学説彙纂』(*Dig.* 43.11.1.3)(ウルピアーヌス『告示註解』(Ulp. 68 *ad ed.*)):「この特示命令は、万人のために万人を相手方として永久に与えられるものとし、また原告に利害関係があるであろう額について有責判決を有する。」

(29)『学説彙纂』(*Dig.* 43.8.2.15)(ウルピアーヌス『告示註解』(Ulp. 68 *ad ed.*)):「同人〔=ラベオー〕がいうには、公的な場所において私が建築し、さらにこの建築物は、あなたが公的な場所にすでに建築していたものを害する場合、もしもあなたが法によってあなたへの許可に基づいて建築していたときを除き、あなたも不当に建築したので、この特示命令は適用されない。」

（30）『学説彙纂』（*Dig.* 43.8.2.28）（ウルピアーヌス『告示註解』（Ulp. 68 *ad ed.*））（前掲注（6）所引）参照。被告による弁明の機会については、A. M. Giomaro, "s. v. Interdicta" in *Digesto delle discipline privatistiche* 4, Sezione Civile, vol. 9, Torino, 1993, pp. 502–514 参照。なお、この事典的概説によれば、被告の法廷召喚を必ずしも要しない点で、発令手続は「休廷日」にも利用可能な「迅速性」が特徴だと解される。

（31）『学説彙纂』（*Dig.* 43.8.2.41）（ウルピアーヌス『告示註解』（Ulp. 68 *ad ed.*））：「同じくラベオーが記すには、私の隣人が道を工作物によって用立たなくした場合、たとえ彼が作った工作物が私にとっても彼にとっても有益なものであっても、しかしながらその隣人が自らの土地のためにこれを作ったときには、私がこの特示命令によって被告とされることはできないが、他方で、我々が共同でこの工作物が作られるよう手配した場合、我々の双方が責めを負う。」

（32）『学説彙纂』（*Dig.* 43.8.2.18）（ウルピアーヌス『告示註解』（Ulp. 68 *ad ed.*））：「ところで、依然として何らの工事も行われなかった場合、裁判者の職務には、行われないように担保設定されることが含まれる。これらすべても、相続人およびその他の承継人の人格においてさえ担保設定されるべきものとする。」

（33）担保問答契約という形で提供を求められる保証に関しては、吉原達也「D.39, 2 における未発生損害（damnum infectum）について」『広島法学』八巻二・三合併号、一九八四年、一二三–五六頁参照。

おわりに　都市の最期

発展していく都市の管理として「規制」をかけていくのはわかりやすく有効な方法である。さらに一歩踏み込んで、「不便」、「不都合」な部分を意図的につくり出して「制限」していく。これは、ローレンス教授が指摘するような、古代ローマの都市管理の手法あるいは都市の発展形式ともいえる「個人的にはうまくいっている人々に対して脅威を印象づけたり、あるいはまったく関係のない脅威を示したりする」政治的な手法に似ている。本来であれば、「法」のもとでの「是非」が問われるべきなのかもしれないが、その中に「方便」あるいは「便宜」を巧みに持ち込む、しかも脅威として「不便」、「不都合」を持ち出す点で共通点を感じてしまう。ただ、こうした都市管理の手段は、うまくいっている部分にも不便や不都合がおよぶ可能性があり危険性をはらんでいる。

ポンペイその後

ポンペイで後六二年の地震のあと、「中央浴場」の新設など復興事業が進むなかで、ポンペイを含めイタリア半島の人口は増え続けていた[1]。帝国西部に比べ人口の伸びは緩やかではあるが、火山の大噴火という悲劇的な災害に見舞われたとしても、居住地としての魅力が完全に失われたわけではない。噴火のあと都市は再建されなかったのであろうか？　はっきりしたことはわかっていないが、記録がないことから噴火がおさまったあとの火山性堆積物の上に新しく都市が再建されることはなかったようである。[2] もちろん、違う場所に再建された可能性はある。海岸線は数百メートルも沖合に移動したはずで、再建されたとすれば都市もそれに合わせて海側に移動したかもしれない。後五世紀にも大噴火の記録があり、その火山灰によって埋もれた別荘も発見されており、[3] 徐々に、ポンペイとは別の場所に都市が生まれていたかもしれない。ヘルクラネウムの場合も同様である。ただ、後七九年の噴火のあと、ナポリにヘルクラネウムという居住区ができたという記録もあり、ヘルクラネウムで住処を失った人々が移住したのではないかと考えられている。もしかすると、一日にして都市全体がほぼ完全に失われるという未曾有の出来事は、再び同じ場所に都市を再建するという意欲までも奪ってしまったのかもしれない。とくに後六二年の大地震のあとには、邸宅が宿屋に改築されたり、瀟洒な住宅が閉鎖されたり、ポンペイやヘルクラネウムの社会には変動が起こっている。[4] こうした変化には、再度の地震を恐れた人々が帰還を避けたのかもしれないし、あるいは古代ローマの社会全体に変動が起きたなど、多くの説明が与えられ、それぞれに説得力はある。[5]
しかし、冷静に地形を分析してみれば、一九世紀の地図や現在の地図から、噴火前後の地形を推定することは可能で、[6] ポンペイの東側、南西部は急峻な崖に囲まれ、決して都市建設に有利な地形とはいえない。つまりポンペイは一万を超える人口、あるいはさらに多くの人口をかかえられるような都市の再建に適さない土地であり、その問題は噴火前、おそらく後六二年の地震のころには認識されていたのではないだろうか。「中央浴場」の建設が地震から一五年以上経過しても完了していないこと、「中央広場」も依然改修中であったことから、復興事業が順調に進んでいたとはいいがたく、ポンペイの都市としての発展は限界に達し、すでに噴火の前、地震の前後に成長が止まっていた可能性はある。トピック1で述べたサルノ川からの美しい都市景観は、さらなる発展を保障するものではなく、むしろ完結した美しさである。破壊的かつ悲劇的なポンペイやヘルクラネウムの最期はわかりやすく象徴的であるが、その陰にはすでに都市の成長の限界に達していた可能性が隠されている。

都市景観を管理する　オスティアの場合

突然に最期を迎えたポンペイに対し、首都ローマの外港でありティベリス川の河口に位置するオスティアは、いわばゆっくりと死を迎えた都市であり、都市の最期を語る上で別の材料を提供してくれる。

オスティアの起原は前六世紀にさかのぼる植民都市（コロニア）とされるが、遺構として確認できるのは前四世紀に建設された要塞である（地図8・9）。このときビヴィオと呼ばれる交差部を起点とし首都ローマに向かってデクマヌス・マキシムスが新たに敷設され、それを要塞の東西貫通街路として要塞が建設された[7]。二〇世紀半ばの発掘によって、要塞を取り囲んでいた石積みの城壁と、東西南北（正確にはデクマヌス・マキシムスは東北と南西を結んで走っているが、わかりにくいので東西と記す）のうち、東西の城門が想定された位置通りに発見された。古代ローマの領土拡張や首都ローマの発展にともなって、オスティアも急速に拡大していく。前一世紀には海へ向かう道がデクマヌス・マキシムスとして都市内に取り込まれ、その西端にマリーナ門が設置され、デクマヌス・マキシムスの東方の延長上にローマ門、旧街道であったカルド・マキシムスの南方にもラウレンティーナ門などの新しい市門が設置され、市域は大きく広がり要塞から都市へと変貌していく。要塞の廃止にともなって、海岸沿いの街道（現在のフォーチェ通りとカルド・マキシムス）と海あるいは河口へ向かう道（現在のデクマヌス・マキシムスの西方部分）が交わるY字型の三叉路であったビヴィオは、要塞の城壁外側に沿うように、新たにエパガシアーナ通り、イシス通り（ともに発掘時に命名）が連結され五叉路へと変貌した。門を連結するように城壁が築かれたが、おそらく街区は門や城壁を越えて拡張しつつあった。現在までに発掘されている区域を広く越えて市域が存在することはわかっているが、古代のオスティアがどこまで広がっていたのかは不明である。

このオスティアの都市構造の特徴は、グリッドプランがないことである。もともとローマやアテナイにもグリッドプランは存在しないので、古代ギリシア、ローマの都市の特徴にグリッドプランをあげることに筆者は消極的であるが（植民都市の特徴であることは間違いない）、いずれにせよ首都ローマと同じくオスティアにはグリッドプランが存在しない、と同時にデクマヌス・マキシムスと呼ばれる（これも発掘者が命名した名前）東西幹線街路が、これもフォルムと呼ばれる中心部の広場を貫通している。スタンダードな古代ローマの植民都市であれば、ポンペイのようにフォルムをデクマヌス・マキシムスが貫通することはない。これは大きな逸脱であり、この時点で、中央の広場のような空間をフォルムと呼ぶには違和感を感じる。もともとは要塞の広場であったものが、あたかもフォルムのように整備されたのである。むしろ、完全にフォルムにつくり替えてしまわないところに古代ローマ人の現実性あるいは実利主義が見える（もちろん、現代におけるプラグマティズムとは異なる）。

ポンペイと異なりオスティアが広がる地盤にはほとんど凹凸がない。ポンペイのように都市計画の手がかりとなる地形の変化がないのである。いいかえれば、地形の制約を受けずに都市を拡張することが可能であった。では、オスティアではどのように市域が管理されたのであろうか。以下にポンペイと比較しながら簡単に見ていきたい。

ポンペイとオスティアのテリトリオ（領域）とオーダー（秩序）

ポンペイとオスティアは、トラヤヌス帝、ハドリアヌス帝という古代ローマ建築の絶頂期の前と後に属する都市である。この二つのファブリック（都市の構造）の決定的な違いは、ポンペイが前二世紀頃に建設された市壁の外側へと市域を広げることがほとんどなかったのに対して、オスティアは要塞の廃止を契機に、市壁を簡単に越えて都市が拡張していった点である。もちろん、地方都市と首都ローマの外港とでは、経済的、機能的、産業的な背景がまったく異なるので、オスティアの経済が古代ローマの絶頂期を迎えて、都市拡張の圧力が一部で制御不能になっていたのは当然であろう。ポルトゥスという新港の建設がその証左でもある。他方、ポンペイでは「中央浴場」の建設が進んでいたが、間違いなく建築物を立ち退かせた上で街区一つを占有する工事であり、市域の拡張というよりは縮小であった。一方で、西部や南端部では、一部で城壁を乗り越えて住宅の建設が進んでいた（図2-13）。これらはすでに記したように、サルノ川やナポリ湾を眺める風光明媚な位置にあることから住宅の建設地として選ばれたと解釈できる。同様に、北西のエルコラーノ門外には街道沿いに、墓地に混ざってウィラ（別荘）や店舗が並ぶ地区が発達するが、有名な「秘儀荘」を代表として、都市住宅というよりはいわゆるウィラ形式の大邸宅が並ぶ（また、ヴェスヴィオ門の外にも邸宅らしき遺構は発見されているが、詳細は不明）。こうした一部の例外を除けば結果としてポンペイという都市が市壁を越えて大きく広がることはなかった。これはポンペイが前五世紀に敷かれた都市と郊外の境界線を最期まで守ったことを意味する。二〇〇〇年代に進められた日本隊による想定カプア門域の発掘調査では、カプア門とされる場所には門は見つからず、その北側に巨大な空堀のような凹みが発見されており、市域の拡張どころか門すら確認されなかった。おそらくヴェスヴィオ門以東の市壁の外側はかなりの急勾配の下り坂となっており、都市が拡張する余地はなかったのである。ノーラ門の外側、サルノ門、ノチェラ門の外側でも急な下り坂が確認され、これが自然の地形なのか人工的なかさ上げなのかはわからないが、答えを得るには後七九年の地面を破壊して掘り下げる新たな発掘調査が必要になる。

さらに、ポンペイの拡大を阻害する大きな要因に「水道」があった。すでに触れたように、上水を分配する役割を担うのはヴェスヴィオ門の西脇にある「配水棟」であり、ここから重力を利用して水を送り出している。したがって、都市を北側に拡張しても、この配水棟からは重力を利用して水を分配できない。たとえ、大規模な工事を行って新しい配水棟を建設しても、より高い位置から水が供給されるため、現在でも三〇メートル近い高低差がさらに大きくなり、末端の水道管の圧力が増す。この圧力にポンペイの鉛管が耐えられるかどうかは未知である。[9] また、排水システムについても、街路上を流れる雨水、汚水と地下に流れ込む余剰水のバランスは微妙に保たれており、「中央浴場」の建設によっても増えるはずの路上排水が、北側への都市の拡張によってさらに増える可能性がある。そもそも、北側の強固な市壁を切断して街路を建設しなければ、このシステムは機能しない。また、そうすればメルクリオ通り沿いの高級な住宅地にも、北からの汚水が流れ込むことになる。おそらく北のウェスウィウス山の尾根から流れ込む雨水は北辺の市壁によってせき止められ、スタビア通りとコンソラーレ通りに流れ込み、ポンペイの街路を掃除する役割を果たしていたに違いないが、このバランスも崩れてしまう。唯一の解決策はスタビア通りに沿った大規模な暗渠の埋設であるが、勾配が急であることから、かなり大規模、しかも難工事になることは明らかでポンペイの人々はそれをしなかった。このように南側と東側にサルノ川が流れるポンペイでは、東と南に拡張の余地はなく、給水や排水システムの観点からは北への拡張は難しい。未発掘地区の状態はわからないため、可能性としては東部の果樹園付きの住宅を高密度化するなどしか思いつかないが、それも起こらなかった。そもそも、ポンペイでは三階が確認されるのは一箇所（Q・オクタウィウス・ロムルスの家）だけであり、ヘルクラネウムのような組織的な高層化そのものが起こっていない（口絵21）[10]。おそらく後一世紀の後半には発展の限界に達しており、インフラの状況を見てもそれは絶妙なバランスの上に成り立っていた。もちろん、首都ローマには、さらに急な坂も多く存在し、水道橋からの水を供給できている。また、下水道についても、すでに記したように固い岩盤に排水升を掘り抜けば建設は可能であり、これも古代ローマ人であれば「技術的」には可能であったことは間違いない。しかし、ローマ人はこうした高度な技術を用いたインフラ整備、いわば投資を行わなかったのである。

北側の配水棟というインフラ整備の限界、西、南、そして東の崖という地形上の限界によって都市としてのポンペイは、もともと大胆なインフラの刷新を行わなければ後七九年の時点で拡張、発展の余地のない都市であったが、突然の噴火によって、都市そのものの存在が消え去ってしまった。

一方、首都ローマの外港であったオスティアは、帝政期に入って急速に発展、拡張し、クラウディウス帝がティベリス川の対岸にポルトゥスと呼ばれる新港を建設しても、南側のオスティアは都市として活発な経済活動を維持している。トラヤヌス帝が後二世紀初めポルトゥスに六角形の巨大な船舶の停泊所を建設しても、オスティアにおける経済活動は依然として活発である。ハドリアヌス帝は、オスティアに巨大な投資を行っており、「中央広場浴場」も後三世紀まで改修が続いている。新港の建設によって、オスティアの都市経済は衰退に向かったと考えられることもあったが、少なくとも後二世紀まではその兆候は見られない。むしろ、活発な投資が行われポルトゥスと一体となって首都ローマの経済を支えていたと考えるべきであろう。前五世紀前半に設定された都市の境界線が最後まで守られたポンペイと対照的にオスティアでは後一世紀に設定された門と境界線は、いとも簡単に突破され市域は際限なく拡張していく（地図8・9）。都市の管理については、ティベリス川や海岸線以外に地形の制約がなく平面的に市域が広がるオスティアの方がはるかに難しいだろう。後二～三世紀のどこかで、オスティアは拡張から縮小に転じたと思われる。ただ、都市の周縁がはっきりしないオスティアにおいては、それを直接的にとらえることはできないが、最後に、縮小の兆候ともいえる現象をとらえていきたい。

都市の中のアイランドと街路上空の占有

ローマ法には「地上物は土地に属する（Superficies solo cedit）」という有名な規定がある。スーペルフィキエス（Superficies）は地上権と訳されることもあるが、地上物つまり建物や樹木（細かくいえば、切り離される前の果実も含まれる）は独立して存在せず、その土地の一部という概念である[11]。そのまま受け止めると、土地の所有者はその上空も占有できるように思える。後の法学者は「土地の所有者には地上は天空まで、地下は地底までが所属する（Cujus est solum, eius est usque ad caelum et ad inferos）」と注釈したが[12]、むしろ、他人の土地に建物を建設しても占有できないが、使用したり収益を得ることはできると解釈すべきのようである。古代ローマ都市の街路はもちろん公有なので、街路上に建物をつくることは違法のよう

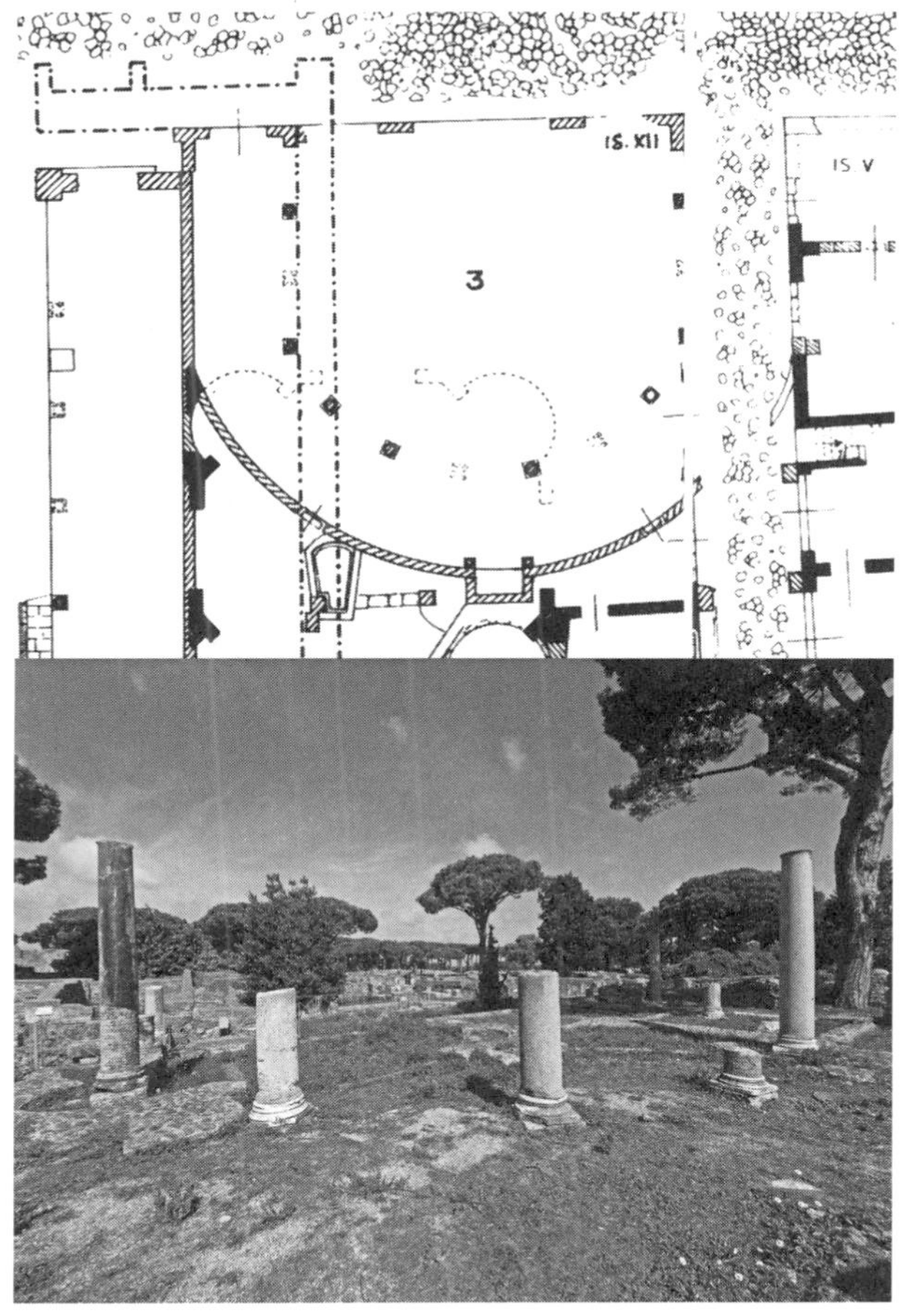

図 **5-1**　オスティア，デクマヌス・マキシムスとチッピ通りの交差部，南西角にあるエクセドラ

に思えるが、ポンペイの「中央浴場」の場合、「中央浴場」も公有なので、公共の利益に合致すれば街路の占有は可能なのかもしれない。オスティアでも、占有の実例が確認できる。わかりやすいのは「うらやましがり屋の浴場」の冷浴室で、最奥の円形のプールがソーレ通りに飛び出している（口絵23）。浴場も公共性が高い建物とはいえ、公道であるソーレ通りの路上に拡張しているのは驚きである。浴場は後一世紀半ばの建設だが、アントニヌス・ピウス帝の時代に改築を受けている。さらに、建設技法から見て、冷浴室が路上に張り出して建設されたのは後三世紀の第四半期と考えられる。さらに、その北側の浴室群は後五世紀はじめに整備され、その後もしばらく使われたようである。チッピ通りでは、エクセドラ（exedra 半円形または円形の広間の意味）と呼ばれる後四世紀半ばと思われる建物が明らかに街路上まで迫り出し占有している（図5-1）。他にも街路上に店舗が拡張された例として、このチッピ通りのエクセドラ南側に加えて（図5-2下）、モリーニ通りがある（図5-2上）。デクマヌス・マキシムスとの交差部付近では、モリーニ通りだけでなくデクマヌス・マキシムスにも店舗が張り出して拡張している。これらもアントニヌス・ピウス帝時代以降に起こったと思われ、こうした無法ともいえる街路占拠をオスティアの衰退の表れと見ることができるかもしれない。

こうした公道の占拠を無法と表現したが、ポンペイの「中央浴場」の場合は公共建築による公道の占拠である。第三章で触れたように、この噴火時に建設中だった新型の浴場は東側のテスモ小路を占有し、道幅は半分程度、つまり荷車や駄獣が通行不可能な街路に変えていた（図5-3）。無法とまではいえないものの何らかの行政判断はあったはずであろう。時代の下がるオスティアにおいては、ハドリアヌス帝のころに街路の入口が塞がれてしまう例が現れる。「ネプチューン浴場のポルティコ」（図5-4）は後一世紀に建設

図 5-2　オスティア，モリーニ通り（上），チッピ通り（下）

された「ネプチューン浴場」の前面にハドリアヌス帝のころに付設されたもので、後五世紀には複層化されたとされている。このオスティアでもっとも長いポルティコは消防署通りとフォンターナ（噴水）通りを塞いで建設された。その結果、消防隊や消防車はデクマヌス・マキシムスに出るためには大きく迂回しなければならないが、消防署通りのデクマヌス・マキシムスへの接続口は門のようにもなっており（図5-5）、ここから出場していたのかもしれない。この門のような柱間には、両脇の柱の立ち上がり部分に白い大理石がはめ込まれ、車の車軸がくり返しぶつかって摩耗した痕跡がある。この大理石は着脱交換可能で、第四章

図 5-3　ポンペイ，半分の幅に狭小化されたテスモ小路

図 5-4　オスティア，「ネプチューン浴場のポルティコ」によって閉じられたフォンターナ（噴水）通り

図 5-5　オスティア，消防署通りのデクマヌス・マキシムスへの接続口

の交通のところで解説した「保護石」として、ぶつかり合う車軸と柱のクッションの役割を果たしている。火事で出場する消防車が走り抜けたとすれば、かなりのスピードが想定され、こうした保護材が必要だったかもしれない。これらの街路の封鎖については「意図的」であった可能性が高い。消防署通りとフォンターナ（噴水）通りに面して建つ住宅（兼工房）が、ともにポルティコと同じ年代であり、ポルティコがあとから付けられたのではなく、同時に住宅棟も建設されたと判断できるからである。ハドリアヌス帝、あるいはアントニヌス・ピウス帝の時代に、こうした当初から閉鎖（封鎖）を前提とした型式の住宅棟の建設がはじまったようである。

興味深いことに、デクマヌス・マキシムスにつながるいくつかの街路がこの時期に封鎖されている。例えば、大ホレア通りはニンフェウムの建設によって、デクマヌス・マキシムス側が封鎖され（図5-6）、背後の倉庫はデクマヌス・マキシムスとの接続を遮断され、物資は北方面（残念ながら未発掘でティベリス川につながるのか、あるいは別

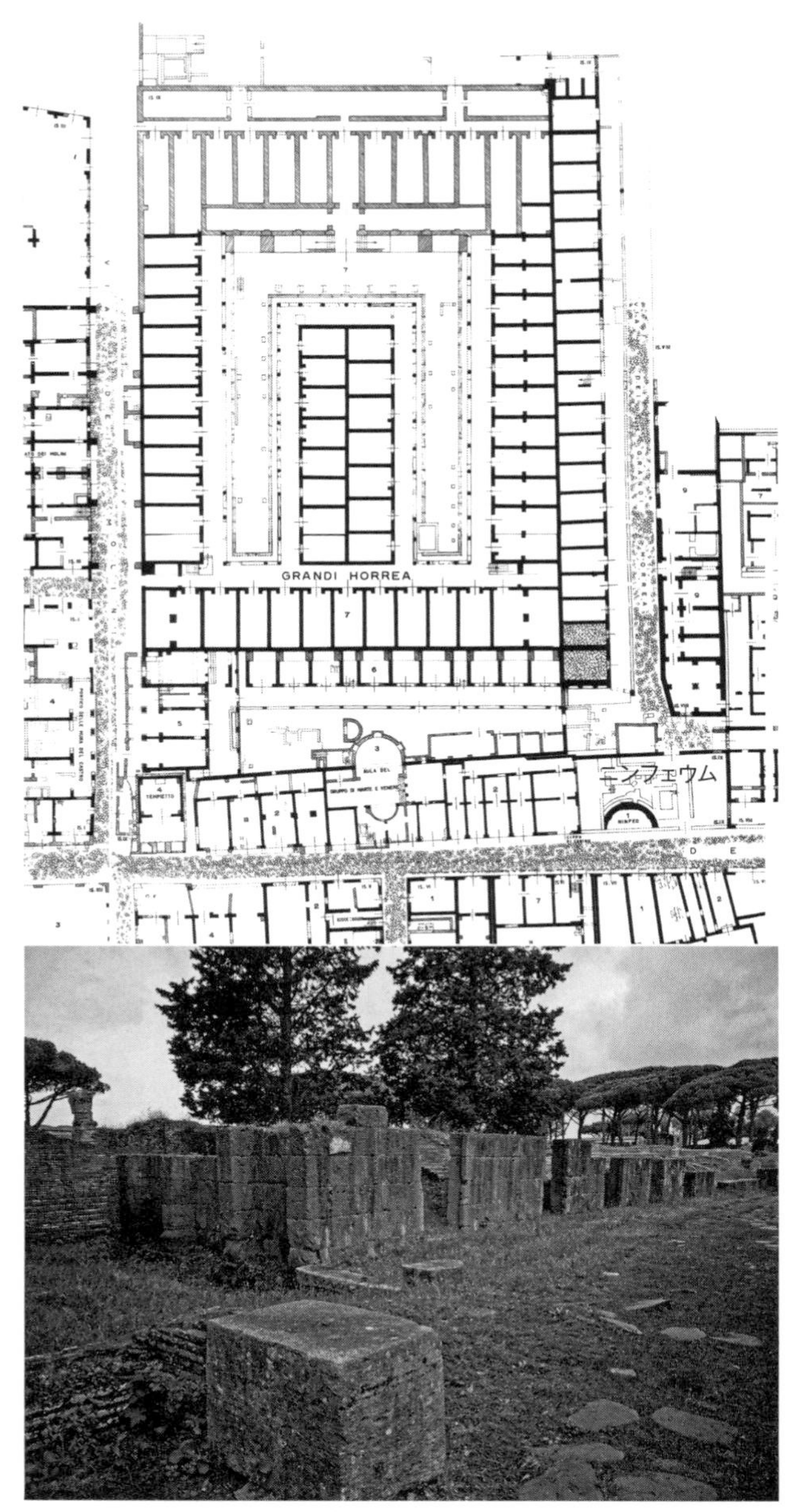

図 5-6　オスティア，大ホレア通り，ニンフェウム
（地図（上）右下の半円形の建物）より北を望む（下）

図 5-7　オスティア，ラーリ通りのデクマヌス・マキシムスへの出入口

の東西街路があるのかは不明）にしか搬入、搬出ができなくなっている。また、「中央広場」東側、有名な「ディアナの家」の南側の「ラーリ広場」につながるラーリ通りはデクマヌス・マキシムスとの交差部に敷居が付き封鎖されている（敷居があるということは扉の存在を意味する、図5-7）。また、デクマヌス・マキシムスではないが、「中央広場」につながるフォリカ（公衆トイレ）通り（奥に有名な保存状態のよい公衆トイレがある）も、広場からの出入口に敷居が付けられている（図5-8）。こうした住宅の閉鎖、あるいは封鎖はオスティアの治安の悪化を想起させるが、はっきりしたことはわからない。しかしヒントとなるのは、すでに説明した街路に対して閉じる（クローズ）という意味で同じ形式をもつハドリアヌス帝時代の「庭園住宅」の登場である。同時代、壁体の構造から見て、やや先行すると想定される「カセッテ・ティーポ」は、幹線街路からは奥まっているが、街路に対して封鎖はされておらず封鎖式の住宅ではない（図5-9）。ところが少し後の「庭園住宅」は要塞のような長屋で囲まれ、幹線街路からは門を通じて出入りすることになる[13]（口絵24）。「カセッテ・ティーポ」と「庭園住

図 **5-8**　オスティア，フォリカ通りの広場への入口

図 **5-9**　オスティア，「カセッテ・ティーポ」

図 5-10　オスティア，ディオニソス小路

宅」の間に何が起こったのであろうか？　前者をプロトタイプと考えて、後者が完成形と見ることもできる。前者は壁厚も薄く、乱石積みに層状にレンガを封入した形式で、決して高級とはいえないが、街路には歩道もあり、コンパクトな集合住宅といった趣きである。ここでの問題点あるいは反省が、次の「庭園住宅」の建設につながったと見ることは可能ではないだろうか。つまり歩道ではなく広場とし、門によって人々の出入りを管理する必要が生まれたのである。この違いの原因としてはやはり治安の悪化があるように思える。この「庭園住宅」の試みはその後、オスティアに定着することはなかった。

一方で幹線街路と街区の接続にも新しい形式が生まれる。それは行き止まりの路地、日本風にいえば裏店に通じる裏路地の発生である。もっとも典型的なのは、西方のデクマヌス・マキシムスにつながるディオニソス小路と呼ばれる「IV.V.7 の建物」に入る路地と「窓付き店舗・工房の建物」につながるまさに袋小路と呼ばれている通路（図 5-10）でラテン語の路地や細道、小路という意味のアンギポルトゥス（angiportus）という呼び名も使われるように、両側に店舗、あるいは工房が並ぶ細い小

図 5-11　オスティア，シルウァヌスの袋小路

道である。

さらに後三世紀に入ると、いっそうの「無法化」が進む。それは、街路の上空を完全に占拠した建物の出現である。先の街路占拠の事例で触れたモリーニ通り沿いとソーレ通り、うらやましがり屋通りの交差部付近である。他にチッピ通りにもその痕跡が確認される（図5-2）。痕跡と記したのは、実際には占拠した建物は残っておらず、それらを支える柱群が街路上に残っているだけだからであるが、実際に上部に構造物が残っているシルウァヌスの袋小路（図5-11）やアウリーギのテクタ通り（図5-12）の構築物と比べても、これらの地区で建物が街路上を占拠していたことは間違いない。ただし、シルウァヌスの袋小路のように上階が存在したのか、アウリーギのテクタ通りのアーケードのように単なる屋根だけなのかは区別がつかない。後者の場合は、現代のアーケードのように雨に濡れるのを防ぐ機能もあるが、ローマに残るハドリアヌス帝のマーケットのように、街路両側の高層化建物の間に構造体を入れて全体を補強する意味もある。モリーニ通り沿いとソーレ通り、うらやましがり屋通りでは、街路に面して上階への入口となる階段室が開いており（図5-13）、上階へのアクセスが整備されるのと同時に街路上空が占拠されたよう

図 **5-12**　オスティア，アウリーギのテクタ通り

図 **5-13**　オスティア，うらやましがり屋通りに開く上階への階段

図 **5-14**　オスティア,「**V.VI.7** のカセジャート」と蛇のミトラ通り（上），デクマヌス・マキシムスの蛇のミトラ通り入口（下）

図 5-15　オスティア，ソーレ通りに見られる店舗間口の封鎖

である。さらに年代はややさかのぼるが、蛇のミトラ通りのデクマヌス・マキシムスへの交差部を占拠し、上部に上階を建設した例もある（「V.VI.7 のカセジャート」、構造的にはハドリアヌス帝時代であるが、建設年代は不明、図5-14）。

こうした街路の変質、とくに都市計画の骨格をなす幹線街路に接続する街路の封鎖、占有は明らかに都市の「分断化」と見なすことができる。都市の街路は、すべての人々（奴隷や市民を含めて）が、自由に行き交うことのできる空間であるが、こうした占有はアクセスの制限をもたらすからである。ハドリアヌス帝のころからはじまった「囲い込み」、「路地によるくび」、そして「街路の占有」は、交易・商業都市としての活力を徐々に奪っていったのかもしれない。この停滞は、ソーレ通りに見られる店舗間口の封鎖（図5-15）がはっきりと示しており、その南側のポッツォ通りに面する三世紀の小住宅「V.II.11の住宅」は玄関口両脇の付柱が持主の経済力を物語っているものの、やはり小ぶりなたたずまいと、高い位置の窓や頑丈な施錠（図5-16、オスティアで窓に内開きの痕跡となる凹凸があるのはこの例のみ）が、経済の停滞と治安の悪化を示している。

図 5-16　オスティア，ポッツォ通りに面する「V.II.11 の住宅」（窓が内開きでレンガ製枠付き）

さらなる投資の果てに

「庭園住宅」の中央の住宅棟には、上階への配管の痕跡が残っており、少なくとも汚水の処理は上階でも可能であった（図5-17左上）。もし、十分な水圧があれば上階への水の供給も可能であったかもしれないがその確証はない。「庭園住宅」は、高さ一・五メートルの人工地盤、外郭住宅や広大な空地、そして配管設備、企画性の高い整備されたユニット住宅など、すべてが一つのシステムとして機能していた（口絵24）。外部からの侵入を防ぐ外郭部の門や一様に高い位置にある窓など、宅地開発としては、とてもレベルの高いシステムだと評価できる（図5-17右上・下）。しかし、こうしたシステムを稼働させるために必要な投資あるいは人々の苦労は計り知れないものがあるだろう。第一章で語られた、キケロ、セネカ、小プリニウスなどを見る限り、投資や金利、財産の運用といった経済観念があり、やはりオスティアの人々にもコスト意識があったことは間違いない。膨大な投資や面倒な運用の対価として得られた高度なシステム

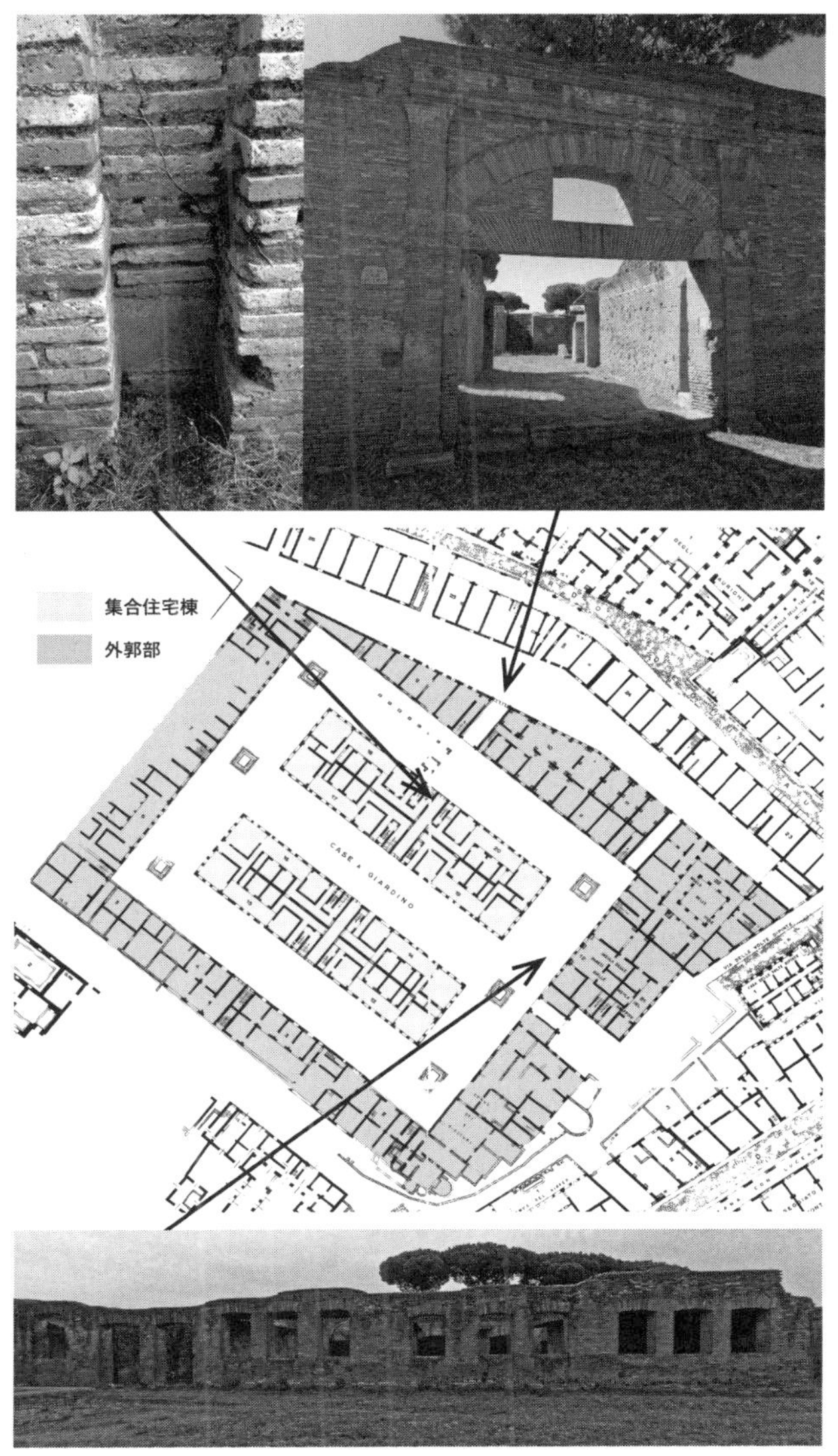

図 5-17　オスティア,「庭園住宅」の外郭部の中庭への入口（右上）,配管の痕跡（左上）, 中庭に面する外郭部の三連窓（下）

図 5-18　オスティア,「アモーレとプシュケの家」,
表の西側（上）と裏の東側（下）

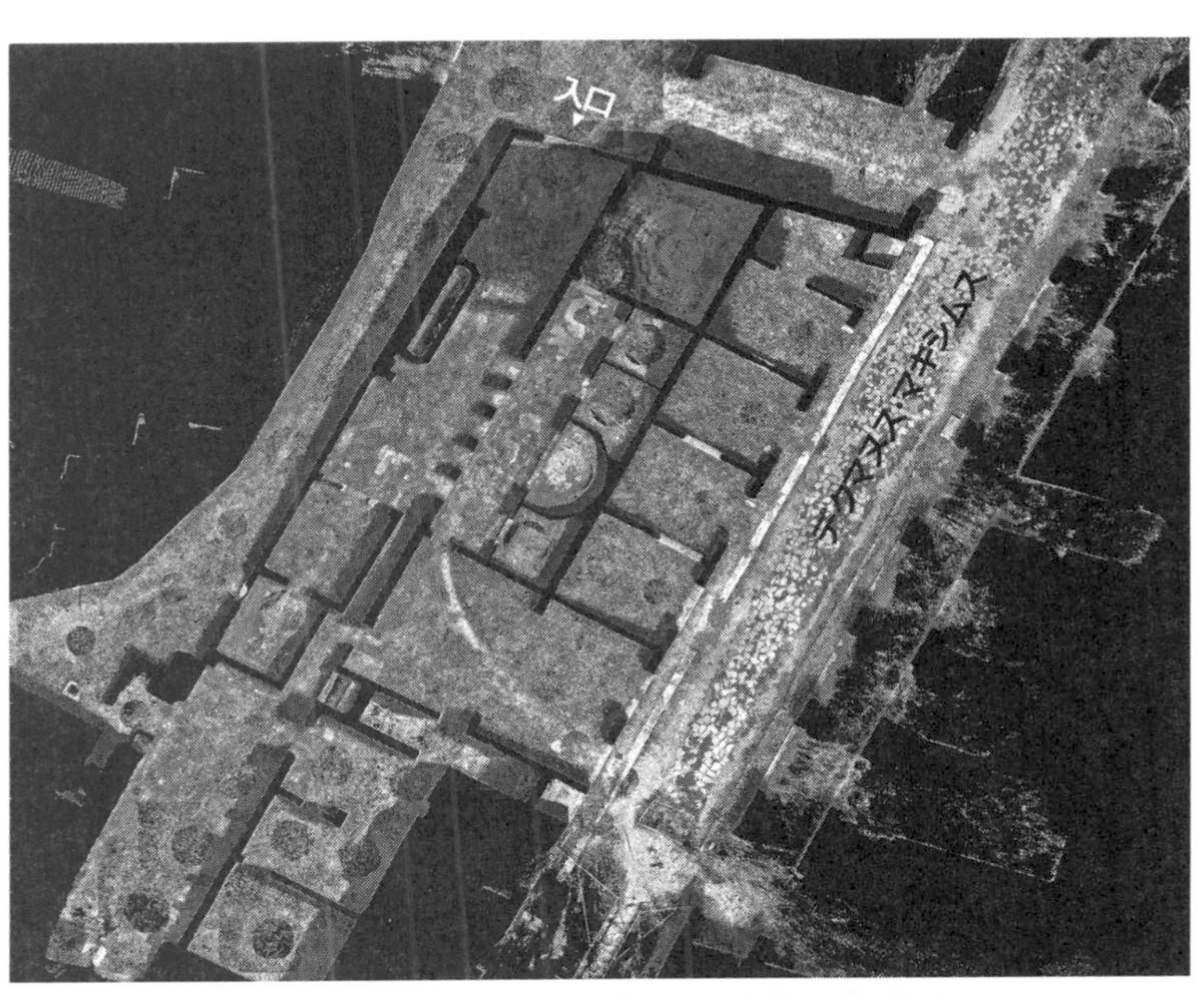

図 5-19　オスティア,「泉水の家」の実測図

であるが、投資・運用と対価のバランスが崩れると一気に魅力は失われる。

後四〜五世紀にはポルトゥスに完全に奪われていたと想定できるが、その時期のオスティアにおいても住宅として、しぶとく存続していた例がある。「アモーレとプシュケの家」（図5-18）と「泉水の家」（図5-19）である。前者は後二世紀の建設だが、後四世紀後半の増築、後者も後四〜五世紀の改築の痕跡が残る。両者に共通するのは、生活のための空間が完全に上階に移動していることと、高い壁を巡らせて外部と内部を遮断していることである（図5-20）。しかも、幹線街路からは少し奥まった場所に位置し、周辺には空地が目立ち、隣家ともほとんど壁を共有しないつくりになっている。「泉水の家」の場合、背中合わせ型の住宅棟が

図 5-20　オスティア，「アモーレとプシュケの家」の実測図

改築によりつくられ、中央の背中にあたる壁の分厚さがその頑丈さを物語る。後三世紀の終わりに「庭園住宅」の高度なシステムがあっけなく崩壊したあとは、個別に住宅が要塞化されていく。生活空間は上階に移動し、外壁を高く無窓でつくることで治安の悪化に対抗した。こうした帰結には、もはや活気のある時代のオスティアの面影はない。おそらく空き家が目立つなかで、なんとか経済力を保持していた人々は、ハドリアヌス帝のころのような公共プロジェクトに頼ることもできず、自力で対応していたのであろう。こうした自己防衛のための投資は新しい利益を生み出すわけでもなく、街全体の経済力は徐々に衰えていく。一方

で後四世紀の後半には南側の「フォルトゥーナ・アンノナリアの家」や「プロティロの家」など高級な独立住宅も改築され、同世紀の終わりには「中央広場浴場」が大改修され、引き続きある程度の資金が投入されたにもかかわらず、都市の衰退は防ぐことはできなかった。もちろん、古代ローマ帝国自体が衰退していくなかで、オスティアも同じ道を歩むのは当然かもしれない。しかし、ここで重要なのは、決して見捨てられるようにして衰退したのではなく、度重なる改築、改修あるいは公共建築への資金の投入にもかかわらず衰退に歯止めがかからなかったことである。当時のオスティアの人々は古代ローマ帝国が滅びるとは夢にも思っていなかったはずで、近くに立派な港（ポルトゥス）ができて顧客を奪われた、あるいは単に景気が悪いね、治安が悪くなったね、といった認識だったかもしれない。その後、後五世紀に入っても「中央広場」東側の「エロイカ像の広場」が市場として利用されるなど、街としての機能はまだ残っていた。[14]この時期には多くのラテン語を母国語としない民族の侵入も確認され、新たな経済活動の兆しもあったが都市構造を変えるような変化は二度と起こらなかった。

ここで思い出すのは、ポンペイ、ヘルクラネウムを襲った後六二年の地震である。この地震が、都市に与えた微妙な変化を見逃すことはできない。地震のあと、ポンペイやオスティアでは住居が工房、あるいは宿屋へ改築されたりする例がある（口絵22）。これは想像に過ぎないが、地震が与えた住民への不安は、ポンペイ、ヘルクラネウムから居住地としての魅力を奪ったように思える。居住者が去ったあと、ポンペイでは水道は復旧したようだが、一部の都市インフラは機能を停止している。[15]地震のあと社会構造の変化とともにポンペイがかつての姿に戻ることはなかった。

一方オスティアでは、生活地あるいは商業地としての魅力が、一気にではなく徐々に失われていった。

姉妹書の『古代ローマ人の危機管理』であつかったように、「フォルトゥーナ・アンノナリアの家」や「プロティロの家」のような豪華な家はいつのまにか床面が街路面よりも低くなり、おそらく普通の雨でも街路から水が流れ込んできたであろう。将来のかさ上げのために不釣り合いに床の高い店舗も建設された。多くの投資を行い「庭園住宅」のように高度なシステムを導入したり、「アモーレとプシュケの家」のように街区の内側に高く土台を造成して住宅を建てた例もある。しかし、こうした都市生活あるいは経済活動の質を保証するための投資も、経済力が衰えるにしたがって、やがて負担・負債となって積み重なる。後三世紀に見られる明らかな治安の悪化は、こうした負担の増加や魅力の低下を示している。はじめは少しずつであっても、ある限界を超えた時点で都市を捨てる結果となって表れたのではないか。これは編者の想像に過ぎないが、オスティアは、ある日突然、都市から人々が消えるように衰退・消滅したように見えてしまう。

このような都市景観の変化がもたらすもっとも重大で深刻な変化は人々のこころに生まれる。それが化学変化のような劇的な変異をもたらしたとき、都市全体が消えてしまうこともありうるのであろう。ポンペイ、ヘルクラネウムやオスティアが我々に伝えるのは、都市景観の変化だけでなく、そこに投影される人々のこころなのである。

警察権力をもたない訴訟社会であった古代ローマは、基本的には自己責任の世界で、公共の利益に反すれば即、訴えられる危険があった。古代ローマ人的な都市管理としては、訴訟を避けるよりは、訴訟になっても勝てる理論武装や手腕あるいはより具体的な措置が重んじられたように思える。ポンペイにおける後六二年の地震はその想定をはるかに超える損害をもたらした。遺跡に残された地震後に見られる様々な修理、改築の痕跡は、地震から一七年後のウェスウィウス山噴火の際も、まだ復興途上であったことを端的に示している。約一〇年でコロッセウムを建設し、現代にも匹敵する建設・土木技術力を有していた古代ローマであれば、技術力を背景に巨大な投資をして地震に対抗することも可能であったかもしれないが、コロッセウムとほぼ同時並行のポンペイ復興にその技術力と資金が投入された形跡はない。

もう一つ、ローマ世界の都市・建築を支配していたのは、「ふさわしさ」という判断基準である。格といってもよいかもしれないが、その土地、歴史、文化、経済力にあった都市・建築をつくることに古代ローマ人は長けている。日本語には風土という言葉があるが、それに近い感覚で土地の特性を読み取っている。一九九〇年代にローマナイゼーションという概念が古代ローマ史で流行った時期があったが、ローマ化と翻訳すると、ヨーロッパ全体にローマのような都市や建築を建設することのように受け止められてしまうが、ローマを頂点としそのヒエラルキーの中に各都市や地域を位置づけることがその本質である。統治機構としてのローマ帝国という国家は存在したが、彼らにとっては国家というより古代ローマの領域という表現が一番近いように思える。ローマの領域内（伊語でテリトリオ、ラテン語風にいえばテリトリウム）であることを視覚的に表現するのが彼らの都市・建築であって、具体的には水道や劇場などのインフラであり、領域内であることさえ表現できれば、他の伝統・文化についてはかなり自由に、そして鷹揚に許容していた。ローマの領域は面ではなく、都市、ときには建築、橋などを点として、それらをつなぐネットワークとして存在している。都市を中心として領域内にウィラや農園がネットワークの結節点としても存在している（したがって道路がとても重要となる）。ローマらしさとは、水道であり劇場でありインフラそのものである。逆にローマらしさ、つまりインフラ（もちろん格にふさわしい質、規模）が維持できない場合は、簡単に放棄された。火山灰に埋もれたポンペイの上に、新ポンペイが建設されなかったのは、道路などのインフラが示すローマらしさが完全に破壊消滅し、領域としてのローマの再建が現実的ではなくなった、つまりネットワークそのものが消滅したからではないだろうか。いきなりの再建ではなく、まずは時間をかけた領域化、ネットワークの構築からはじめたのかもしれない。

一方でオスティアでは、物流など経済活動に深く関わるネットワークの中心につながる、つまり領域内にとどまるためのインフラ整備に浪費に近い資金が投入された。都市の格を守るという意味で巨大な投資が惜しみなく行われたのであろう。医療の現場に「トリアージ」という言葉があるが、救命の可能性を勘案した患者の振り分けである。すべての都市が何らかの疾患をかかえているとすれば、限られた資源、資金をどう振り分けるかが、まさに古代ローマ人の都市管理の要諦なのかもしれない。ただし現在のトリアージと大きく異なるのは、振り分ける際にも、患者である都市に、必要とされる治療に対するふさわしさ、あるいは格が優先されたのはいうまでもない（いわば格付けするのが建築家の仕事であった）。残念ながらポンペイの格はそれほど高くはない。

後三世紀に入ると国家、あるいは領域そしてのローマ帝国そのものが衰退をはじめる。オスティアが衰退していくのも同時期だが、ポルトゥスの建設と発展が大きなインパクトとなってオスティアを襲う。オスティアの建築や都市、またインフラは、ポンペイの地震や噴火とは異なり、一挙に崩壊するのではなく、拠点となる建物が機能を停止したり、拠点間のつながりが弱くなったりして、徐々に病んでいく。特定の拠点、例えば「中央広場浴場」のように継続して費用を投下し、機能を維持しようとした例もあるが、拠点は衰え、連関は弱まり、都市にほころびが見えはじめ、やがて都市はアイランドのように分離していき、なかにはソーレ通りのように街路を占有しながら拡大した拠点もあるものの、全体としては活動は弱まっていく。都市の死である。

（1） E. Lo Cascio, "The Population", in C. Holleran, A. Claridge, eds., *A Companion to the City of Rome*, Hoboken New Jersey, 2018, pp. 139–154.

（2） ディオン・カッシオスが言及するように（Cass. Dio 66.24.2）、後八〇年頃までは、埋もれた家財を取り出す試みはあったようであるが、次代の皇帝たちの興味はローマでの大火などに移り、やがて興味は薄れていく。M. P. Guidobaldi, F. Pesando, *Pompei, Oplontis, Ercolano, Stabiae*, Roma, 2018, pp. 15–16.

（3） M. Aoyagi, C. Angelelli, S. Matsuyama, "Ricerche nella cd. Villa di Augusto a Somma Vesuviana. Aggiornamenti dalle campagne di scavo 2015–2019", *AMOENITAS Rivista internazionale di studi miscellanei sulla villa romana antica VIII, Istituti editoriali e poligrafici internazionali*, Pisa/Roma, 2019, pp. 51–70.

（4） A. Wallace-Hadrill, *Houses and Society in Pompeii and Herculaneum*, Princeton, 1994.

（5） *Ibid.* あるいは第1章の著者であるローレンス教授の R. Laurence, *Roman Pompeii: Space and Society* 2nd ed., London, 2010. また M. Beard, *POMPEII: The Life of a Roman Town*, London, 2008.

（6） J. B. Ward-Perkins, A. Claridge, *Pompeii AD 79*, Bristol, 1976, pp. 15–16.

（7） G. Calza, G. Becatti, I. Gismondi, G. De Angelis D'Ossat, H. Bloch, *Topografia Generale, Scavi di Ostia* 1, Roma, 1954; R. Meiggs, *Roman Ostia* 2nd ed., Oxford, 1973; R. Mar, "Il traffico viario a Ostia. Spazio pubblico e progetto urbano", *Stadtverkehr in der antiken Welt*, Wiesbaden, 2008, pp. 125–144 では「中央広場」付近での都市形成の過程がまとめられている。また、他に概説は C. Pavolini, *Ostia*, Roma, 1989, pp. 26–39.

（8） H. Etani, ed., *Pompeii Report of the Excavation at Porta CAPUA 1993–2005*, Kyoto, 2010.

（9） もちろん、ポンペイの水道供給システムは「開放系」であり、すなわち水道塔の上に蓋のない水槽をのせて水圧を開放することができる。しかしこのシステムでは、水道塔の上の水槽から常時水があふれ出すことになり（公共噴水と同じ状態）、下流にいくにしたがって水の損失はどんどん大きくなる。水圧による水道管の破裂は防げるかもしれないが、下流に到達する水量はどんどん小さくなる。いずれにしても、長距離にわたって水を供給できるシステムではない。

（10）実測結果によれば、この構造体群は他の建物と比べて壁厚が大きく（約六〇センチ、他は四五センチが多い）、明らかに構造的に頑丈につくられている。

（11）森光『ローマの法学と居住の保護』中央大学出版部、二〇一七年、六一-六七頁。

（12）吉原達也・西山敏夫・松嶋隆弘『リーガル・マキシム ―― 現代に生きる法の名言・格言』三修社、二〇一二年、三五四頁。

（13）建築的な分析については、R. Cervi, "Evoluzione architettonica delle cosidette 'case a giardino' ad Ostia", *Citta e monumenti nell'Italia antica. Atlante tematico di topografia antico* 7, 1998, pp. 141–156. あるいは、S. Falzone, N. Zimmermann, "Stratigrafia orizzontale delle pitture delle case a giardino. Modello della fase originaria dei blocchi centrali del complesso ostiense", *Anzeiger der Österreichischen Akademie der Wissenschaften in Wien* 145, 2010, pp. 107–160.

（14）L. Lavan, "Public Space in Late Antique Ostia: Excavation and Survey in 2008–2011", *American Journal of Archaeology* 116.4, 2012, pp. 649–691.

（15）E. Poehler, M. Flohr, K. Cole, eds., *Pompeii: Art, Industry and Infrastructure*, Oxford, 2011.

エピローグ 「術」としての都市・建築管理

最後の最後に、古代ローマ人の都市・建築管理術を担った建築家、とくに彼らの職能について、私見を加えておきたい。古代ローマ人の都市管理は、一種の「術」であったように思える。この「術」という言葉は技術と芸術を含む意味で、彼らはときには技術で都市を構築し、またあるときには芸術的に都市をあつかう。テクノロジーとアートを区別しないのが古代ローマ人の重要な特性である。

さて、学術という言葉は、アート・アンド・サイエンスを西周が邦訳した言葉とされる。サイエンスが「学」であり、アートが「術」というところであろうか。このアート・アンド・サイエンスという言葉の語源は、古代ギリシア語のテクネーとエピステーメー（学問的な知識）とされる。アリストテレスが人間の代表的な能力の一つ（あるいは二つ）として示したもので、テクネーがラテン語に転じてアルス、すなわち現在のアート、エピステーメーが転じてスキエンティア、すなわち現在のサイエンスとなった。ギリシア語のテクネーは、テクニック、つまり技術のことで技術と芸術が同根であることは古代ローマに限らず、多くの文明で共有される考え方である。簡単にいえば、経験がものをいう世界が「技術」と「芸術」つまり「術」の世界であり、勉強がものをいう世界が「知識」つまり「学」あるいは「学問」である。少なくとも古代ローマ時代においては、建築や都市は「術」の世界の一部であり、「学」はあくまでも「建築家」が受け持つ領域であった。日本では建築家と建築士の区別が曖昧なため、建築家が「学」を受け持つと説明すると建築は「学」の世界と誤解されてしまうかもしれない。そうではなく、広く建築・都市に関わる人々が日本でいう建築士に近く、これはどちらかといえば「術」の世界に住む人々である。それに対して「学」としても建築・都市に関わる一部の人々を「建築家」と呼ぶのである。いわば両方の世界を往き来するのが建築家である。

現在の建築学という学問は、建築を芸術としてとらえる美術史に近い建築史から構造工学や環境工学などエンジニアリングの分野までを内包する広大な領域をかかえる学問であるが、古代には建築だけでなく、機械工学、土木、都市計画も含むさらに広い分野を含んでいた。むしろ、建築、土木、都市計画、エンジニアリングの区別がなかったといえるくらい建築家とは社会そのものを構築する人々であった。その点では、古代には建築家とは別に建設者（ストルクトーレス structores）という職業の人々がいた。建設業者といった方が近いかもしれない。彼らは建設を生業とする人々で、建設のための知恵や工夫は持ち合わせていたが、アイデア、つまり「理念」（「学」）は持ち合わせていない。この点で建築家とは大きく異なる。また大工や左官といった伝統的な職人は、むしろ建設者に近いところにいて、建築家とは遠いというよりも違うところにいる人々である。ウィトルウィウスは、建築家は「職人のアドバイスを受け入れなければならない場合もある」（Vitr. *De arch.* 4.5.9–10）と記している。建築家と職人はあくまでも対等である。彼は、素人は仕事が終わってから間違いに気付くが、建築家であろうが職人であろうがプロであれば仕事の前でも後でも間違いに気付くものだという意味のことを書いている。つまり、プロである職人のアドバイス、つまり「術」の世界の達人には必ず耳を傾けよという彼の教えなのである。では、建築家と職人はどこが違うのであろうか? ウィトルウィウスは美と機能とふさわしさを建築に与えるべく理念、つまり「学」をもつ、あるいは意訳すると「術」と「学」を往き来できるのが建築家だといっている。「美」といってしまうと芸術作品のような美しさを思い浮かべるかもしれないが、テクノロジーとアートがもたらす「美」であることはいうまでもない。また、彼は決してそれだけをいっているのではなく、あるいは機能とふさわしさを加味したもの、つまりは建築家は社会的に評価される仕事をせよともいっているのである。ただし、この場合のローマ社会は権力者の社会のことで、現在のような一般庶民を含んだ社会ではないことには注意が必要である。おそらくウィトルウィウスが『建築書』をカエサルに献呈するために執筆をはじめ、やがて政変を受けてアウグストゥス帝を意識した内容に変更したといわれるのも、彼が劇的に変化する社会の中で役立ちたいと強く願っていたからであろう。ここで強調したいのは、「思考（理念、学）」と「実体（建設、術）」を重ね合わせるのがウィトルウィウスが訴える建築家の職能だという点である。

じつはウィトルウィウスは、職人以外に「意見を受け入れるべき」とした相手に「クライアント（施主）」すなわち都市、建築を管理する側をあげている。現代社会では建設費を負担するクライアントの意見をきくことは当然と思われるかもしれないが、当時のクライアントは建築学に関してもかなり博学であったことが予想される。政治家であった著名なキケロと彼の弟クイントゥスとの書簡には、個人的な建築でありながら、設計に深く関与する様子がうかがわれる。彼らはかなり手強いクライアントだったのである。当時の皇帝や上流階級のサロンには建築家（アーキテクト）が含まれることも多く、支配者階級を構成する人々に基本的な知識として建築学が身についていたと考えるべきであろう。ただし、学を究めたキケロでさえ、ある程度工事が進んではじめてどのようなデザインとなるかわかったと感想を述べているように、見取図や模型だけでは、実際にどのような建築ができあがるのかを想像することは難しい。ここに建設者、クライアント、建築家の三者の関係性が浮かび上がる。つまり古代ローマにおける都市や建築の場合、「理念」を提示するのはクライアント、建設を請け負うのが建設者、そしてこれらをとりもつのが「建築家」といえる。微妙なのが、「理念」をめぐるクライアントと建築家の関係である。例えば、有名なパンテオンはハドリアヌス帝の時代に完成したが、ハドリアヌス帝がどこまで関与していたのかは不明であり、先帝のトラヤヌス帝の時代から建設の準備がはじまったこともあり、トラヤヌス帝の関与も見逃せない。両帝を通じて仕えていたダマスカス出身の建築家のアポロドロスが主導的な立場だったのかもしれないが、彼の悲劇的な最期が事実がどうかはわからないとしても、クライアントである皇帝たちには逆らえない。キケロに限らず手強いクライアントたちが提示するのは、「理念」というよりも「作意」に近いのかもしれない。クライアントが「作意」を提示し、それを建築家が「理念」に仕立て上げる。そんな関係性がちょうどよいのかもしれない。

では、建築の集合体でもある都市はどのように管理されるのか。本書で見てきた都市管理は、少なくとも知識で解くような「学」ではなく、経験が活かされるような「術」の世界である。ウィトルウィウスが誇らしげに語るギリシアに関する「学」が実際の都市管理で役立つとは思えない。都市計画にしても「学」を持ち込んでしまうと、都市計画家メトンのように「苦笑い」の対象にすらなってしまう。では、都市や建築において「理念」は不要かといえばそうではない。プラトン風にいえば、都市も建築も何らかのイデア（理念）を分有しているからこそ「都市」あるいは「建築」として認識されるのであり、そのイデアを学ばぬ者は「都市、建築が何たるか」を理解しえないのであろう。いわば、都市や建築を「みんなのもの」にするためにイデアは必須であり、古代ローマ人の都市・建築もギリシアという先行する文化の力を借りて帝国全体に分有のためのイデアをばらまき定着させていったのである。こうした、「学」と「術」の世界が一つになって古代ローマあるいはギリシアの都市・建築は展開したが、あえて誤解を恐れずにいえば、古代ギリシア人は「学」に、古代ローマ人は「術」に重きを置いているように思える。もしかすると古代ローマ人が気にするのは、あくまでもプロセスや結果、つまり「コトの顛末」であり、「術」としての職能を最大限に発揮し、ストルクトーレスの力も借りながら、管理する側の「作意」の実現に向けてプロジェクトを進行させる。もしかすると、パンテオンは別格としても、多くの都市や建築について「理念」は後付けで、完全、完璧に実現していなくても顛末としてうまくまとまれば、「術」を体現する建築家としては満足なのかもしれない。

本書にはＪＳＰＳ科研費 18H03806 および 18H00732（ヘルクラネウムに関する部分）の成果が含まれる。鹿島学術振興財団の研究者海外派遣（短期）による二〇一九年の援助によって貴重なデータの収集が可能となった。また平成二六～二九年度（二〇一四～二〇一七年度）、セコム科学技術振興財団研究助成、「古代ローマ帝国の防災・防犯マネジメント」の成果は本書の根幹をなす。

最後に、九州大学出版会の尾石理恵さんには、姉妹書の『古代ローマ人の危機管理』含め、細部にいたるまで丹念かつ丁寧に、そして粘り強く目配りいただき、ただ感謝するばかりである。それにも関わらず両書に何らかの不手際があるとすれば、それはすべて編者の責任によるものである。

二〇二一年六月

堀　賀貴

執筆者紹介（執筆順，＊は編者）

堀　賀貴（ほり・よしき）＊
京都大学博士（工学），M.Phil（マンチェスター大学）
1964年三重県生まれ，京都大学大学院工学研究科建築学専攻博士後期課程単位習得の上退学，山口大学講師，准教授を経て，2003年より九州大学大学院人間環境学研究院都市・建築学部門教授。

レイ・ローレンス（Ray Laurence）
Ph.D.
1963年英国生まれ，1986年ウェールズ大学卒業，1992年ニューカッスル大学博士課程修了，1993年レディング大学研究員，1996年レディング大学講師，および上級講師，2010年ケント大学教授，2017年よりマッコーリー大学教授，現在に至る。

ジャネット・ディレーン（Janet Delaine）
Ph.D.
1954年オーストラリア生まれ，レディング大学の講師，上級講師を経て，2005年よりオックスフォード大学ウォルフソン・カレッジ准教授，2019年より同カレッジの古代世界研究クラスターのディレクターを務める。

佐々木　健（ささき・たけし）
京都大学博士（法学）
1978年滋賀県生まれ，2001年京都大学法学部卒業。京都大学大学院法学研究科博士後期課程，同助手・助教，准教授を経て，2018年より京都大学教授。この間，2009年より2011年までローマ（ラ・サピエンツァ）大学法学部（ローマ法・東地中海法研究所）客員研究員として在外研究。

古代ローマ人の都市管理

2021年8月10日　初版発行

編　者　堀　　賀　貴

発行者　笹　栗　俊　之

発行所　一般財団法人　九州大学出版会
〒814-0001　福岡市早良区百道浜3-8-34
九州大学産学官連携イノベーションプラザ305
電話　092-833-9150
URL　https://kup.or.jp
印刷・製本／城島印刷㈱

Printed in Japan　ISBN 978-4-7985-0302-8

既刊紹介

古代ローマ人の危機管理

堀　賀貴 編　　四六判・定価 1,800 円

前 1 ～後 3 世紀に栄華を誇った古代ローマ帝国にも，盗難・火災・洪水・疫病など，現代にも共通する数々の脅威が存在した。豊かな都市生活を襲う様々な危機に人々はどう対処したのか？ウェスウィウス山の噴火で滅んだポンペイ，泥流の下に沈んだヘルクラネウム，ローマの外港として栄えたオスティア――三大遺跡での調査から，古代ローマ人のリスクマネジメントの実像に迫る。火災の痕跡写真や実測データをもとにした水没シミュレーション，浴場の断面図など多数の写真・図版から，古代都市をビジュアルで解説。